U0220397

徐正浩 周国宁 顾哲丰 戚航英 沈国军 季卫东 著

浙大校园树木

张俊生 题

浙江大学出版社
ZHEJIANG UNIVERSITY PRESS

图书在版编目（CIP）数据

浙大校园树木 / 徐正浩等著. — 杭州：浙江大学
出版社，2017.5
ISBN 978-7-308-16880-9

Ⅰ．①浙… Ⅱ．①徐… Ⅲ．①浙江大学—树木 Ⅳ.
①S717.275.51

中国版本图书馆CIP数据核字（2017）第093527号

内容简介

本书介绍了浙江大学校园内的445种树木。内容包括中文名、学名、中文异名、英文名、分类地位、形态学特征、生物学特性、分布、景观应用及原色图谱。本书图文并茂，可读性很强，适合广大普通读者阅读。

浙大校园树木

徐正浩　周国宁　顾哲丰　戚航英　沈国军　季卫东　著

责任编辑　邹小宁
文字编辑　陈静毅
责任校对　沈巧华　舒莎珊
封面设计　续设计
出版发行　浙江大学出版社
　　　　　（杭州天目山路148号　邮政编码：310007）
　　　　　（网址：http://www.zjupress.com）
排　　版　杭州林智广告有限公司
印　　刷　浙江印刷集团有限公司
开　　本　889mm×1194mm　1/16
印　　张　19.25
字　　数　662千
版 印 次　2017年5月第1版　2017年5月第1次印刷
书　　号　ISBN 978-7-308-16880-9
定　　价　368.00元

国家公益性行业（农业）科研专项（201403030）

浙江省科技计划项目（2016C32083）

浙江省教育厅科研计划项目（Y201224845）

浙江省科技特派员科技扶贫项目（2014,2015,2016）

浙江省科技计划项目（2008C23010）

杭州市科技计划项目（20101032B03,20101032B21,20100933B13,20120433B13）

诸暨市科技计划项目（2011BB7461）

浙江省亚热带土壤与植物营养重点研究实验室

污染环境修复与生态健康教育部重点实验室

资助

《浙大校园树木》著委会

前　言

PREFACE

　　栽植于校园各种生境的观赏树木，对校园环境的绿化、美化、净化、生物多样性维护和自然原生态的再现具有至关重要的作用。校园观赏树木与校园特征建筑互为映衬，营造校园特色景观，创建美丽校园。

　　校园观赏树木从其栽种下的一刻起便融入了设计者对景观构思的深邃寓意和创作理念，校园景观设计在很大程度上就是对植物材料的设计，其根本目的是改善校园的生态环境。校园观赏树木的精心养护和悉心管理是设计者初衷呈现的保证，而新种的引入便是对传统树种单一、树木群落模式雷同的突破。校园观赏树种从自然生长的树种到设计者的规划栽种物种再到新种的不断引入，其数量得到了快速的跃升，一些大学校园将校园植物园的理念引入校园植物栽培和管理中，试图打造校园植物园，为植物的观赏、鉴别、实验教学、育种等提供便利。

　　浙江大学由7个校区组成，各个校区观赏树木特色鲜明，植物群落具有多样性特征。玉泉校区的观赏树木蔚然成林，与校区的特色建筑群相映生辉。华家池校区拥有校区植物园、桑园、果园、作物标本区、农业试验场，植物种类十分丰富。之江校区的生物多样性保护完好，古树名木、野生珍稀植物保存完好。西溪校区的园林植物数量相对较少，但城市园林景观特色依然不逊色。紫金港校区毗邻植物群落十分丰富的西溪湿地，尽管建设时间不长，但引入植物种类、数量最多，通过大树移栽、原生态植物保护、校友馈赠等措施和途径，经10多年的校园植物景观打造，森林景观、绿地景观等格局基本形成，突显湿地景观特色。舟山校区位居美丽的舟山群岛，稀有植物特色鲜明。国际校区地处钱塘江观潮胜地海宁，树木种类众多。

本书收录了浙大校园内的445种观赏树木，其中珍稀濒危树木23种，古树名木5种，特色树木99种，竹类36种，棕榈植物7种，其他树木275种。为了直观、形象地描述校园观赏植物，本书采用原色图谱的方式出版。读者通过扼要的文字描述，对照原色图谱，可识别列出的观赏树木。一些树木为大宗类植物，为各校区所拥有，但一些植物为某些校区特有，故在分布中加以说明。

本书由徐正浩统稿，部分竹类、棕榈植物由常山县农业局季卫东撰写，特色树木由杭州蓝天风景建筑设计研究院有限公司周国宁和诸暨市农业技术推广中心戚航英撰写，绍兴市农业综合开发办公室沈国军、浙江大学顾哲丰、常乐、吕俊飞撰写了古树名木、珍稀濒危树木和部分其他树木。

特别感谢浙江大学原党委书记张浚生为本书题写了书名！

由于作者水平有限，著作中错误在所难免，敬请批评指正！

浙江大学 徐正浩

2017年3月于杭州

目录
CONTENTS

第四章　浙大校园竹类

第一章　浙大校园珍稀濒危树木

1. 苏铁　*Cycas revoluta* Thunb.

中文异名：铁树

英文名：king sago palm, Japanese sago palm

分类地位：苏铁科（Cycadaceae）苏铁属（*Cycas* Linn.）

形态学特征：树干高1.5~2m。根系发达，粗壮。羽状叶从茎的顶部生出，轮廓呈倒卵状狭披针形，长50~120cm，羽状裂片条形，厚革质，坚硬，长9~18cm，宽4~6mm，中央微凹，凹槽内有稍隆起的中脉，下面浅绿色，中脉显著隆起。雄球花圆柱形，长30~70cm，径8~15cm，有短梗。种子红褐色或橘红色，倒卵圆形或卵圆形，稍扁，长2~4cm，径1.5~3cm，密生灰黄色短茸毛，后渐脱落。

苏铁种子（徐正浩摄）

生物学特性：花期6—7月，种子10月成熟。喜暖热湿润的环境，不耐寒冷。

分布：中国东南沿海地区有分布。日本也有分布。各校区有分布。

景观应用：第一批国家重点保护野生植物。园林观赏树木。

苏铁植株（徐正浩摄）

孤植苏铁（徐正浩摄）

群植苏铁（徐正浩摄）

景观布绿（徐正浩摄）

植物造景（徐正浩摄）

室内保健（徐正浩摄）

2. 银杏　*Ginkgo biloba* Linn.

中文异名：白果

英文名：ginkgo, gingko, ginkgo tree, maidenhair tree

分类地位：银杏科（Ginkgoaceae）银杏属（*Ginkgo* Linn.）

银杏果实（徐正浩摄）

银杏果期植株（徐正浩摄）

古树名木群中的银杏（徐正浩摄）

景观植物（徐正浩摄）

之江校区原生态银杏植株（徐正浩摄）

形态学特征：落叶乔木。高达40m，胸径可达4m。幼树树皮浅纵裂，大树皮灰褐色，深纵裂，粗糙。树冠圆锥形，老则广卵形。枝近轮生，雌株大枝常较雄株开展。短枝密被叶痕，黑灰色，短枝可长出长枝。冬芽黄褐色，卵圆形，先端钝尖。叶扇形，具长柄，淡绿色，无毛，具叉状并列细脉，顶端宽5~8cm，柄长3~10cm，秋季落叶前渐变黄色。球花雌雄异株，单性，生于短枝顶端叶腋，簇生状。雄球花柔荑花序状，下垂，雄蕊排列疏松，具短梗，花药常2个，长椭圆形。雌球花具长梗，梗端常分两叉。种子具长梗，下垂，椭圆形、长倒卵形、卵圆形或近圆球形，长2.5~3.5cm，径1.5~2cm。

生物学特性：花期3—4月，种子9—10月成熟。

分布：中国特色树种。现世界各地均广泛栽培。各校区有分布。

景观应用：第一批国家重点保护野生植物。

3. 南方红豆杉 *Taxus wallichiana* Zucc. var. *mairei* (Lemée et H. Lév.) L. K. Fu et Nan Li

南方红豆杉树干（徐正浩摄）

南方红豆杉枝叶（徐正浩摄）

中文异名：红豆杉、美丽红豆杉、红榧、紫杉、血柏、红叶水杉、榧子木、赤椎、杉公子、蜜柏

英文名：Himalayan yew

分类地位：红豆杉科（Taxaceae）红豆杉属（*Taxus* Linn.）

形态学特征：常绿乔木。高达20m，胸径达60~100cm。树皮赤褐色或灰褐色，浅纵裂，裂成条片脱落，大枝开展。冬芽黄褐色、淡褐色或红褐色，有光泽。叶片排成2列，微弯或较直，长

1~3cm，宽2~4mm，先端渐
尖，窄，叶面深绿色，有光
泽，叶背淡黄绿色。雄球花
淡黄色，雄蕊8~14枚，花药
4~8个。种子生于杯状红色
肉质假种皮中，卵圆形，长
5~7mm，径3~5mm。

生物学特性：花期3—4月，
种子11月成熟。

分布：中国华中、华北、东
南沿海等地有分布。印度、
缅甸、印度尼西亚、菲律宾
等也有分布。多数校区有
栽培。

景观应用：第一批国家重点
保护野生植物。

南方红豆杉果实（徐正浩摄）

南方红豆杉幼果（徐正浩摄）

南方红豆杉果期植株（徐正浩摄）

南方红豆杉植株（徐正浩摄）

4. 香榧　*Torreya grandis* Fort. et Lindl. 'Merrillii'

中文异名：中国榧、榧树、玉榧、细榧、羊角榧

英文名：Chinese nutmeg yew

分类地位：红豆杉科（Taxaceae）榧树属（*Torreya* Arn.）

形态学特征：常绿乔木。高达30m，胸径达1m。树皮浅黄灰色、深灰色
或灰褐色，不规则纵裂，具3~4个斜伸树干，小枝下垂。叶线形或长披针
形，排成2列，长1.1~2.5cm，宽2.5~3.5mm，先端突尖，叶面深绿色，
叶背淡绿色。雄球花圆柱状，长6~8mm，基部的苞片有明显的背脊，雄
蕊多数，各有4个花药，药隔先端宽圆有缺齿。种子连肉质假种皮椭圆
形、卵圆形、倒卵圆形或
长椭圆形，长2.5~4cm，径
1~2.5cm，熟时假种皮淡紫
褐色，有白粉，顶端微凸，
基部具宿存的苞片，胚乳
微皱。

生物学特性：花期4月，种
子10月成熟。

香榧枝叶（徐正浩摄）

香榧新枝叶（徐正浩摄）

香榧果实（徐正浩摄）

分布：中国华东、华中等地有分布。各校区有分布。

景观应用：第一批国家重点保护野生植物。中国特产树种。

5. 金钱松 *Pseudolarix amabilis* (J. Nelson) Rehd.

城市森林中的金钱松（徐正浩摄）

行道树中的金钱松（徐正浩摄）

金钱松枝叶（徐正浩摄）

早春金钱松新叶（徐正浩摄）

金钱松树干（徐正浩摄）

中文异名：水树、金松

英文名：golden larch

分类地位：松科（Pinaceae）金钱松属（*Pseudolarix* Gord.）

形态学特征：落叶乔木。高达40m，胸径达1.5m。树干直，树皮粗糙，灰褐色，常裂成不规则的鳞片状块片。枝平展，树冠宽塔形。叶条形，柔软，镰状或直，上部稍宽，长2~5.5cm，宽1.5~4mm，先端锐尖或尖，叶面绿色，叶背蓝绿色。秋后叶呈金黄色。雄球花黄色，圆柱状，下垂，长5~8mm，梗长4~7mm。雌球花紫红色，直立，椭圆形，长1~1.3cm，有短梗。球果卵圆形或倒卵圆形，长6~7.5cm，径4~5cm，成熟前绿色或淡黄绿色，熟时淡红褐色，有短梗。种子卵圆形，白色，长4~6mm，种翅三角状披针形，淡黄色或淡褐黄色。

生物学特性：花期4月，球果10月成熟。散生于针叶树、阔叶树林中。

分布：中国华中、华东、华南等地有分布。各校区有分布。

景观应用：第一批国家重点保护野生植物。景观乔木。

6. 水杉 *Metasequoia glyptostroboides* Hu et W. C. Cheng

中文异名：活化石、梳子杉

英文名：dawn redwood

分类地位：杉科（Taxodiaceae）水杉属（*Metasequoia* Miki ex Hu et Cheng）

形态学特征：落叶乔木。高达35m，胸径达2.5m。树皮灰色、灰褐色或暗灰色，幼树裂成薄片脱落，大树裂成长条状脱落。枝斜展，小枝下垂，幼树树冠尖塔形，老树树冠广圆形，枝叶稀疏。叶条形，长0.8~3.5cm，宽1~2.5mm，叶面淡绿色，叶背色较淡，在侧生小枝上列成2列，羽状。球果下垂，近四棱状球形或矩圆状球形，成熟前绿色，熟时深褐色，长1.8~2.5cm，径1.6~2.5cm，梗长2~4cm。种子扁平，倒卵形，间或圆形或矩圆形，周围有翅，先端有凹缺，长3.5~5mm，径3~4mm。

生物学特性：花期2月下旬，球果11月成熟。

分布：中国华东、华中等地有分布。世界各地广泛栽培。各校区有分布。

景观应用：第一批国家重点保护野生植物。生长快，常用绿化树种。

水杉枝叶（徐正浩摄）

水杉树干（徐正浩摄）

镶嵌于景观植物中的水杉（徐正浩摄）

水杉植株1（徐正浩摄）

水杉植株2（徐正浩摄）

之江校区水杉居群（徐正浩摄）

紫金港校区启真湖畔水杉居群（徐正浩摄）

7. 柏木 *Cupressus funebris* Endl.

中文异名：垂丝柏、柏木树、柏树

英文名：Chinese weeping cypress, funereal cypress

分类地位：柏科（Cupressaceae）柏木属（*Cupressus* Linn.）

形态学特征：常绿乔木。高达35m，胸径2m。小枝细长下垂，生鳞叶的小枝扁，排成一平面，两面同形，绿色。较老的小枝圆柱形，暗褐紫色，略有光泽。鳞叶2型，长1~1.5mm，先端锐尖，中央之叶的背部有条状腺点，两侧的叶对折，背部有棱脊。雄球花椭圆形或卵圆形，长

柏木树枝（徐正浩摄）

柏木枝叶（徐正浩摄）

柏木叶（徐正浩摄）

柏木植株（徐正浩摄）

柏木景观植株（徐正浩摄）

2.5~3mm。雌球花近球形，长3~6mm，径3~3.5mm。球果圆球形，径8~12mm，熟时暗褐色。种鳞4对，顶端为不规则五角形或方形，宽5~7mm，中央有尖头或无，能育种鳞有5~6粒种子。种子宽倒卵状菱形或近圆形，扁，熟时淡褐色，有光泽，长2~2.5mm，边缘具窄翅。

生物学特性：花期3—5月，种子翌年5—6月成熟。

分布：中国特有树种。中国华东、华中、西南、华南等地有分布。紫金港校区、之江校区、华家池校区有分布。

景观应用：第一批国家重点保护野生植物。景观常绿乔木。

8. 普陀鹅耳枥 *Carpinus putoensis* Cheng

分类地位：桦木科（Betulaceae）鹅耳枥属（*Carpinus* Linn.）

形态学特征：落叶乔木。高达10m，胸径50~60cm。树皮青灰色，不裂，小枝密生黄褐色凸起大皮孔，密被褐色长柔毛，渐稀疏。叶厚纸质，椭圆形至宽椭圆形，长5~10cm，宽3.5~5cm，先端渐尖，基部圆形或宽楔形至微心形，边缘具不规则尖锐重锯齿，侧脉11~15对，柄长0.5~1.5cm。果序长4~8cm，果苞大。小坚果宽卵形，长5~6mm，宽4~5mm。

生物学特性：花期3—4月，果期6—7月。

分布：中国特有树种。浙江舟山群岛有分布。华家池校区植物园等有栽培。

景观应用：第一批国家一级重点保护野生植物。景观落叶乔木。

普陀鹅耳枥叶（叶燕军摄）

普陀鹅耳枥植株（叶燕军摄）

9. 大叶榉树 *Zelkova schneideriana* Hand.-Mazz.

中文异名：榉树、血榉、鸡油树、黄栀榆、大叶榆

英文名：Schneider's zelkova

分类地位：榆科（Ulmaceae）榉属（*Zelkova* Spach）

形态学特征：落叶乔木。高达35m，胸径达80cm。树皮灰褐色至深灰色，呈不规则的片状剥落。冬芽常2个并生，球形或卵状球形。叶厚纸质，大小形状变异很大，卵形至椭圆状披针形，长3~10cm，宽1.5~4cm，先端渐尖、尾状渐尖或锐尖，基部稍偏斜，圆形、宽楔形，稀浅心形，叶面绿色，干后深绿色至暗褐色，被糙毛，叶背浅绿色，干后变淡绿色至紫红色，密被柔毛，边缘具圆齿状锯齿，侧脉8~15对。叶柄粗短，长3~7mm，被柔毛。雄花1~3朵簇生于叶腋，雌花或两性花常单生于小枝上部叶腋。坚果径2.5~4mm，具网肋。

生物学特性：花期4月，果期9—11月。

分布：中国华南、华中、华西、华北、华东等地有分布。朝鲜、韩国和日本也有分布。各校区有栽培。

景观应用：第一批国家重点保护野生植物。景观乔木。

大叶榉树果实（徐正浩摄）

大叶榉树植株（徐正浩摄）

大叶榉树树干（徐正浩摄）

大叶榉树枝叶（徐正浩摄）

大叶榉树叶面（徐正浩摄）

大叶榉树叶背（徐正浩摄）

大叶榉树花序（徐正浩摄）

大叶榉树居群（徐正浩摄）

🍃 10. 凹叶厚朴 *Magnolia officinalis* Rehd. et Wils. subsp. *biloba* (Rehd. et Wils.) Law

凹叶厚朴花（徐正浩摄）

凹叶厚朴果实（徐正浩摄）

凹叶厚朴景观植株（徐正浩摄）

凹叶厚朴植株（徐正浩摄）

分类地位：木兰科（Magnoliaceae）木兰属（*Magnolia* Linn.）

形态学特征：多年生落叶乔木。高达20m。树皮厚，褐色，不开裂。小枝粗壮，淡黄色或灰黄色，幼时有绢毛。顶芽大，狭卵状圆锥形，无毛。叶近革质，7~9片聚生于枝端，长圆状倒卵形，长22~45cm，宽10~24cm，先端凹缺，呈2片钝圆的浅裂片，但幼苗之叶先端钝圆，并不凹缺，基部楔形，全缘而微波状，叶面绿色，无毛，叶背灰绿色，被灰色柔毛，有白粉。叶柄粗壮，长2.5~4cm，托叶痕长为叶柄的2/3。花白色，径10~15cm。花梗粗短，被长柔毛，离花被片下1cm处具苞片脱落痕，花被片9~17片，厚肉质，外轮3片淡绿色，长圆状倒卵形，长8~10cm，宽4~5cm，盛开时常向外反卷，内2轮白色，倒卵状匙形，长8~8.5cm，宽3~4.5cm，基部具爪，最内轮7~8.5cm，花盛开时中内轮直立。雄蕊72枚，长2~3cm，花药长1.2~1.5cm，内向开裂，花丝长4~12mm，红色。雌蕊群椭圆状卵圆形，长2.5~3cm。聚合果基部较窄。种子三角状倒卵形，长0.8~1cm。

生物学特性：花芳香。花期4—5月，果期10月。

分布：中国东南沿海、华中、华北等地有分布。多数校区有分布。

景观应用：第一批国家重点保护野生植物。园林观赏树木。

🍃 11. 鹅掌楸 *Liriodendron chinense* (Hemsl.) Sarg.

中文异名：马褂木

英文名：Chinese tulip poplar, Chinese tulip tree

分类地位：木兰科（Magnoliaceae）鹅掌楸属（*Liriodendron* Linn.）

形态学特征：多年生乔木。高达40m，胸径可达1m。小枝灰色或灰褐色。叶马褂状，长4~18cm，近基部每边具1侧裂片，先端具2浅裂，下面苍白色，叶柄长4~16cm。花杯状，花被片9片，外

鹅掌楸花（徐正浩摄）

鹅掌楸花期植株（徐正浩摄）

轮3片绿色，萼片状，向外弯垂，内2轮6片，直立，花瓣状，倒卵形，长3~4cm，绿色，具黄色纵条纹，花药长10~16mm，花丝长5~6mm，花期时雌蕊群超出花被之上，心皮黄绿色。聚合果长7~9cm，具翅的小坚果长约6mm，顶端钝或钝尖。种子1~2粒。

生物学特性：花期5月，果期9—10月。

分布：中国广泛分布。越南北部也有分布。多数校区有分布。

景观应用：第一批国家重点保护野生植物。园林观赏树木。

鹅掌楸雌雄蕊（徐正浩摄）

鹅掌楸叶（徐正浩摄）

鹅掌楸植株（徐正浩摄）

12. 峨眉含笑 *Michelia wilsonii* Finet et Gagn.

中文异名：眉白兰木兰、威氏黄心树

分类地位：木兰科（Magnoliaceae）含笑属（*Michelia* Linn.）

形态学特征：常绿乔木。高达20m。嫩枝绿色，被淡褐色稀疏短平伏毛，老枝节间较密，具皮孔。顶芽圆柱形。叶革质，倒卵形、狭倒卵形或倒披针形，长10~15cm，宽3.5~7cm，先端短尖或短渐尖，基部楔形或宽楔形，叶面无毛，具光泽，叶背灰白色，疏被平伏短毛，侧脉纤细，每边8~13条，网脉细密，柄长1.5~4cm。花黄色，径5~6cm。花被片9~12片，稍肉质，倒卵形或倒披针形，长4~5cm，宽1~2.5cm，内轮的狭小。雄蕊长1.5~2cm。雌蕊群圆柱形，

峨眉含笑叶（徐正浩摄）

峨眉含笑花（徐正浩摄）

峨眉含笑花期植株（徐正浩摄）

峨眉含笑植株（徐正浩摄）

长3.5~4cm。聚合果长12~15cm，蓇葖果褐色，长圆柱形或倒卵圆形，长1~2.5cm，熟后2瓣开裂。

生物学特性：花芳香花期3—5月，果期8—9月。

分布：中国西南、华中等地有分布。紫金港校区有栽培。

景观应用：第一批国家重点保护野生植物。园林观赏树木。

🌿 13. 夏蜡梅 *Calycanthus chinensis* Cheng et S. Y. Chang

中文异名：黄梅花、蜡木、大叶柴、牡丹木、夏梅

英文名：Chinese sweetshrub

分类地位：蜡梅科（Calycanthaceae）夏蜡梅属（*Calycanthus* Linn.）

形态学特征：多年生落叶灌木。高1~3m。树皮灰白色或灰褐色，皮孔凸起，小枝对生，无毛或幼时被疏微毛。叶宽卵状椭圆形、卵圆形或倒卵形，长11~26cm，宽8~16cm，基部两侧略不对称，叶缘全缘或有不规则的细齿，叶面有光泽，叶背幼时沿脉上被褐色硬毛，老渐无毛，叶柄长1.2~1.8cm。花径4.5~7cm。花梗长2~2.5cm，有时达4.5cm。外花被片12~14片，倒卵形或倒卵状匙形，长1.4~3.6cm，宽1.2~2.6cm，白色，边缘淡紫红色，有脉纹。内花被片9~12片，向上直立，顶端内弯，椭圆形，长1.1~1.7cm，宽9~13mm。雄蕊18~19片，长6~8mm，花药密被短柔毛，药隔短尖。退化雄蕊11~12片，被微毛。心皮11~12个。果托钟状或近顶口紧缩，长3~4.5cm，直径1.5~3cm，密被柔毛，顶端有14~16个披针状钻形的附生物。瘦果长圆形，长1~1.6cm，径5~8mm，被绢毛。种子无胚乳，胚大，子叶叶状。

生物学特性：花无香气。花期5月中、下旬，果期10月上旬。

分布：原产于中国浙江北部，为浙、皖特有的古老孑遗种类。华家池校区有分布。

景观应用：第一批国家重点保护野生植物。栽培观赏植物。

夏蜡梅叶（徐正浩摄）

夏腊梅植株（徐正浩摄）

夏蜡梅原生态植株（徐正浩摄）

🌿 14. 樟 *Cinnamomum camphora* (Linn.) Presl

中文异名：香樟、樟木

英文名：Camphor tree

樟花（徐正浩摄）

分类地位：樟科（Lauraceae）樟属（*Cinnamomum* Trew）

形态学特征：常绿乔木。主根发达，深根性。茎幼时绿色，平滑，老时渐变为黄褐色或灰褐色纵裂。冬芽卵圆形。叶互生，薄革质，卵形或椭圆状卵形，长5~10cm，宽3.5~5.5cm，先端急尖，基部宽楔形至近圆形，边缘微波状起伏。叶面绿色至黄绿色，有光泽，叶背灰绿色，被白粉，两面无毛或叶背幼时略被微柔毛。离基3出脉，近叶基的第1对或第2对侧脉长而显著，侧脉及支脉在上面显著隆起，在下面有明显腺

窝，窝内常被柔毛，脉腋有腺点。叶柄细，长2~3cm，无毛。圆锥花序生于当年生枝叶腋，长3.5~7cm，无毛或在节上被灰白色至黄褐色微柔毛。花淡黄绿色，长3mm。花梗长1~2mm，无毛。花被裂片椭圆形，长2mm，外面无毛，里面密被短柔毛。球形的小果实成熟后为黑紫色，直径0.4~0.6cm。果托杯状，长1.5~2mm，顶端平截，直径3~4mm。

生物学特性： 花期4—5月，果期8—11月。

分布： 中国长江以南地区广泛栽培。世界各地广泛引入或栽培。各校区有分布。

景观应用： 国家重点保护Ⅱ类植物。园林绿化树木。

樟叶（徐正浩摄）

樟果实（徐正浩摄）

之江校区原生态樟植株（徐正浩摄）

之江校区原生态樟居群（徐正浩摄）

樟植株（徐正浩摄）

孤植樟（徐正浩摄）

樟行道树（徐正浩摄）

15. 天竺桂 *Cinnamomum japonicum* Sieb.

中文异名： 大叶天竺桂、竺香、山肉桂、土肉桂、山玉桂

分类地位： 樟科（Lauraceae）樟属（*Cinnamomum* Trew）

形态学特征： 常绿乔木。高10~15m，胸径30~40cm。枝条细弱，圆柱形，无毛，红色或红褐色。叶近对生，或枝条上部互生，卵圆状长圆形至长圆状披针形，长7~10cm，宽3~3.5cm，先端锐尖至渐尖，基部宽楔形，革质，叶面绿色，具光泽，叶背灰绿色，离基3出脉，叶柄粗壮。圆锥花序腋生，长3~10cm，总梗长1.5~3cm。花被6片，卵圆形，长2.5~3mm，宽1.5~2mm。可育雄蕊9枚，内藏，退化雄蕊3枚。子房

天竺桂叶（徐正浩摄）

天竺桂果实（徐正浩摄）

长0.5~1mm，花柱超过子房，柱头盘状。果长圆形，长6~7mm，宽4~5mm。

生物学特性：花具香气。花期4—5月，果期7—9月。

分布：中国华东、华中等地有分布。朝鲜、日本等也有分布。华家池校区有分布。

景观应用：第一批国家重点保护野生植物。栽培观赏植物。

🍃 16. 浙江楠 *Phoebe chekiangensis* C. B. Shang

中文异名：宜昌楠

分类地位：樟科（Lauraceae）楠木属（*Phoebe* Nees）

形态学特征：常绿乔木。高达20m。树干通直，小枝有棱，密被黄褐色或灰黑色柔毛。叶革质，倒卵状椭圆形或倒卵状披针形，稀为披针形，长8~13cm，宽4~5cm，先端短渐尖或长渐尖，基部楔形或宽楔形。叶背被灰褐色柔毛，脉上被柔毛，中脉、侧脉在叶面下陷，在叶背明显隆起。叶柄长1~1.5cm，密被黄褐色柔毛。圆锥花序腋生，长5~10cm，密被黄褐色柔毛。花长3~4mm，花梗长2~3mm。花被片卵形，两面被毛。子房卵圆形，花柱细，柱头盘状。核果椭圆状卵圆形，长1.2~1.5cm，熟时黑褐色，外被白粉，宿存花被片革质，紧贴。种子两侧不等，多胚。

生物学特性：花期4—5月，果期9—10月。

分布：中国浙江、福建和江西等地有分布。紫金港校区、玉泉校区有分布。

景观应用：中国特有珍稀树种。国家Ⅱ级保护野生植物。园林绿化树种。

浙江楠树干（徐正浩摄）

浙江楠枝叶（徐正浩摄）

浙江楠叶（徐正浩摄）

🍃 17. 伯乐树 *Bretschneidera sinensis* Hemst.

中文异名：钟萼木

分类地位：伯乐树科（Bretschneideraceae）伯乐树属（*Bretschneidera* Hemsl.）

形态学特征：多年生乔木。高10~20m。树皮灰褐色，小枝有较明显的皮孔。羽状复叶长25~45cm，总轴有疏短柔毛或无毛，叶柄长10~18cm。小叶7~15片，纸质或革质，狭椭圆形、菱状长圆、形、长圆状披针形或卵状披针形，偏斜，长6~26cm，宽3~9cm，全缘，顶端渐尖或急短渐尖，基部钝圆、短尖或楔形，叶面绿色，无毛，叶背粉绿色或灰白色，叶脉在叶背明显，侧脉

伯乐树枝叶（徐正浩摄）

伯乐树叶（徐正浩摄）

8~15对。小叶柄长2~10mm，无毛。花序长20~36cm。总花梗、花梗、花萼外面有棕色短茸毛。花淡红色，直径3~4cm，花梗长2~3cm。花萼直径1.5~2cm，长1.2~1.7cm，顶端具5个短齿，内面有疏柔毛或无毛，花瓣阔匙形或倒卵楔形，顶端浑圆，长1.8~2cm，宽1~1.5cm，无毛，内面有红色纵条纹。花丝长2.5~3cm，基部有小柔毛。子房有光亮、白色的柔毛，花柱有柔毛。果椭圆球形、近球形或阔卵形，长3~5.5cm，径2~3.5cm。种子椭圆球形，平滑，成熟时长1.6~1.8cm，径1.1~1.3cm。

生物学特性： 花期3—9月，果期5月至翌年4月。

分布： 中国西南、华南、华东和华中等地有分布。泰国北部和越南北部也有分布。紫金港校区有分布。

景观应用： 第一批国家重点保护野生植物。花果美丽的园林观赏树木。

伯乐树新梢（徐正浩摄）

伯乐树树干（徐正浩摄）

伯乐树花序（徐正浩摄）

景观树林中的伯乐树（徐正浩摄）

🌿 18. 红豆树 *Ormosia hosiei* Hemsl. et Wils.

中文异名： 臭桶柴、花梨木、何氏红豆、马桶树、烂锅柴、硬皮黄檗

分类地位： 豆科（Leguminosae）红豆属（*Ormosia* Jacks.）

形态学特征： 常绿或落叶乔木。高达20~30m，胸径可达1m。树皮灰绿色，平滑。小枝绿色，幼时有黄褐色细毛，后变光滑。冬芽有褐黄色细毛。奇数羽状复叶，长12.5~23cm，叶柄长2~4cm，叶轴长3.5~7.7cm，叶轴在最上部的1对小叶处延长0.2~2cm生顶小叶。小叶1~4对，薄革质，卵形或卵状椭圆形，稀近圆形，长3~10.5cm，宽1.5~5cm，先端急尖或渐尖，基部圆形或阔楔形，叶面深绿色，叶背淡绿色，侧脉8~10对。小叶柄长2~6mm，圆形，无凹槽。

红豆树羽状复叶（徐正浩摄）

红豆树花期植株（徐正浩摄）

13

圆锥花序顶生或腋生，长15~20cm，下垂，花疏生。花梗长1.5~2cm。花萼钟形，浅裂，萼齿三角形，紫绿色，密被褐色短柔毛。花冠白色或淡紫色，旗瓣倒卵形，长1.8~2cm，翼瓣与龙骨瓣均为长椭圆形。雄蕊10枚，花药黄色。子房光滑无毛，内有胚珠5~6个，花柱紫色，线状，弯曲，柱头斜生。荚果近圆形，扁平，长3.3~4.8cm，宽2.3~3.5cm，先端有短喙。种子近圆形或椭圆形，长1.5~1.8cm，宽1.2~1.5cm，种皮红色。

生物学特性：花具香气。花期4—5月，果期10—11月。

分布：中国华东、华中、西南、西北等地有分布。紫金港校区有分布。

景观应用：第一批国家重点保护野生植物。园林观赏树木。

红豆树植株（徐正浩摄）

🌿 19. 花榈木　*Ormosia henryi* Prain

中文异名：臭桶柴、花梨木、亨氏红豆、马桶树、烂锅柴、硬皮黄檗

分类地位：豆科（Leguminosae）红豆属（*Ormosia* Jacks.）

形态学特征：常绿乔木。高16m，胸径可达40cm。树皮灰绿色，平滑，有浅裂纹。小枝、叶轴、花序密被茸毛。奇数羽状复叶，长12~35cm，小叶1~3对，革质，椭圆形或长圆状椭圆形，长4.3~17cm，宽2~7cm，先端钝或短尖，基部圆或宽楔形，叶面深绿色，光滑无毛，叶背及叶柄均密被黄褐色茸毛，侧脉6~11对。小叶柄长3~6mm。圆锥花序顶生，或总状花序腋生，长11~17cm，密被淡褐色茸毛。花长1.6~2cm，径1.5~2cm。花梗长7~12mm。花萼钟形，5齿裂，裂至2/3处。花冠中央淡绿色，边缘绿色微带淡紫，旗瓣近圆形，基部具胼胝体，半圆形，翼瓣倒卵状长圆形，淡紫绿色，长1.2~1.4cm，宽0.8~1cm，柄长2~3mm，龙骨瓣倒卵状长圆形，长1.4~1.6cm，宽5~7mm，柄长3~3.5mm。雄蕊10枚，分离，长1.3~2.5cm，不等长，花丝淡绿色，花药淡灰紫色。子房扁，沿缝线密被淡褐色长毛，其余无毛，胚珠9~10个，花柱线形，柱头偏斜。荚果扁平，长椭圆形，长5~12cm，宽1.5~4cm，顶端有喙。种子椭圆形或卵形，长8~15mm，种皮鲜红色，有光泽。

花榈木枝叶（徐正浩摄）

花榈木植株（徐正浩摄）

生物学特性：花期7—8月，果期10—11月。

分布：中国西南、华南和华中等地有分布。泰国和越南也有分布。紫金港校区有分布。

景观应用：第一批国家重点保护野生植物。景观树木。

🌿 20. 黄檗　*Phellodendron amurense* Rupr.

黄檗植株（徐正浩摄）

中文异名：黄波椤树、黄檗木、檗木、黄波梨、黄波栎、黄波萝

英文名：amur cork tree

分类地位：芸香科（Rutaceae）黄檗属（*Phellodendron* Rupr.）

形态学特征：落叶乔木。树高10~20m，胸径达1m。枝扩展，成年树皮浅灰或灰褐色，深沟状或不规则网状开裂。叶轴及叶柄均纤细，具小叶5~13片，小叶薄纸质或纸质，卵状披针形或卵形，长6~12cm，宽2.5~4.5cm，先端长渐尖，基部阔楔形，叶面无毛或中脉有疏短毛。花序顶生。萼片细小，阔卵形，长0.8~1mm。花瓣紫绿色，长3~4mm。雄花的雄蕊比花瓣长，退化雌蕊短小。果实圆球形，径0.7~1cm，蓝黑色，

通常有5~10条浅纵沟。种子通常5粒。

生物学特性：花期5—6月，果期9—10月。

分布：中国华南、东北、华东和华北等地有分布。俄罗斯、朝鲜、韩国和日本也有分布。华家池校区有分布。

景观应用：第一批国家重点保护野生植物。园林观赏树木。

21. 海滨木槿 *Hibiscus hamabo* Sieb. et Zucc.

中文异名：海槿、日本黄槿

英文名：yellow hibiscus

分类地位：锦葵科（Malvaceae）木槿属（*Hibiscus* Linn.）

形态学特征：落叶小乔木。高3~5m，胸径达20cm。树冠扁球形。单叶，互生，厚纸质，扁圆形、倒卵形或宽倒卵形，长2.5~6cm，宽3~6cm，先端圆钝或平截，具短凸尖，基部圆形或浅心形，叶缘中上部具细圆齿，叶面绿色，光滑或具星状毛，叶背灰白色或灰绿色，掌状网5~7条，柄长0.8~2.5cm。两性花，单生于枝端叶腋。花径4~6cm。花冠钟状，花瓣5片，金黄色，倒卵形，外卷，内侧基部暗紫色。蒴果三角状卵形，长1.5~2cm。种子肾形，长3~5mm，褐色。

生物学特性：花期5—6月，果期9—10月。

分布：中国华东、华南等地有分布。朝鲜、韩国和日本也有分布。紫金港校区有分布。

景观应用：第一批国家重点保护野生植物。树形美观，适作为观赏树木。

海滨木槿枝叶（徐正浩摄）

海滨木槿叶（徐正浩摄）

海滨木槿花（徐正浩摄）

海滨木槿植株（徐正浩摄）

22. 喜树 *Camptotheca acuminata* Decne.

中文异名：千丈树、旱莲木

分类地位：蓝果树科（Nyssaceae）喜树属（*Camptotheca* Decne.）

形态学特征：落叶乔木。高达30m。树皮灰色或浅灰色，纵裂成浅沟状。小枝圆柱形，平展，当年生枝紫绿色，有灰色微柔毛。冬芽腋生，锥状。叶互生，纸质，矩圆状卵形或矩圆状椭圆形，长10~25cm，宽

喜树枝叶（徐正浩摄）

喜树花序（徐正浩摄）

喜树果实（徐正浩摄）

喜树果期植株（徐正浩摄）

群植喜树（徐正浩摄）

喜树植株（徐正浩摄）

6~10cm，顶端短锐尖，基部近圆形或阔楔形，全缘，叶面亮绿色，叶背淡绿色，中脉在叶面微下凹，在叶背凸起，侧脉11~15对，叶柄长1.5~3cm。头状花序近球形，直径1.5~2cm，常由2~9个头状花序组成圆锥花序，顶生或腋生，通常上部为雌花序，下部为雄花序，总花梗圆柱形，长4~6cm。花杂性，同株。苞片3片，三角状卵形，长2.5~3mm。花萼杯状，5浅裂，裂片齿状，边缘睫毛状。花瓣5片，淡绿色，矩圆形或矩圆状卵形，顶端锐尖，长1.5~2mm，外面密被短柔毛，早落。雄蕊10枚，外轮5枚较长，常长于花瓣，内轮5枚较短，花丝纤细。花药4室。子房在两性花中发育良好，下位。花柱无毛，长4mm，顶端通常分2个枝。翅果矩圆形，长2~2.5cm，顶端具宿存的花盘，两侧具窄翅。

生物学特性：花期5—7月，果期9月。

分布：中国长江流域有分布。多数校区有分布。

景观应用：第一批国家重点保护野生植物。树干挺直，可作庭院树或行道树。

23. 秤锤树 *Sinojackia xylocarpa* Hu

中文异名：捷克木

分类地位：安息香科（Styracaceae）秤锤树属（*Sinojackia* Hu）

形态学特征：落叶乔木或小灌木。高达7m，胸径10~20cm。嫩枝密被星状短柔毛，灰褐色，成长后红褐色而无毛。叶纸质，倒卵形或椭圆形，长3~9cm，宽2~5cm，顶端急尖，基部楔形或近圆形，边缘具硬质锯齿，生于具花小枝基部的叶卵形而较小。叶柄长3~5mm。总状聚伞花序生于侧枝顶端，具3~5朵花。花梗柔弱，下垂，疏被星状短柔毛，长达3cm。萼管倒圆锥形，高3~4mm，外面密被星状短柔毛，萼齿5片，披针形。花冠裂片长圆状椭圆形，顶端钝，长8~12mm，宽4~6mm，两面均密被星状茸毛。雄蕊10~14枚，花丝长3~4mm，下部宽扁，连合成短管，疏被星状毛，花药长圆形，长2~3mm，无毛。花柱线形，

秤锤树枝叶（徐正浩摄）

长6~8mm，柱头不明显3裂。果实卵形，连喙长2~2.5cm，宽1~1.3cm，红褐色，有浅棕色的皮孔，无毛，顶端具圆锥状的喙。种子1粒，长圆状线形，长0.8~1cm，栗褐色。

生物学特性：花期3—4月，果期7—9月。

分布：中国东南沿海和华中等地有分布。华家池校区、紫金港校区有分布。

景观应用：第一批国家重点保护野生植物。园林观赏树木。

秤锤树树干（徐正浩摄）

秤锤树花（徐正浩摄）

秤锤树花序（徐正浩摄）

秤锤树果实（徐正浩摄）

秤锤树植株（徐正浩摄）

第二章 浙大校园古树名木

1. 江南油杉 *Keteleeria cyclolepis* Flous.

江南油杉枝叶（徐正浩摄）

江南油杉叶（徐正浩摄）

江南油杉果实（徐正浩摄）

江南油杉果期植株（徐正浩摄）

江南油杉植株（徐正浩摄）

中文异名：浙江油杉

分类地位：松科（Pinaceae）油杉属（*Keteleeria* Carr.）

形态学特征：常绿乔木。高达20m，胸径可达60cm。树皮灰褐色，不规则纵裂，冬芽圆球形或卵圆形。一年生枝干后呈红褐色、褐色或淡紫褐色。叶条形，侧枝上排成2列，长1.5~4cm，宽2~4cm，先端圆钝或微凹，稀微急尖，叶面绿色，叶背色较浅，被白粉或不显。球果圆柱形或椭圆状圆柱形，顶端或上部渐窄，长7~15cm，径3.5~6cm，中部的种鳞常呈斜方形或斜方状圆形，长1.8~3cm，宽与长近相等，上部圆或微窄。种翅中部或中下部较宽。

生物学特性：种子10月成熟。

分布：中国特有树种。中国东南沿海和华中等地有分布。多数校区有分布。

景观应用：具很高的观赏价值，适宜于园林、旷野栽培。

2. 苦槠 *Castanopsis sclerophylla* (Lindl.) Schott.

苦槠花（徐正浩摄）

苦槠果实（徐正浩摄）

中文异名：结节锥栗、槠栗、苦槠锥、血槠、苦槠子

分类地位：壳斗科（Fagaceae）锥属（*Castanopsis*（D. Don）Spach）

形态学特征：多年生常绿乔木。高5~10m，胸径30~50cm。树皮浅纵裂，

片状剥落，小枝灰色。叶2列，革质，长椭圆形、卵状椭圆形或兼有倒卵状椭圆形，长7~15cm，宽3~6cm，顶部渐尖或骤狭急尖，短尾状，基部圆或宽楔形，中部以上有锯齿状锐齿，叶柄长1.5~2.5cm。雄穗状花序通常单穗腋生，雄蕊12~10枚。雌花序长达15cm。果序长8~15cm，壳斗有坚果1个，偶有2~3个，圆球形或半圆球形，全包或包着坚果的大部分，径12~15mm，壳壁厚1mm以内，不规则瓣状爆裂。坚果近圆球形，径10~14mm，顶部短尖。种子无胚乳。

生物学特性：花期4—5月，果10—11月成熟。

分布：中国西南、华南、华中和华东等地有分布。多数校区有分布。

景观应用：乔木树种。

苦槠花期植株（徐正浩摄）

苦槠古树名木（徐正浩摄）

苦槠果期植株（徐正浩摄）

苦槠植株（徐正浩摄）

3. 浙江樟 *Cinnamomum chekiangense* Nakai

中文异名：浙江桂

分类地位：樟科（Lauraceae）樟属（*Cinnamomum* Trew）

形态学特征：常绿乔木。高10~15m，胸径30~35cm。枝条细弱，圆柱形，无毛，红色或红褐色。叶近对生或在枝条上部者互生，卵圆状长圆形至长圆状披针形，长7~10cm，宽3~3.5cm，先端锐尖至渐尖，基部宽楔形或钝形，革质，叶面绿色，光亮，叶背灰绿色，晦暗，两面无毛，离基3出脉，中脉直贯叶端。叶柄粗壮，腹凹背凸，红褐色，无毛。圆锥花序腋生，长3~10cm，总梗长1.5~3cm，花梗长5~7mm。花长3~4.5mm。花被筒倒锥形，短小，长1~1.5mm，花被裂片6片，

浙江樟枝叶（徐正浩摄）

浙江樟叶面（徐正浩摄）

浙江樟叶背（徐正浩摄）

浙江樟古树名木（徐正浩摄）

卵圆形，长2~3mm，宽1.5~2mm，先端锐尖。能育雄蕊9枚，内藏，花药长0.5~1mm，卵圆状椭圆形，先端钝，4室，花丝长1~2mm。退化雄蕊3枚，位于最内轮。子房卵珠形，长0.5~1mm，花柱稍长于子房，柱头盘状。果长圆形，长6~7mm，宽达5mm。

生物学特性：花具香气。花期4—5月，果期7—9月。

分布：中国特色树种。中国华东等地有分布。紫金港校区、玉泉校区、华家池校区有分布。

景观应用：观赏树种。

4. 紫楠 *Phoebe sheareri* (Hemsl.) Gamble

紫楠树干（徐正浩摄）

紫楠叶（徐正浩摄）

紫楠花（徐正浩摄）

紫楠花芽（徐正浩摄）

紫楠果实（徐正浩摄）

紫楠花期植株（徐正浩摄）

紫楠果期植株（徐正浩摄）

紫楠古树名木（徐正浩摄）

中文异名：黄心楠

分类地位：樟科（Lauraceae）楠属（*Phoebe* Nees）

形态学特征：多年生大灌木至乔木。高5~15m。树皮灰白色。小枝、叶柄及花序密被黄褐色或灰黑色柔毛或茸毛。叶革质，倒卵形、椭圆状倒卵形或阔倒披针形，长12~18cm，宽4~7cm，先端突渐尖或突尾状渐尖，基部渐狭，叶面完全无毛或沿脉上有毛，叶背密被黄褐色长柔毛，少为短柔毛，中脉和侧脉上面下陷，侧脉每边8~13条，弧形，在边缘联结，横脉及小脉多而密集，结成明显网格状，叶柄长1~2.5cm。圆锥花序长7~18cm，在顶端分枝。花长4~5mm。花被片近等大，卵形，两面被毛。能育雄蕊各轮花丝被毛，至少在基部被毛，第3轮特别密，腺体无柄，生于第3轮花丝基部，退化雄蕊花丝全被毛。子房球形，无毛，花柱通常直，柱头不明显或盘状。果卵形，长0.8~1cm，径5~6mm，果梗略增粗，被毛。宿存花被片卵形，两面被毛，松散。种子单胚性，两侧对称。

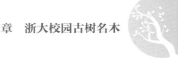

生物学特性：花期4—5月，果期9—10月。

分布：中国华南、华中和华东等地有分布。越南也有分布。多数校区有分布。

景观应用：园林景观树木。

5. 豆梨 *Pyrus calleryana* Dcne.

中文异名：梨丁子、杜梨、糖梨、赤梨、阳檖、鹿梨

英文名：callery pear

分类地位：蔷薇科（Rosaceae）梨属（*Pyrus* Linn.）

形态学特征：多年生乔木。高5~8m。小枝粗壮，圆柱形，在幼嫩时有茸毛，不久脱落，二年生枝条灰褐色。冬芽三角状卵形，先端短渐尖，微具茸毛。叶片宽卵形至卵形，稀长椭卵形，长4~8cm，宽3.5~6cm，先端渐尖，稀短尖，基部圆形至宽楔形，边缘有钝锯齿，两面无毛。叶柄长2~4cm，无毛。托叶叶质，线状披针形，长4~7mm，无毛。伞形总状花序，具花6~12朵，直径4~6mm，总花梗和花梗均无毛，花梗长1.5~3cm米。苞片膜质，线状披针形，长8~13mm，内面具茸毛。花径2~2.5cm。萼筒无毛。萼片披针形，先端渐尖，全缘，外面无毛，内面具茸毛，边缘较密。花瓣卵形，长11~13mm，宽8~10mm，基部具短爪，白色。雄蕊20枚，稍短于花瓣。花柱2个，稀3个，基部无毛。梨果球形，直径0.8~1cm，黑褐色，有斑点，萼片脱落，2~3室，有细长果梗。

生物学特性：花期3—4月，果期8—9月。

分布：中国华南、华中和华东等地有分布。越南和日本也有分布。华家池校区、紫金港校区有分布。

景观应用：观赏树木。

豆梨枝叶（徐正浩摄）

豆梨叶面（徐正浩摄）

豆梨叶背（徐正浩摄）

豆梨果实（徐正浩摄）

豆梨花（徐正浩摄）

第三章　浙大校园特色树木

🌿 1. 日本冷杉 *Abies firma* Sieb. et Zucc.

英文名：momi fir

分类地位：松科（Pinaceae）冷杉属（*Abies* Mill.）

形态学特征：常绿乔木。高达50m，胸径达2m。树皮暗灰色或暗灰黑色，粗糙，呈鳞片状开裂，大枝通常平展，树冠塔形，冬芽卵圆形。叶条形，直或微弯，长2~3.5cm，宽3~4mm，2列，先端钝而微凹，幼树小叶先端2裂，叶面光绿色，叶背有2条灰白色气孔带。球果圆柱形，长12~15cm，基部较宽，成熟前绿色，熟时黄褐色或灰褐色。苞鳞外露，通常较种鳞长，先端有骤凸的尖头。种翅楔状长方形，较种子长。

生物学特性：花期4—5月，球果10月成熟。

分布：原产于日本。中国东北、华北、华东、华南等地有分布。多数校区有栽培。

景观应用：庭院树和绿化树种。

日本冷杉枝叶（徐正浩摄）

日本冷杉叶（徐正浩摄）

日本冷杉植株（徐正浩摄）

日本冷杉景观应用（徐正浩摄）

🌿 2. 木麻黄 *Casuarina equisetifolia* Forst.

中文异名：短枝木麻黄、驳骨树、马尾树

英文名：Australian pine tree

分类地位：木麻黄科（Casuarinaceae）木麻黄属（*Casuarina* Adans.）

形态学特征：常绿乔木。高可达30m，径达70cm，大树根部无萌蘖，树干通直，树冠狭长圆锥形，幼树的树皮

木麻黄植株（徐正浩摄）

木麻黄果期植株（徐正浩摄）

赭红色，老树的树皮粗糙，深褐色，不规则纵裂，内皮深红色。鳞片状叶每轮通常7条，少为6条或8条，披针形或三角形，长1~3mm，紧贴。花雌雄同株或异株，雄花序几无总花梗，棒状圆柱形，长1~4cm，花被片2片。雌花序通常顶生于近枝顶的侧生短枝上。球果状果序椭圆形，长1.5~2.5cm，径1.2~1.5cm，两端近截平或钝。小坚果连翅长4~7mm，宽2~3mm。

生物学特性： 花期4—5月，果期7—10月。

分布： 原产于澳大利亚和太平洋岛屿。舟山校区有分布。

景观应用： 观赏树种。

🍃 3. 美国山核桃　*Carya illinoensis* (Wangenh.) K. Koch

中文异名： 剥壳山核桃

英文名： hardy pecan

分类地位： 胡桃科（Juglandaceae）山核桃属（*Carya* Nutt.）

形态学特征： 大乔木。高可达50m，胸径可达2m。树皮粗糙，深纵裂。芽黄褐色，被柔毛，芽鳞镊合状排列。小枝被柔毛，后来变无毛，灰褐色，具稀疏皮孔。奇数羽状复叶长25~35cm，具9~17片小叶，小叶具极短的小叶柄，卵状披针形至长椭圆状披针形，有时呈长椭圆形，稍呈镰状弯曲，长7~18cm，宽2.5~4cm，基部歪斜阔楔形或近圆形，顶端渐尖，边缘具单锯齿或重锯齿。雄性柔荑花序3条1束，长8~14cm，无总梗，花药有毛。雌性穗状花序直立，花序轴密被柔毛，具3~10朵雌花。雌花子房长卵形，总苞的裂片有毛。果实矩圆状或长椭圆形，长3~5cm，径2~2.2cm，有4条纵棱。

生物学特性： 花期4—5月，果期9—10月。

分布： 原产于北美洲。紫金港校区有分布。

景观应用： 观赏树种。

美国山核桃植株（徐正浩摄）

美国山核桃羽状复叶（徐正浩摄）

美国山核桃树干（徐正浩摄）

🍃 4. 山核桃　*Carya cathayensis* Sarg.

中文异名： 小核桃

英文名： pecan, hickory nut

分类地位： 胡桃科（Juglandaceae）山核桃属（*Carya* Nutt.）

形态学特征： 乔木。高达10~20m，胸径30~60cm。树皮平滑，灰白色，光滑，一年生枝紫灰色。复叶长16~30cm，具5~7片小叶，侧生小叶长10~18cm，宽2~5cm，具短的小叶柄或几乎无柄，对生，披针形或倒卵状披针形，有时稍呈镰状弯曲，基部楔形或略呈圆形，顶端渐尖，顶生小叶具长5~10mm的小叶柄。雄性柔荑花序3条1束，长10~15cm。雄花具短柄，雄蕊2~7枚，花药具毛。雌性穗状花序直立，具1~3朵雌花。雌花卵形或阔椭圆形，密被橙

山核桃叶（徐正浩摄）

山核桃羽状复叶（徐正浩摄）

山核桃花序（徐正浩摄）

山核桃植株（徐正浩摄）

黄色腺体，长5~6mm。果实倒卵形，向基部渐狭，幼时具4条狭翅状的纵棱。外果皮干燥后革质，厚2~3mm，沿纵棱裂开成4瓣。果核倒卵形或椭圆状卵形，有时略侧扁，具极不显著的4条纵棱，顶端急尖而具1个短凸尖，长20~25mm，径15~20mm。

生物学特性：花期4—5月，果期9—10月。

分布：中国浙江和安徽等地有分布。紫金港校区有栽培。

景观应用：观赏树种。

5. 江南桤木 *Alnus trabeculosa* Hand.-Mazz.

分类地位：桦木科（Betulaceae）桤木属（*Alnus* Mill.）

形态学特征：乔木。高8~10m。树皮灰色或灰褐色，平滑，枝条暗灰褐色，无毛，小枝黄褐色或褐色，无毛或被黄褐色短柔毛，芽具柄，具2片光滑的芽鳞。叶披针形或椭圆形，长6~16cm，宽2.5~7cm，顶端锐尖、渐尖至尾状，基部近圆形或近心形，很少楔形，边缘具不规则疏细齿，叶面无毛，叶背具腺点，脉腋间具簇生的髯毛，侧脉6~13对，叶柄细瘦，长2~3cm，疏被短柔毛或无毛，无或多少具腺点。果序矩圆形，长1~2.5cm，径1~1.5cm，2~4个呈总状排列，序梗长1~2cm。果苞木质，长5~7mm，基部楔形，顶端圆楔形，具5片浅裂片。小坚果宽卵形，长3~4mm，宽2~2.5mm，果翅厚纸质，极狭，宽为果的1/4。

江南桤木树干（徐正浩摄）

江南桤木枝叶（徐正浩摄）

江南桤木叶面（徐正浩摄）

江南桤木叶背（徐正浩摄）

江南桤木果实（徐正浩摄）

江南桤木成熟果实（徐正浩摄）

生物学特性：花期4—5月，果期6—7月。

分布：中国华东、华中等地有分布。日本也有分布。华家池校区有分布。

景观应用：景观树木。

6. 山黄麻 *Trema tomentosa* (Roxb.) Hara

中文异名：麻桐树、麻络木、山麻、麻布树

英文名：poison peach

分类地位：榆科（Ulmaceae）山黄麻属（*Trema* Lour.）

形态学特征：小乔木或灌木。高达10m。树皮灰褐色，平滑或细龟裂，小枝灰褐至棕褐色，密被直立或斜展的灰褐色或灰色短茸毛。叶纸质或薄革质，宽卵形或卵状矩圆形，稀宽披针形，长7~20cm，宽3~8cm，先端渐尖至尾状渐尖，基部心形，偏斜，边缘具细锯齿，叶面极粗糙，具直立硬毛，叶背被密或较稀疏灰褐色或灰色短茸毛。基出脉3条，侧生的1对达叶片中上部，侧脉4~5对。叶柄长7~18mm。雄花序长2~4.5cm，雄花径1.5~2mm，无梗，花被片5片，卵状矩圆形，外面被微毛，边缘有缘毛，雄蕊5枚，退化雌蕊倒卵状矩圆形。雌花序长1~2cm，雌花具短梗，花被片4~5片，三角状卵形，长1~1.5mm。核果宽卵珠状，扁压，直径2~3mm，褐黑色或紫黑色。种子阔卵珠状，扁压，直径1.5~2mm，两侧有棱。

生物学特性：花期3—6月，果期9—11月。

分布：中国华东、华中、西南等地有分布。非洲东部和东南亚也有分布。之江校区有分布。

景观应用：观赏灌木。

山黄麻叶面（徐正浩摄）

山黄麻叶背（徐正浩摄）

山黄麻叶序（徐正浩摄）

山黄麻果实（徐正浩摄）

山黄麻果期植株（徐正浩摄）

山黄麻植株（徐正浩摄）

7. 西川朴 *Celtis vandervoetiana* Schneid.

分类地位：榆科（Ulmaceae）朴属（*Celtis* Linn.）

形态学特征：落叶乔木。高达20m。树皮灰色至褐灰色，当年生小枝、叶柄和果梗老后褐棕色，冬芽的内部鳞片具棕色柔毛。叶厚纸质，卵状椭圆形至卵状长圆形，长8~13cm，宽3.5~7.5cm，基部稍不对称，近圆形，一边稍高，一边稍低，先端渐尖至短尾尖，自下部2/3以上具锯齿或钝齿，叶柄较粗壮，长10~20mm。果单生于叶腋，果梗粗壮，长17~35mm，果球形或球状椭圆形，成熟时黄色，长15~17mm。果核乳白色至淡黄色，近球形至宽倒卵形，直径8~9mm，具4条纵肋，表面有网孔状凹陷。

生物学特性：花期4月，果期9—10月。

分布：中国华东、华中、西南、华南等地有分布。之江校区有分布。

景观应用：观赏树种。

西川朴树干（徐正浩摄）

西川朴枝叶（徐正浩摄）

西川朴叶面（徐正浩摄）

西川朴叶背（徐正浩摄）

西川朴叶序（徐正浩摄）

西川朴果实（徐正浩摄）

西川朴果期植株（徐正浩摄）

8. 桑 *Morus alba* Linn.

中文异名：家桑、桑树

英文名：white mulberry

分类地位：桑科（Moraceae）桑属（*Morus* Linn.）

桑枝叶（徐正浩摄）

桑花序（徐正浩摄）

形态学特征：多年生落叶乔木或灌木。高3~10m，胸径达50cm。树皮厚，灰色，具不规则浅纵裂，冬芽红褐色，卵形，芽鳞覆瓦状排列，灰褐色，有细毛，小枝有细毛。叶卵形或广卵形，长5~15cm，宽5~12cm，先端急尖、渐尖或圆钝，基部圆形至浅心形，边缘锯齿粗钝，表面鲜绿色，无毛，背面沿脉有疏毛，脉腋有簇毛，叶柄长1.5~5.5cm，具柔毛。花单性，腋生或生于芽鳞腋内，与叶同时生出。雄花序下垂，长2~3.5cm，密被白色柔毛。雄花被片宽椭圆形，淡绿色，花丝在芽时内折，花药2室，球形至肾形，纵裂。雌花序长1~2cm，被毛，总花梗长5~10mm，被柔毛，雌花无梗，花被片倒卵形，顶端圆钝，外面和边缘被毛，两侧紧抱子房，无花柱，柱头2裂，内面有乳头状凸起。聚花果卵状椭圆形，长1~2.5cm，成熟时红色或暗紫色。种子近球形，胚乳丰富，胚内弯。

生物学特性：花期4—5月，果期5—8月。

分布：原产于中国华中和华北地区，现栽培于中国各地。华家池校区、紫金港校区有栽培。

景观应用：绿化树种。

桑果实（徐正浩摄）

桑植株（徐正浩摄）

桑园桑树（徐正浩摄）

园林景观桑（徐正浩摄）

9. 薜荔　*Ficus pumila* Linn.

中文异名：凉粉子、凉粉果、冰粉子、鬼馒头、木馒头

英文名：creeping fig, climbing fig

分类地位：桑科（Moraceae）榕属（*Ficus* Linn.）

形态学特征：攀缘或匍匐灌木。叶2型，不结果枝节上生不定根。叶卵状心形，长2~2.5cm，薄革质，基部稍不对称，尖端渐尖，叶柄短，结果枝上无不定根，革质，卵状椭圆形，长5~10cm，宽2~3.5cm，先端急尖至钝形，基部圆形至浅心形，全缘，叶面无毛，叶背被黄褐色柔毛，基生叶脉延长，网脉3~4对，在表面下陷，背面凸起，网脉甚明显，呈蜂窝状，叶柄长5~10mm，托叶2片，披针形，被黄褐色丝状毛。榕果单生于叶腋，瘿花果梨形，雌花果近球形，长4~8cm，径3~5cm，顶部截平，略具短钝头或为脐状突起，基部收窄成一短柄，基生苞片宿存，三角状卵形，密被长柔毛，总梗粗短。雄花生于榕果内壁口部，多数，排为几行，有梗，花被片2~3片，线形，雄蕊2枚，花丝短。瘿花具梗，花被片3~4片，线形，花柱侧生，短。雌花生于另一植株榕果内壁，花梗长，花被片4~5片。瘦果近球形，有黏液。种子全部被肉质假种皮包裹。

薜荔枝叶（徐正浩摄）

薜荔叶（徐正浩摄）

薜荔果实（徐正浩摄）

薜荔果期植株（徐正浩摄）

薜荔植株（徐正浩摄）

生物学特性：花果期5—8月。

分布：中国西南、华南、华中、华北和华东等地有分布。越南和日本也有分布。之江校区有野生。

景观应用：园林垂直绿化树种。

🍃 10. 天仙果 *Ficus erecta* Thunb. var. *beecheyana* (Hook. et Arn.) King

中文异名：牛乳榕

英文名：Japanese fig

分类地位：桑科（Moraceae）榕属（*Ficus* Linn.）

形态学特征：落叶小乔木或灌木。高2~7m。树皮灰褐色，小枝密生硬毛。叶厚纸质，倒卵状椭圆形，长7~20cm，宽3~9cm，先端短渐尖，基部圆形至浅心形，全缘或上部偶有疏齿，表面较粗糙，疏生柔毛，背面被柔毛，侧脉5~7对，弯拱向上，基生脉延长。叶柄长1~4cm，纤细，密被灰白色短硬毛。榕果单生于叶腋，具总梗，球形或梨形，直径1.2~2cm，幼时被柔毛和短粗毛，顶生苞片脐状，基生苞片3片，卵状三角形，成熟时黄红至紫黑色。雄花和瘿花生于同一榕果内壁，雌花生于另一植株的榕果中。雄花有梗或近无梗，花被片2~4片，椭圆形至卵状披针形，雄蕊2~3枚。瘿花近无梗或有短梗，花被片3~5片，披针形，长于子房，被毛，子房椭圆状球形，花柱侧生，短，柱头2裂。雌花的花被片4~6片，宽匙形，子房光滑有短柄，花柱侧生，柱头2裂。

天仙果叶面（徐正浩摄）

天仙果叶背（徐正浩摄）

天仙果果实（徐正浩摄）

天仙果植株（徐正浩摄）

生物学特性：花果期5—6月。

分布：中国华东、华南等地有分布。日本、越南也有分布。紫金港校区、华家池校区有栽培。

景观应用：景观树种。

🍃 11. 柘树 *Cudrania tricuspidata* (Carr.) Bur. ex Lavall.

中文异名：柘、柘刺、柘桑

分类地位：桑科（Moraceae）柘属（*Cudrania* Trec.）

形态学特征：落叶灌木或小乔木。高1~7m。树皮灰褐色，小枝无毛，略具棱，有棘刺，刺长5~20mm，冬芽赤褐色。叶卵形或菱状卵形，偶为3裂，长5~14cm，宽3~6cm，先端渐尖，基部楔形至圆形，叶面深绿色，叶背绿白色，无毛或被柔毛，侧脉4~6对，叶柄长1~2cm，被微柔毛。雌雄异株，雌雄花序均为球形头状花序，单生或成对腋生，具短总花梗。雄花序直径0.4~0.5cm，雄花有苞片2片，附着于花被片上，花被片4片，肉质，先端肥厚，内卷，内面有黄色腺体2个，雄蕊4枚，与花被片对生，花丝在花芽时直立，退化雌蕊锥形。雌花序直径1~1.5cm，花被片与雄花同数，花被片先端盾形，内卷，内面下部有2个黄色腺体，子房埋于花被片下部。聚花果近球形，直径2~2.5cm，肉质，成熟时橘红色。

生物学特性：花期5—6月，果期6—7月。

分布：中国华北、华东、华南、西南等地有分布。朝鲜也有分布。紫金港校区、华家池校区有栽培。

景观应用：景观树木。

柘树果实（徐正浩摄）

柘树植株（徐正浩摄）

12. 葡蟠 *Broussonetia kaempferi* Sieb.

分类地位：桑科（Moraceae）构属（*Broussonetia* L'Herit. ex Vent.）

形态学特征：落叶小乔木。高达8m。树皮灰色平滑。小枝幼时具褐色茸毛。叶卵形至宽卵形，长4~16cm，宽5~15cm，先端短尖或长尖，基部截形或心形，边缘具粗钝锯齿，叶面粗糙，疏生伏刚毛，叶背密被柔毛。雄花序长2~5cm，萼片卵形，具灰色或黄褐色短毛。雌花序长1.5~2cm，萼片近圆形或倒卵形，具短毛，花柱短，柱头有毛。果穗长2~3cm，白色、红色或黑色。

生物学特性：花期4月，果期6月。

分布：中国中部、东部、西部等地有分布。舟山校区、之江校区有分布。

景观应用：景观灌木。

葡蟠叶（徐正浩摄）

葡蟠茎叶（徐正浩摄）

13. 乐东拟单性木兰 *Parakmeria lotungensis* (Chun et Tsoong) Law

分类地位：木兰科（Magnoliaceae）拟单性木兰属（*Parakmeria* Hu et Cheng）

形态学特征：多年生常绿乔木。高达30m，胸径30cm。树皮灰白色，当年生枝绿色。叶革质，狭倒卵状椭圆形、倒卵状椭圆形或狭椭圆形，长6~11cm，宽2~5cm，先端尖而尖头钝，基部楔形或狭楔形，叶面深绿色，有光泽，侧

乐东拟单性木兰枝叶（徐正浩摄）

乐东拟单性木兰叶（徐正浩摄）

脉每边9~13条，干时两面明显凸起，叶柄长1~2cm。花杂性，雄花、两性花异株。雄花的花被片9~14片，外轮3~4片浅黄色，倒卵状长圆形，长2.5~3.5cm，宽1.2~2.5cm，内2~3轮白色，狭少，雄蕊30~70枚，雄蕊长9~11mm，花药长8~10mm，花丝长1~2mm，药隔伸出成短尖，花丝及药隔紫红色，有时具1~5个心皮的两性花，雄花的花托顶端长锐尖，有时具雌蕊群柄。两性花的花被片与雄花的同形而较小，雄蕊10~35枚，雌蕊群卵圆形，绿色，具雌蕊10~20枚。聚合果卵状长圆形或椭圆状卵圆形，稀倒卵形，长3~6cm。种子椭圆形或椭圆状卵圆形，外种皮红色，长7~12mm，宽6~7mm。

乐东拟单性木兰花（徐正浩摄）

乐东拟单性木兰花蕾（徐正浩摄）

乐东拟单性木兰花期植株（徐正浩摄）

乐东拟单性木兰植株（徐正浩摄）

生物学特性：花期4—5月，果期8—9月。

分布：中国西南、华南和华东地区有分布。多数校区有栽培。

景观应用：园林观赏树种。

14. 红毒茴 *Illicium lanceolatum* A. C. Smith

中文异名：披针形茴香、红茴香

分类地位：木兰科（Magnoliaceae）八角属（*Illicium* Linn.）

形态学特征：灌木或小乔木。高3~10m，枝条纤细，树皮浅灰色至灰褐色。叶互生或稀疏地簇生于小枝近顶端或排成假轮生，革质，披针形、倒披针形或倒卵状椭圆形，长5~15cm，宽1.5~4.5cm，先端尾尖或渐尖、基部窄楔形，中脉在叶面微凹陷，在叶背稍隆起，网脉不明显，叶柄纤细，长7~15mm。花腋生或近顶生，单生或2~3朵聚生，红色、深红色，花梗纤细，径0.8~2mm，长15~50mm。花被片10~15片，肉质，最大的花被片椭圆形或长圆状倒卵形，长8~12.5mm，宽6~8mm。雄蕊6~11枚，长2.5~4mm，花丝长1.5~2.5mm，花药分离，长1~1.5mm，药隔不明显截形或稍缺，药室隆起。心皮10~14个，长4~5mm，子房长1.5~2mm，花柱钻形，纤细，长2~3mm，骤然变狭。果梗长可达6cm，纤细。蓇葖果10~14个轮状排列，直径3.4~4cm，单个蓇葖果长1.5~2cm，宽5~9mm，厚3~5mm。种子长7~8mm，宽4~5mm，厚2~3.5mm。

红毒茴枝叶（徐正浩摄）

红毒茴叶（徐正浩摄）

红毒茴花（徐正浩摄）

红毒茴果实（徐正浩摄）

生物学特性：花期4—6月，果期8—10月。

分布：中国华东、华中、西南等地有分布。华家池校区有栽培。

景观应用：景观树种。

红毒茴花期植株（徐正浩摄）

红毒茴景观植株（徐正浩摄）

15. 红楠 *Machilus thunbergii* Sieb. et Zucc.

中文异名：猪脚楠

分类地位：樟科（Lauraceae）润楠属（*Machilus* Nees）

形态学特征：常绿乔木。高10~20m。树干粗短，树皮黄褐色，树冠平顶或扁圆。枝条多而伸展，紫褐色，老枝粗糙，嫩枝紫红色。顶芽卵形或长圆状卵形，鳞片棕色革质，宽圆形。叶倒卵形至倒卵状披针形，长4.5~13cm，宽1.5~4cm，先端短突尖或短渐尖，尖头钝，基部楔形，革质，叶面黑绿色，有光泽，叶背色较淡，带粉白，中脉在叶背凸起，侧脉每边7~12条，叶柄比较纤细，长1~3.5cm。花序顶生或在新枝上腋生，长5~11.8cm。苞片卵形。花被裂片长圆形，长4~5mm，外轮的较狭。花丝无毛。子房球形，无毛。花柱细长，柱头头状。花梗长8~15mm。果扁球形，径8~10mm，绿色，后变黑紫色。果梗鲜红色。

生物学特性：花期2—3月，果期7—8月。

红楠叶面（徐正浩摄）

红楠植株（徐正浩摄）

红楠叶背（徐正浩摄）

分布：中国华南和华东等地有分布。朝鲜、韩国和日本也有分布。华家池校区、紫金港校区、玉泉校区有分布。

景观应用：园林绿化树种。

16. 山鸡椒 *Litsea cubeba* (Lour.) Pers.

中文异名：赛梓树、臭樟子、山姜子、木姜子

分类地位：樟科（Lauraceae）木姜子属（*Litsea* Lam.）

形态学特征：多年生落叶灌木或小乔木。高达10m。幼树树皮黄绿色，光滑，老树

山鸡椒果实（徐正浩摄）

山鸡椒原生态植株（徐正浩摄）

树皮灰褐色。小枝细长，绿色，无毛。顶芽圆锥形，外面具柔毛。叶互生，披针形或长圆形，长4~12cm，宽1~2.5cm，先端渐尖，基部楔形，纸质，叶面深绿色，叶背粉绿色，两面均无毛，羽状脉，侧脉每边6~10条，纤细，中脉、侧脉在两面均凸起，叶柄长6~20mm，纤细，无毛。伞形花序单生或簇生，总梗细长，长6~10mm。每一花序有花4~6朵，花被裂片6片，宽卵形。能育雄蕊9枚，花丝中下部有毛，第3轮基部的腺体具短柄，退化雌蕊无毛。雌花中退化雄蕊中下部具柔毛，子房卵形，花柱短，柱头头状。果近球形，径4~5mm，无毛，幼时绿色，成熟时黑色，果柄长2~4mm，先端稍增粗。

生物学特性：枝、叶具芳香味。花先于叶开放或与叶同时开放。花期2—3月，果期7—8月。

分布：中国西南、华南、华中和华东等地有分布。南亚和东南亚也有分布。之江校区有分布。

景观应用：观赏灌木。

山鸡椒枝叶（徐正浩摄）

山鸡椒叶（徐正浩摄）

山鸡椒植株（徐正浩摄）

17. 月桂 *Laurus nobilis* Linn.

中文异名：香叶

英文名：bay laurel, sweet bay, bay tree, true laurel, Grecian laurel, laurel tree, laurel

分类地位：樟科（Lauraceae）月桂属（*Laurus* Linn.）

形态学特征：常绿小乔木或灌木状。高可达12m。树皮黑褐色，小枝圆柱形，具纵向细条纹，幼嫩部分略被微柔毛或近无毛。叶互生，长圆形或长圆状披针形，长5.5~12cm，宽1.5~3.5cm，先端锐尖或渐尖，基部楔形，边缘细波状，革质，叶面暗绿色，叶背色稍淡，两面无毛，羽状脉，中脉及侧脉两面凸起，侧脉每边10~12条，末端近叶缘处弧形联结，细脉网结，两面多少明显，呈蜂巢状，叶柄长0.7~1cm，鲜时紫红色，略被微柔毛或近无毛，腹面具槽。雌雄异株。伞形花序腋生，1~3个呈簇状或短总状排列。总苞片近圆形，外面无毛，内面被绢毛，总梗长达7mm，略被微柔毛或近无毛。雄花每一伞形花序有花5朵，花小，黄绿色，花梗长1~2mm，被

月桂树干（徐正浩摄）

月桂枝叶（徐正浩摄）

月桂叶面（徐正浩摄）

月桂叶背（徐正浩摄）

疏柔毛，花被筒短，外面密被疏柔毛，花被裂片4片，宽倒卵圆形或近圆形，两面被贴生柔毛，能育雄蕊通常12枚，排成3轮，花药椭圆形，2室，室内向，子房不育。雌花通常有退化雄蕊4枚，与花被片互生，花丝顶端有成对无柄的腺体，其间延伸有一披针形舌状体，子房1室，花柱短，柱头稍增大，钝三棱形。果卵珠形，熟时暗紫色。

生物学特性：花期3—5月，果期6—9月。

分布：原产于地中海沿岸地区。中国南部有分布。华家池校区有分布。

景观应用：庭院绿化和绿篱树种，也可盆栽观赏。

月桂植株（徐正浩摄）

18. 乌药 *Lindera aggregate* (Sims) Kosterm

中文异名：香叶子

分类地位：樟科（Lauraceae）山胡椒属（*Lindera* Thunb.）

形态学特征：常绿灌木或小乔木。高可达5m，胸径4cm。树皮灰褐色。幼枝青绿色，具纵向细条纹，密被金黄色绢毛，后渐脱落，老时无毛，干时褐色。顶芽长椭圆形。叶互生，卵形，椭圆形至近圆形，长2.5~5cm，宽1.5~4cm，先端长渐尖或尾尖，基部圆形，革质或近革质，叶面绿色，有光泽，叶背苍白色，3出脉，柄长0.5~1cm。伞形花序腋生，无总梗，常6~8朵花序集生于1~2mm长的短枝上。每花序常具花7朵。花被片6片。花梗长0.2~0.4mm。雄花的花被片长3~4mm，宽1.5~2mm，雄蕊长3~4mm，花丝被疏柔毛，退化雌蕊坛状。雌花的花被片长2~2.5mm，宽1.5~2mm，退化雄蕊长条片状，被疏柔毛，长1~1.5mm，子房椭圆形，长1~1.5mm，被褐色短柔毛，柱头头状。果卵形或近圆形，长0.6~1cm，径4~7mm。

生物学特性：花期3—4月，果期5—11月。

分布：中国华东、华中、华南、西南等地有分布。越南、菲律宾也有分布。之江校区有分布。

景观应用：常绿灌木。

乌药叶面（徐正浩摄）

乌药叶背（徐正浩摄）

乌药花序（徐正浩摄）

乌药果实（徐正浩摄）

乌药果期植株（徐正浩摄）

乌药植株（徐正浩摄）

19. 山胡椒 *Lindera glauca* (Sieb. et Zucc.) Bl

中文异名： 牛筋树、野胡椒

分类地位： 樟科（Lauraceae）山胡椒属（*Lindera* Thunb.）

山胡椒枝叶（徐正浩摄）

山胡椒叶背（徐正浩摄）

山胡椒叶序（徐正浩摄）

山胡椒花序（徐正浩摄）

山胡椒原生态植株（徐正浩摄）

山胡椒果实（徐正浩摄）

形态学特征： 落叶灌木或小乔木。高可达8m。树皮平滑，灰色或灰白色。混合芽长角锥形，长1.2~1.5cm，径2.5~4mm，芽鳞裸露部分红色，幼枝白黄色，初有褐色毛，后脱落成无毛。叶互生，宽椭圆形、椭圆形、倒卵形至狭倒卵形，长4~9cm，宽2~6cm，叶面深绿色，叶背淡绿色，被白色柔毛，纸质，羽状脉，侧脉每侧4~6条，叶枯后不落，翌年新叶发出时落下。伞形花序腋生，总梗短或不明显，长不超过3mm。每总苞有3~8朵花。雄花的花被片黄色，椭圆形，长2~2.2mm，雄蕊9枚，退化雌蕊细小，椭圆形，长0.5~1mm，上有1个小凸尖，花梗长1~1.2cm，密被白色柔毛。雌花的花被片黄色，椭圆或倒卵形，长1.5~2mm，退化雄蕊长0.5~1mm，条形，子房椭圆形，长1~1.5mm，花柱长0.2~0.3mm，柱头盘状。

生物学特性： 花期3—4月，果期7—8月。

分布： 中国华东、华中、华北、西南等地有分布。印度、朝鲜、日本也有分布。华家池校区有栽培。

景观应用： 景观树木。

20. 疏花山梅花 *Philadelphus laxifforus* Rehd.

分类地位： 虎耳草科（Saxifragaceae）山梅花属（*Philadelphus* Linn.）

形态学特征： 灌木。高2~3m。二年生小枝灰棕色或栗褐色，表皮薄片状脱落，当年生小枝褐色，无毛。叶长椭圆形或卵状椭圆形，长3~8cm，宽1.6~3cm，先端渐尖或稍尾尖，基部楔形，边缘具锯齿，上面暗绿色，被糙伏毛，下面无毛或仅叶脉及脉腋疏被白色长柔毛，离基脉3~5条，叶柄长5~8mm。花枝上的叶与无花枝上叶近等大，叶柄长3~5mm，无毛。总状花序有花7~11朵，最下分枝顶端有时具3朵花呈聚伞状排列。花序轴长3~12cm，黄褐色。花梗长5~12mm，无毛。花萼外面无毛或稍被糙伏毛，黄褐色。萼筒钟形，裂片卵形，长5~6mm，宽3~4mm，先端急尖，干后脉纹明显。花冠盘状，径2.5~3cm。花瓣白色，近圆形，径1.2~1.6cm，背面基部常有毛。雄蕊30~35枚，最长的长达9mm。花柱先端分裂至中部，柱头棒形，长1~1.5mm，较花药短。蒴果椭圆形，长5~6mm，径4~6mm。种子长2~3mm，具短尾。

生物学特性：花期5—6月，果期8月。

疏花山梅花植株（徐正浩摄）

分布：中国西北、西南、华中等地有分布。华家池校区有分布。

景观应用：园林观赏灌木。

21. 宁波溲疏　*Deutzia ningpoensis* Rehd.

分类地位：虎耳草科（Saxifragaceae）溲疏属（*Deutzia* Thunb.）

形态学特征：落叶灌木。高1~2.5m。老枝灰褐色，无毛，表皮常脱落，花枝长10~18cm，具6片叶，红褐色，被星状毛。叶厚纸质，卵状长圆形或卵状披针形，长3~9cm，宽1.5~3cm，先端渐尖或急尖，基部圆形或阔楔形，边缘具疏锯齿或近全缘，叶面绿色，叶背灰白色或灰绿色，侧脉每边5~6条。叶柄长5~10mm，被星状毛。聚伞状圆锥花序，长5~12cm，径2.5~6cm，多花，疏被星状毛。花蕾长圆形。花冠径1~1.8cm。花梗长3~5mm。萼筒杯状，高3~4mm，径2~3mm，裂片卵形或三角形，长宽均为1.5~2mm。花瓣白色，长圆形，长5~8mm，宽2~2.5mm，先端急尖，中部以下渐狭，外面被星状毛，花蕾时内向镊合状排列。外轮雄蕊长3~4mm，内轮雄蕊较短。花丝先端具2个短齿，齿平展，长不达花药，花药球形，具短柄，从花丝裂齿间伸出。花柱3~4个，长4~6mm，柱头稍弯。蒴果半球形，径4~5mm，密被星状毛。

生物学特性：花期5—7月，果期9—10月。

分布：中国华东、华中及陕西等地有分布。华家池校区有分布。

景观应用：观赏灌木。

宁波溲疏叶面（徐正浩摄）

宁波溲疏叶背（徐正浩摄）

宁波溲疏果期植株（徐正浩摄）

宁波溲疏植株（徐正浩摄）

22. 麦李　*Prunus glandulosa* (Thunb.) Lois.

中文异名：郁李

英文名：Chinese bush cherry, Chinese plum, dwarf flowering almond

分类地位：蔷薇科（Rosaceae）李属（*Prunus* Linn.）

形态学特征：灌木。高0.5~1.5m。小枝灰棕色或棕褐色，无毛或嫩枝被短柔毛。冬芽卵形，无毛或被短柔毛。叶片长圆披针形或椭圆披针形，长2.5~6cm，宽1~2cm，先端渐尖，基部楔形，最宽处在中部，边有细钝重锯齿，上面绿色，下面淡绿色，侧脉4~5对，叶柄长1.5~3mm。花单生或2朵簇生，花梗长6~8mm，几无毛。萼筒钟状，长宽近相等，无毛，萼片三角状椭圆形，先端急尖，边有锯齿。花瓣白色或粉红色，倒卵形。雄蕊30枚。花柱稍比雄蕊长，无毛或基部有疏柔毛。核果红色或紫红色，近球形，径1~1.3cm。

麦李花（徐正浩摄）

麦李植株（徐正浩摄）

生物学特性：花叶同开或近同开。花期3—4月，果期5—8月。

分布：中国华东、华中、西南及陕西等地有分布。日本也有分布。紫金港校区、华家池校区有栽培。

景观应用：观赏灌木。

23. 鸡麻 *Rhodotypos scandens* (Thunb.) Makino

分类地位：蔷薇科（Rosaceae）鸡麻属（*Rhodotypos* Sieb. et Zucc.）

形态学特征：灌木。冬芽具数个覆瓦状排列鳞片。单叶对生，卵圆形，长4~12cm，宽3~6cm，先端渐尖，基部圆形至微心形，边缘具尖锐重锯齿。托叶膜质，带形，离生。花两性，单生于枝顶。萼筒碟形，萼片4片，叶状，覆瓦状排列，有小型副萼片4片，与萼片互生。花瓣4片，白色，倒卵形，有短爪。雄蕊多数，排列成数轮。雌蕊4枚，花柱细长，柱头头状。每心皮有2个胚珠，下垂。核果1~4个，外果皮光滑干燥。种子1粒，倒卵球形，子叶平凸，有3条脉。

鸡麻花（张宏伟摄）

鸡麻植株（张宏伟摄）

生物学特性：花期4—月，果期6—9月。

分布：中国华东、华中、东北及陕西等地有分布。朝鲜和日本也有分布。华家池校区、紫金港校区有栽培。

景观应用：庭院绿化树种。

24. 美人梅 *Prunus* × *blireana* 'Meiren'

分类地位：蔷薇科（Rosaceae）李属（*Prunus* Linn.）

形态学特征：由重瓣粉型梅花与红叶李杂交而成。落叶小乔木。叶片卵圆形，长5~9cm，紫红色，卵状椭圆形。花1~2朵着生于长、中及短花枝上。萼筒宽钟状，萼片5片，近圆形至扁圆，花瓣15~17片，花梗1~1.5cm，雄蕊多数。

美人梅树干（徐正浩摄）

美人梅叶（徐正浩摄）

雌蕊1枚，具紫晕，花柱下部有毛。有时结果。果皮鲜紫红。

生物学特性：花有香味。花期3—4月，果期6—7月。

分布：紫金港校区有栽培。

景观应用：景观树木。

25. 野山楂 *Crataegus cuneata* Sieb. et Zucc.

中文异名：小叶山楂、猴楂

英文名：Chinese hawthorn

分类地位：蔷薇科（Rosaceae）山楂属（*Crataegus* Linn.）

形态学特征：落叶灌木。分枝密，通常具细刺，刺长5~8mm，小枝细弱，圆柱形，有棱，幼时被柔毛，一年生枝紫褐色，无毛，老枝灰褐色。冬芽三角卵形，先端圆钝，无毛，紫褐色。叶宽倒卵形至倒卵状长圆形，长2~6cm，宽1~4.5cm，先端急尖，基部楔形，下延连于叶柄，边缘有不规则重锯齿，顶端常有3片浅裂片，稀5~7片浅裂片，叶面无毛，有光泽，叶背具稀疏柔毛，沿叶脉较密，以后脱落，叶脉显著。叶柄两侧有叶翼，长4~15mm。伞房花序，径2~2.5cm，具花5~7朵，总花梗和花梗均被柔毛。花梗长0.8~1cm。苞片草质，披针形，条裂或有锯齿，长8~12mm，脱落很迟。花径1.2~1.5cm。萼筒钟状，外被长柔毛，萼片三角状卵形，长3~4mm，与萼筒等长，先端尾状渐尖，全缘或有齿，内外两面均具柔毛。花瓣近圆形或倒卵形，长6~7mm，白色，基部有短爪。雄蕊20枚，花药红色。花柱4~5个，基部被茸毛。果实近球形或扁球形，径1~1.2cm，红色或黄色。小核4~5个，内面两侧平滑。

生物学特性：花期5—6月，果期9—11月。

分布：中国中部、东部和南部各地广布。之江校区有分布。

景观应用：观赏灌木。

野山楂果期植株（徐正浩摄）

野山楂原生态植株（徐正浩摄）

26. 马棘 *Indigofera pseudotinctoria* Matsum.

中文异名：野蓝枝子

分类地位：豆科（Leguminosae）木蓝属（*Indigofera* Linn.）

形态学特征：小灌木。高1~3m，多分枝。枝细长，幼枝灰褐色，明显有棱，被丁字毛。羽状复叶长3.5~6cm，叶柄长1~1.5cm，托叶小，狭三角形，长0.5~1mm，早落。小叶2~5对，对生，椭圆形、倒卵形或倒卵状椭圆形，长1~2.5cm，宽0.5~1.5cm，先端圆或微凹，有小尖头，基部阔楔形或近圆形，小叶柄长0.5~1mm，小托叶微小，钻形或不明显。总状花序，花开后较复叶为长，长3~11cm，花密集。总花梗短于叶柄。花梗长0.5~1mm。花萼钟状，萼筒长1~2mm，萼齿不等长。花冠淡红色或紫红色，旗瓣倒阔卵形，长4.5~6.5mm，先端螺壳状，基部有瓣柄，翼瓣基部有耳状附属物，龙骨瓣近等长，距长0.5~1mm，基部具耳。花药圆球形，子房有毛。荚果线状圆柱形，长2.5~5.5cm，径2~3mm，顶端渐尖。果梗下弯。种子间有横隔，仅在横隔上有紫红色斑点。种子椭圆形。

生物学特性：花期5—8月，果期9—10月。

分布：中国华东、华中、华南、西南等地有分布。日本也有分布。华家池校区有分布。

景观应用：观赏灌木。

马棘果实（徐正浩摄）

马棘植株（徐正浩摄）

27. 木蓝 *Indigofera tinctoria* Linn.

中文异名：蓝靛

英文名：true indigo

分类地位：豆科（Leguminosae）木蓝属（*Indigofera* Linn.）

形态学特征：直立亚灌木。高0.5~1m，分枝少。幼枝有棱，扭曲，被白色丁字毛。羽状复叶长2.5~11cm，叶柄长1.3~2.5cm，托叶钻形，长1~2mm。小叶4~6对，对生，倒卵状长圆形或倒卵形，长1.5~3cm，宽0.5~1.5cm，先端圆钝或微凹，基部阔楔形或圆形，侧脉不明显。小叶柄长1~2mm，小托叶钻形。总状花序长2.5~9cm，花疏生，近无总花梗。苞片钻形，长1~1.5mm。花梗长4~5mm。花萼钟状，长1~1.5mm，萼齿三角形，与萼筒近等长。花冠伸出萼外，红色，旗瓣阔倒卵形，长4~5mm，瓣柄短，翼瓣长3~4mm，龙骨瓣与旗瓣等长。花药心形。子房无毛。荚果线形，长2.5~3cm，种子间有缢缩，外形似串珠状。种子近方形，长1~1.5mm。

生物学特性：花期几乎全年，果期10月。

分布：广泛分布于亚洲、非洲热带地区。华家池校区有栽培。

景观应用：观赏灌木。

木蓝花（徐正浩摄）

木蓝花序（徐正浩摄）

木蓝果实（徐正浩摄）

木蓝花期植株（徐正浩摄）

木蓝果期植株（徐正浩摄）

28. 网络鸡血藤 *Callerya reticulata* (Benth.) Schot

分类地位：豆科（Leguminosae）鸡血藤属（*Callerya* Endl.）

形态学特征：茎呈圆柱形，径2~3cm，表面灰黄色，粗糙，具横向环纹，皮孔椭圆形至长椭圆形，横向开裂。质坚，难折断，折断面呈不规则裂片状。羽状复叶具5~9片小叶。小叶革质，卵状椭圆形、长椭圆形或卵形，长2.5~10cm，宽1.5~5cm，先端尾尖，钝头，微凹，基部圆形，下面网状细脉隆起。圆锥花序顶生，下垂，长达15cm。花萼钟状，长3~5mm。萼齿短，先端钝。花冠紫红色或玫瑰红色。雄蕊10枚，二体。子房线形，无柄。花柱圆柱形，向上弯曲。荚果紫褐色，线状长圆形至倒披针状长圆形，长达16cm，宽1~1.5cm，扁平，种子间缢缩，顶端具喙，具3~10粒种子。种子褐色，具花纹，扁圆形。

生物学特性：花期6—8月。果期10—11月。

分布：中国华东、华中、华南、西南等地有分布。紫金港校区有栽培。

景观应用：观赏灌木。

网络鸡血藤花期植株（徐正浩摄）

29. 竹叶花椒 *Zanthoxylum armatum* DC.

中文异名：野花椒、山花椒

英文名：winged prickly ash

分类地位：芸香科（Rutaceae）花椒属（*Zanthoxylum* Linn.）

形态学特征：多年生落叶小乔木。高3~5m。茎枝多锐刺，小叶背面中脉上常有小刺。叶片有小叶3~9片，稀11片。小叶对生，披针形、椭圆形或卵形，长3~12cm，宽1~5cm，两端尖，小叶柄短或无柄。花序近腋生或侧枝顶生，长2~5cm，有花5~20朵。花被片6~8片，长1~1.5mm。雄花雄蕊5~6枚，不育雌蕊凸起，顶端2~3浅裂。雌花心皮2~3个，背部近顶侧各有1个油点，花柱斜向背弯，不育雄蕊短线状。果紫红色，有微凸起的少数油点，单个分果瓣径4~5mm。种子径3~4mm，褐黑色。

生物学特性：花期4—5月，果期8—10月。

分布：中国西南、华南、华东、华中有分布。东亚其他国家、南亚和东南亚也有分布。紫金港校区有分布。

景观应用：景观树木。

竹叶花椒枝条（徐正浩摄）

竹叶花椒枝叶（徐正浩摄）

竹叶花椒叶（徐正浩摄）

竹叶花椒果实（徐正浩摄）

竹叶花椒果期植株（徐正浩摄）

竹叶花椒景观植株（徐正浩摄）

30. 椪柑 *Citrus reticulata* Blanco 'Ponkan'

中文异名：冇柑

分类地位：芸香科（Rutaceae）柑橘属（*Citrus* Linn.）

形态学特征：小乔木。高2~5m。分枝多，枝扩展或略下垂，针刺少。叶片披针形、椭圆形或阔卵形，大小变异较大，顶端常有凹口，中脉由基部至凹口附近呈叉状分枝，叶缘至少上半段通常有钝或圆裂齿，很少全缘。花单生或2~3朵簇生。花萼不规则3~5浅裂。花瓣长1.5cm以内。雄蕊20~25枚，花柱细长，柱头头状。果扁圆形，或蒂部隆起呈短颈状的阔圆锥形，顶部平而宽，中央凹，有浅放射沟，径5~8cm，橙黄至橙

椪柑植株（徐正浩摄）

红色，皮粗糙，松脆，厚2.7~3.5mm，易剥离，瓤囊10~12个瓣。种子少或无，子叶淡绿色，多胚。

生物学特性：花期4—5月，果期11—12月。

分布：原产于中国亚热带地区。紫金港校区有栽培。

景观应用：景观树木。

31. 两面针 *Zanthoxylum nitidum* (Roxb.) DC.

中文异名：钉板刺、叶下穿针

英文名：shiny-leaf prickly-ash

分类地位：芸香科（Rutaceae）花椒属（*Zanthoxylum* Linn.）

形态学特征：幼龄植株为直立灌木，成龄植株为木质藤本。小叶3~11片。小叶对生，成长叶硬革质，阔卵形、近圆形或狭长椭圆形，长3~12cm，宽1.5~6cm，小叶柄长2~5mm，稀近于无柄。花序腋生。花4基数。萼片上部紫绿色，宽0.5~1mm。花瓣淡黄绿色，卵状椭圆形或长圆形，长2~3mm。雄蕊长5~6mm，退化雌蕊半球形，顶部4浅裂。雌花的花瓣较宽，无退化雄蕊或为极细小的鳞片状体。子房圆球形，花柱粗而短，柱头头状。果梗长2~5mm，稀较长或较短。果皮红褐色，单个分果瓣径5.5~7mm，顶端有短芒尖。种子圆珠状，腹面稍平坦，横径5~6mm。

生物学特性：花期3—5月，果期9—11月。

分布：中国台湾、福建、广东、海南、广西、贵州及云南等地有分布。紫金港校区有栽培。

景观应用：景观树木。

两面针叶（徐正浩摄）

两面针植株（徐正浩摄）

32. 红心蜜柚 *Citrus maxima* (Burm.) Merr. 'Hongxin Yu'

中文异名：红肉蜜柚、红心柚、红肉柚、血柚

英文名：red pomelo

分类地位：芸香科（Rutaceae）柑橘属（*Citrus* Linn.）

形态学特征：系福建省农业科学院果树研究所育成。乔木。幼树直立，成年树半开张，树冠半圆球形。新梢绿色，三角状，节间带刺，一年生至二年生枝灰绿色，圆形。主干及骨干枝灰褐色。芽为裸芽，无鳞片，只有苞片，复芽，叶腋除1个主芽外，常有2~4个副芽。叶长椭圆形，长11~14cm，宽5~7cm，叶尖钝尖，并多形成缺刻，叶基楔形，叶缘全缘，叶面浓绿，光滑，叶背绿色，无油胞粗点分布。花序为总状花序或单花。花径4~6cm。花瓣3~5片，白色。雄蕊25~30枚。花丝粗，白色，花药黄色。花柱紫红色。

生物学特性：花期5—6月，果期9—10月。

分布：紫金港校区有栽培。

景观应用：景观树木。

红心蜜柚花序（徐正浩摄）

红心蜜柚植株（徐正浩摄）

33. 重阳木 *Bischofia polycarpa* (Levl.) Airy Shaw

中文异名: 乌杨、茄冬树

分类地位: 大戟科（Euphorbiaceae）秋枫属（*Bischofia* Bl.）

形态学特征: 落叶乔木。高达15m，胸径50cm，有时达1m。树皮褐色，纵裂，树冠伞形，大枝斜展，小枝无毛，当年生枝绿色，皮孔变锈褐色。芽小，顶端稍尖或钝，具有少数芽鳞。3出复叶，柄长9~14cm。顶生小叶通常较两侧的大，小叶片纸质，卵形或椭圆状卵形，有时长圆状卵形，长5~14cm，宽3~9cm，顶端突尖或短渐尖，基部圆或浅心形，托叶小，早落。雌雄异株。总状花序常着生于新枝的下部，花序轴纤细而下垂。雄花序长8~13cm。雌花序长3~12cm。雄花萼片半圆形，膜质，向外张开，花丝短，有明显的退化雌蕊。雌花的萼片与雄花的相同，有白色膜质的边缘，子房3~4室，每室2个胚珠，花柱2~3个，顶端不分裂。果实浆果状，圆球形，径5~7mm，成熟时褐红色。

生物学特性: 花期4—5月，果期10—11月。

分布: 中国华中、华东、华南、西南等地有分布。华家池校区、紫金港校区有分布。

景观应用: 园林绿化树种。

重阳木树枝（徐正浩摄）

重阳木叶（徐正浩摄）

重阳木果实（徐正浩摄）

重阳木植株（徐正浩摄）

34. 白背叶 *Mallotus apelta* (Lour.) Muell. Arg.

中文异名: 白背木、白面戟

分类地位: 大戟科（Euphorbiaceae）野桐属（*Mallotus* Lour.）

形态学特征: 灌木或小乔木。高1~4m。小枝、叶柄和花序均密被淡黄色星状柔毛和散生橙黄色颗粒状腺体。叶互生，卵形或阔卵形，稀心形，长宽均为6~20cm，顶端急尖或渐尖，基部截平或稍心形，边缘具疏齿，上面干后黄绿色或暗绿色，无毛或被疏毛，下面被灰白色星状茸毛。基出脉5条，最下1对常不明显，侧脉6~7对。叶柄长5~15cm。雌雄异株。雄花序为开展的圆锥花序或穗状，长15~30cm，苞片卵形，长1~1.5mm，雄花多朵簇生于苞腋。雄花的花梗长1~2.5mm，花蕾卵形或球形，长2~2.5mm，花萼裂片4片，卵形或卵状三角形，长2~3mm，雄蕊50~75枚，长2~3mm。雌花序穗状，长15~30cm，花序梗长5~15cm，苞片近三角形，长1~2mm。雌花的花梗极

白背叶花序（徐正浩摄）

白背叶果实（徐正浩摄）

白背叶果期植株（徐正浩摄）

短，花萼裂片3~5片，卵形或近三角形，长2.5~3mm，花柱3~4个，长2~3mm，基部合生，柱头密生羽毛状突起。蒴果近球形，密生被灰白色星状毛的软刺，长5~10mm。种子近球形，径3~3.5mm，褐色或黑色，具皱纹。

生物学特性： 花期6—9月，果期8—11月。

分布： 中国西北、华中、华东、华南、西南有分布。越南也有分布。之江校区有分布。

景观应用： 种子榨油可工业用。茎皮为纤维原料。根叶可入药。

🌿 35. 野梧桐 *Mallotus japonicus* (Thunb.) Muell. Arg.

英文名： East Asian mallotus

分类地位： 大戟科（Euphorbiaceae）野桐属（*Mallotus* Lour.）

形态学特征： 小乔木或灌木。高2~4m。树皮褐色，嫩枝具纵棱，枝、叶柄和花序轴均密被褐色星状毛。叶互生，稀小枝上部有时近对生，纸质，形状多变，卵形、卵圆形、卵状三角形、肾形或横长圆形，长5~17cm，宽3~11cm，顶端急尖、突尖或急渐尖，基部圆形、楔形，稀心形，边全缘，不分裂或上部每侧具1片裂片或1个粗齿，叶面无毛，叶背仅叶脉稀疏被星状毛或无毛，疏散橙红色腺点。基出脉3条，侧脉5~7对。叶柄长5~17mm。雌雄异株。花序总状或下部常具3~5个分枝，长8~20cm。苞片钻形，长3~4mm。雄花在每苞片内3~5朵，花蕾球形，顶端急尖，花梗长3~5mm，花萼裂片3~4片，卵形，长2~3mm，外面密被星状毛和腺点，雄蕊25~75枚，药隔稍宽。雌花序长8~15cm，开展，苞片披针形，长3~4mm。雌花在每苞片内1朵，花梗长0.5~1mm，密被星状毛，花萼裂片4~5片，披针形，长2.5~3mm，顶端急尖，子房近球形，三棱状，花柱3~4个，中部以下合生，柱头长3~4mm。蒴果近扁球形，钝三棱形，径8~10mm。种子近球形，径4~5mm，褐色或暗褐色，具皱纹。

野梧桐叶（徐正浩摄）

野梧桐花序（徐正浩摄）

野梧桐果实（徐正浩摄）

野梧桐果期植株（徐正浩摄）

生物学特性： 花期4—6月，果期7—8月。

分布： 中国华东等地有分布。朝鲜、韩国和日本也有分布。舟山校区、之江校区有分布。

景观应用： 景观树木。

🌿 36. 小果叶下珠 *Phyllanthus reticulatus* Poir.

中文异名： 白仔

分类地位： 大戟科（Euphorbiaceae）叶下珠属（*Phyllanthus* Linn.）

形态学特征： 灌木。高达4m。枝条淡褐色，幼枝、叶和花梗均被淡黄色短柔毛或微毛。叶片膜质至纸质，椭圆形、卵形至圆形，长1~5cm，宽0.7~3cm，顶端急尖、钝至圆，基部钝至圆，下面有时灰白色。叶脉通常两面明显，侧脉每边5~7条。叶柄长2~5mm。通常2~10朵雄花和1朵雌花簇生于叶腋，稀组成聚伞花序。雄花径1~2mm，花梗纤细，长5~10mm，萼片5~6片，2轮，卵形或倒卵形，不等大，长0.7~1.5mm，宽0.5~1.2mm，全缘，雄蕊5枚，直立，其中3枚较长，花丝合生，2枚较短而花丝离生，花药三角形，药室纵裂，花粉粒球形，具3个沟孔，花盘腺体5个，鳞片状，宽0.3~0.5mm。雌花的花梗长4~8mm，纤细，萼片5~6片，2轮，不等大，宽卵形，长1~1.6mm，宽0.9~1.2mm，外面基部被微柔毛，花盘腺体5~6个，长圆形或倒卵形，子房圆球形，4~12室，花柱分离，顶端2裂，裂片线形卷曲平贴于子房顶端。蒴果呈浆果状，球形或近球形，径5~6mm，红色，干后灰黑色，不分裂，4~12室，每室有2粒种子。种子三棱形，长1.6~2mm，褐色。

生物学特性：花期3—6月，果期6—10月。

分布：中国华东、西南、华南、华中等地有分布。印度、斯里兰卡、马来西亚、印度尼西亚、菲律宾、马来西亚和澳大利亚等也有分布。之江校区有分布。

景观应用：观赏灌木。

小果叶下珠叶背（徐正浩摄）　　　　小果叶下珠植株（徐正浩摄）

37. 毛黄栌　*Cotinus coggygria* Scop. var. *pubescens* Engl.

分类地位：漆树科（Anacardiaceae）黄栌属（*Cotinus*（Tourn.）Mill.）

形态学特征：灌木。高2~5m。小枝红褐色，被白色短柔毛。叶阔卵圆形或近圆形，长4~8cm，宽3~7cm，先端圆钝，基部圆形或阔楔形，全缘，叶背、沿脉上和叶柄密被柔毛，侧脉6~11对，先端常叉开，叶柄长1~3cm。圆锥花序顶生，长10~15cm。小花梗长0.5~1cm。花杂性，花萼5裂，裂片卵状三角形，长1~1.2mm。花瓣5片，长圆形，长2~3mm。雄蕊5枚。子房球形。花柱3个，分离，不等长。果肾形，长4~4.5mm，具网纹。

生物学特性：花期4—5月，果期7—9月。

分布：中国华东、华中、西南等地有分布。紫金港校区有栽培。

景观应用：观赏灌木。

毛黄栌枝叶（徐正浩摄）　　　　毛黄栌花序（徐正浩摄）

毛黄栌花期植株（徐正浩摄）　　　　毛黄栌景观植株（徐正浩摄）

38. 漆　*Toxicodendron vernicifluum* (Stokes) F. A. Barkl.

中文异名：山漆

英文名：Chinese lacquer tree

分类地位：漆树科（Anacardiaceae）漆属（*Toxicodendron*（Tourn.）Mill.）

形态学特征：落叶乔木。高达20m。树皮灰白色，粗糙，呈不规则纵裂，小枝粗壮，被棕黄色柔毛，后变无毛，具圆形或心形的大叶痕和凸起的皮孔。顶芽大而显著，被棕黄色茸毛。奇数羽状复叶，互生，常螺旋状排列，有小叶4~6对，叶柄长7~14cm，近基部膨大。小叶膜质至薄纸质，卵形、卵状椭圆形或长圆形，长6~13cm，宽3~6cm，先端急尖或渐尖，基部偏斜，圆形或阔楔形，全缘，侧脉10~15对，两面略凸，小叶柄长4~7mm，上面具槽，被柔毛。圆锥花序长15~30cm，与叶近等长，被灰黄色微柔毛，序轴及分枝纤细，花疏生。花黄绿色，雄花的花梗纤细，长1~3mm，雌花的花梗短粗。花萼无毛，裂片卵形，长0.5~0.8mm，先端钝。花瓣长圆形，长2~2.5mm，宽1~1.2mm，具细密的褐色羽状脉纹，先端钝，开花时外卷。雄蕊长2~2.5mm，花丝线形，与花药等长或近等长，在雌花中较短，花药长圆形，花盘5浅裂，无毛。子房球形，径1~1.5mm，花柱3个。果序多少下垂，核果肾形或椭圆形，不偏斜，略扁压，长5~6mm，宽7~8mm，先端锐尖，基部截形，外果皮黄色，无毛，具光泽。果核棕色，与果同形，长2~3mm，坚硬。

漆羽状复叶（徐正浩摄）

漆果实（徐正浩摄）不正确

漆植株（徐正浩摄）

漆原生态植株（徐正浩摄）

生物学特性：花期5—6月，果期7—10月。

分布：中国除西北外广泛分布。印度、朝鲜、韩国和日本也有分布。之江校区有分布。

景观应用：山地树木。

39. 火炬树 *Rhus typhina* Linn.

中文异名：北美火炬树

英文名：staghorn sumac

分类地位：漆树科（Anacardiaceae）盐肤木属（*Rhus*（Tourn.）Linn. emend. Moench）

形态学特征：落叶灌木或小乔木。高达5m。小枝红褐色，密被柔毛。奇数羽状复叶长25~55cm，具小叶9~31片，叶柄密被锈色毛。小叶长圆状卵形至披针形，长6~11cm，宽2~3.5cm，边缘具锯齿。花序多分枝。花白色。果实圆锥状柱形，长10~20cm，基宽4~6cm。核果球形，扁压，密生粗毛。

火炬树树枝（徐正浩摄）

生物学特性：花期5—7月，果期8—10月。

分布：原产于北美洲东部。紫金港校区有栽培。

景观应用：景观树木。

火炬树羽状复叶（徐正浩摄）

火炬树果期植株（徐正浩摄）

40. 白杜　*Euonymus maackii* Rupr.

中文异名：桃叶卫矛、明开夜合、华北卫矛

分类地位：卫矛科（Celastraceae）卫矛属（*Euonymus* Linn.）

形态学特征：小乔木。高达6m。叶卵状椭圆形、卵圆形或窄椭圆形，长4~8cm，宽2~5cm，先端长渐尖，基部阔楔形或近圆形，边缘具细锯齿。聚伞花序具3多至多朵花，花序梗略扁，长1~2cm。花4基数，淡白绿色或黄绿色，径6~8mm。小花梗长2.5~4mm。雄蕊花药紫红色，花丝细长，长1~2mm。蒴果倒圆心状，4浅裂，长6~8mm，径9~10mm，成熟后果皮粉红色。种子长椭圆状，长5~6mm，径3~4mm，种皮棕黄色，假种皮橙红色。

生物学特性：花期5—6月，果期9月。

分布：中国除华南外广泛分布。朝鲜、韩国、日本及欧洲、北美洲也有栽培。华家池校区、紫金港校区有分布。

景观应用：园林绿地观赏树木，也可植于湖岸、溪边构成水景。

白杜叶（徐正浩摄）

白杜果实（徐正浩摄）

白杜果实与种子（徐正浩摄）

白杜枝叶（徐正浩摄）

白杜果期植株（徐正浩摄）

41. 野鸦椿　*Euscaphis japonica* (Thunb.) Dippel

中文异名：鸡肾果

分类地位：省沽油科（Staphyleaceae）野鸦椿属（*Euscaphis* Sieb. et Zucc.）

形态学特征：落叶小乔木或灌木。高2~8m。树皮灰褐色，具纵条纹，小枝及芽红紫色，枝叶揉碎后发出恶臭气味。叶对生，奇数羽状复叶，长10~30cm，叶轴淡绿色，小叶5~9片，稀3~11片，厚纸质，长卵形或椭圆形，稀为圆形，长4~8cm，宽2~4cm，先端渐

野鸦椿枝叶（徐正浩摄）

野鸦椿叶序（徐正浩摄）

野鸦椿新叶（徐正浩摄）

野鸦椿果实（徐正浩摄）

野鸦椿果期植株（徐正浩摄）

尖，基部钝圆，边缘具疏短锯齿，侧脉8~11对，小叶柄长1~2mm。圆锥花序顶生，花梗长达21cm，花多，较密集，黄白色，径4~5mm，萼片与花瓣均5片，椭圆形，萼片宿存，花盘盘状，心皮3个，分离。蓇葖果长1~2cm，每朵花发育为1~3个蓇葖果，果皮软革质，紫红色。种子近圆形，径4~5mm，假种皮肉质，黑色，有光泽。

生物学特性：花期5—6月，果期8—9月。

分布：中国除西北外均有分布，主产于江南各地，西至云南东北部。日本、朝鲜也有分布。华家池校区有栽培。

景观应用：景观树木。

野鸦椿原生态植株（徐正浩摄）

42. 桤叶槭 *Acer negundo* Linn.

桤叶槭羽状复叶（徐正浩摄）

桤叶槭树干（徐正浩摄）

桤叶槭花序（徐正浩摄）

桤叶槭果实（徐正浩摄）

桤叶槭果期植株（徐正浩摄）

中文异名：美国槭、复叶槭、羽叶槭

英文名：box elder, boxelder maple, ash-leaved maple, maple ash

分类地位：槭树科（Aceraceae）槭属（*Acer* Linn.）

形态学特征：落叶乔木。高达20m。树皮黄褐色或灰褐色。小枝圆柱形，无毛，当年生枝绿色，多年生枝黄褐色。冬芽小，鳞片2片，镊合状排列。羽状复叶长10~25cm，常具3~7片小叶。小叶纸质，卵形或椭圆状披针形，长8~10cm，宽2~4cm，先端渐尖，基部钝形或阔楔形，边缘常有3~5个粗锯齿，叶柄长5~7cm。雄花的花序聚伞状，雌花的花序总状，常下垂，花梗长1.5~3cm，花小，黄绿色。雄蕊4~6枚，花丝很长。子房无毛。小坚果凸起，近于长圆形或长卵圆形，无毛，翅宽8~10mm。

生物学特性：花期4—5月，果期8—9月。

分布：原产于北美洲。紫金港校区有栽培。

景观应用：庭院、盆栽观赏树种。

梣叶槭景观植株（徐正浩摄）

43. 苦茶槭 *Acer ginnala* Maxim. subsp. *theiferum* (Fang) Fang

中文异名：银桑叶、苦津茶

分类地位：槭树科（Aceraceae）槭属（*Acer* Linn.）

形态学特征：落叶灌木或小乔木。高5~6m。树皮粗糙，微纵裂，灰色，稀深灰色或灰褐色。小枝细瘦，近于圆柱形，无毛。冬芽细小，淡褐色。叶纸质，基部圆形。截形或略近于心形，叶片长卵圆形或长椭圆形，长6~10cm，宽4~6cm，常较深3~5裂，叶柄长4~5cm。伞房花序长5~6cm，具多数花。花梗细瘦，长3~5cm。花杂性，雄花与两性花同株。萼片5片，卵形，黄绿色，长1.5~2mm。花瓣5

苦茶槭枝叶（徐正浩摄）

苦茶槭叶面（徐正浩摄）

苦茶槭叶背（徐正浩摄）

苦茶槭植株（徐正浩摄）

片，长卵圆形，白色，较长于萼片。雄蕊8枚。子房密被长柔毛。花柱无毛，长3~4mm，顶端2裂。果实黄绿色或黄褐色，小坚果嫩时被长柔毛，脉纹显著，长6~8mm，宽4~5mm。

生物学特性：花期5—6月，果期9—10月。

分布：中国华东至华中地区有分布。华家池校区有分布。

景观应用：景观树木。

44. 樟叶槭 *Acer cinnamomifolium* Hayata

中文异名：桂叶槭

分类地位：槭树科（Aceraceae）槭属（*Acer* Linn.）

形态学特征：常绿乔木。高10~15m。小枝细瘦，当年生枝淡紫褐色，被浓密的茸毛，多年生枝淡红褐色或褐黑色，近于无毛。叶革质，长椭圆形或长圆披针形，长8~12cm，宽4~5cm，基部圆形、钝形或阔楔形，先端钝形，具有短尖头，全缘或近于全缘，叶面绿色，无毛，叶背淡绿色或淡黄绿色，被白粉和淡褐色茸毛，侧脉3~4对，叶柄长1.5~3.5cm。翅果淡黄褐色，常呈被茸毛的伞房果序。小坚果凸起，长5~7mm，宽3~4mm。翅和小坚果长

47

樟叶槭树干（徐正浩摄）

樟叶槭枝叶（徐正浩摄）

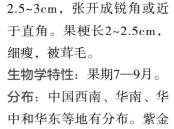

2.5~3cm，张开成锐角或近于直角。果梗长2~2.5cm，细瘦，被茸毛。

生物学特性：果期7—9月。

分布：中国西南、华南、华中和华东等地有分布。紫金港校区有栽培。

景观应用：景观树木，优良的盆景材料。

樟叶槭叶面（徐正浩摄）

樟叶槭叶背（徐正浩摄）

樟叶槭叶序（徐正浩摄）

樟叶槭植株（徐正浩摄）

45. 秀丽槭 *Acer elegantulum* Fang et P. L. Chiu

秀丽槭枝叶（徐正浩摄）

秀丽槭叶（徐正浩摄）

分类地位：槭树科（Aceraceae）槭属（*Acer* Linn.）

形态学特征：落叶乔木。高9~15m。树皮粗糙，深褐色。小枝圆柱形，无毛，当年生嫩枝淡紫绿色，径1~2mm，多年生老枝深紫色。叶薄纸质或纸质，基部深心形或近于心形，叶片的宽度大于长度，宽7~10cm，长5.5~8cm，通常5裂，中央裂片与侧裂片卵形或三角状卵形，长2.5~3.5cm，近基部宽2.5~3cm，先端短急锐尖，尖尾长8~10mm，基部的裂片较小，边缘具紧贴的

秀丽槭花（徐正浩摄）

秀丽槭果实（徐正浩摄）

细圆齿，裂片间的凹缺锐尖，叶面绿色，干后淡紫绿色，无毛，叶背淡绿色，除脉腋被黄色丛毛外其余部分无毛。花序圆锥状，总花梗长2~3cm，花梗长1~1.2cm。花杂性，雄花与两性花同株，萼片5片，绿色，长

秀丽槭果期植株（徐正浩摄）

秀丽槭植株（徐正浩摄）

卵圆形或长椭圆形，长2~3mm，花瓣5片，深绿色，倒卵形或长圆倒卵形，子房紫色，有很密的淡黄色长柔毛，花柱长2~3mm，2裂，柱头平展。翅果嫩时淡紫色，成熟后淡黄色。小坚果凸起近于球形，径5~6mm，翅张开近于水平，中段最宽，宽常达1cm，连同小坚果长2~2.3cm。

生物学特性：花期5月，果期9月。

分布：中国浙江、安徽和江西等地有分布。紫金港校区、华家池校区有栽培。

景观应用：景观树木。

46. 元宝槭 *Acer truncatum* Bunge

中文异名：元宝树、平基槭、五脚树

分类地位：槭树科（Aceraceae）槭属（*Acer* Linn.）

形态学特征：落叶乔木。高8~10m。树皮灰褐色或深褐色，深纵裂。小枝无毛，当年生枝绿色，多年生枝灰褐色，具圆形皮孔。冬芽小，卵圆形。叶纸质，长5~10cm，宽8~12cm，常5裂，稀7裂，基部截形，稀近于心形，裂片三角卵形或披针形，先端锐尖或尾状锐尖，边缘全缘，长3~5cm，宽1.5~2cm，有时中央裂片的上段再3裂，叶面深绿色，无毛，叶背淡绿色，主脉5条，叶柄长3~5cm。花黄绿色，杂性，雄花与两性花同株，常呈无毛的伞房花序，长4~5cm，径6~8cm。总花梗长1~2cm。萼片5片，黄绿色，长圆形，先端钝形，长4~5mm。花瓣5片，淡黄色或淡白色，长圆倒卵形，长5~7mm。雄蕊8枚，花药黄色，花丝无毛。子房嫩时有黏性，无毛。花柱短，长仅1mm，无毛，2裂。柱头反卷，微弯曲。翅果嫩时淡绿色，成熟时淡黄色或淡褐色，常呈下垂的伞房果序。小坚果压扁状，长1.3~1.8cm，宽1~1.2cm。翅长圆形，两侧平行，宽6~8mm，常与小坚果等长，稀稍长，张开成锐角或钝角。

生物学特性：花期4月，果期8月。

分布：中国东北、华北、西北等地有分布。紫金港校区有栽培。

景观应用：景观树木。

元宝槭花（徐正浩摄）

元宝槭果实（徐正浩摄）

元宝槭果期植株（徐正浩摄）

47. 七叶树 *Aesculus chinensis* Bunge

中文异名：日本七叶树

英文名：Chinese horse chestnut

分类地位：七叶树科（Hippocastanaceae）七叶树属（*Aesculus* Linn.）

形态学特征：落叶乔木。高达25m。树皮深褐色或灰褐色。小枝圆柱形，黄褐色或灰褐色，无毛或嫩时有微柔毛，有圆形或椭圆形淡黄色的皮孔。冬芽大。掌状复叶，由5~7片小叶组成，叶柄长10~12cm，有灰色微柔毛。小叶纸质，长圆披针形至长圆倒披针形，稀长椭圆形，先端短锐尖，基部楔形或阔楔形，边缘有钝尖形的细锯齿，长8~16cm，宽3~5cm，叶面深绿色，无毛，叶背除中肋及侧脉的基部嫩时有疏柔毛外，其余部分无毛，侧脉13~17对，中央的小叶柄长1~1.8cm，两侧的小叶柄长5~10mm，有灰色微柔毛。花序圆筒形，总花梗长5~10cm。小花序常由5~10朵花组成，长2~2.5cm，花梗长2~4mm。花杂性，雄花与两性花同株，花萼管状钟形，长3~5mm，外面微柔毛，不等5裂。花瓣4片，白色，长圆倒卵形至长圆倒披针形，长8~12mm，宽5~1.5mm，基部爪状。雄蕊6枚，长1.8~3cm，花丝线状，花药长圆形，淡黄色，长1~1.5mm。子房在雄花中不发育，在两性花中发育良好，卵圆形，花柱无毛。果实球形或倒卵圆形，顶部短尖或钝圆而中部略凹下，径3~4cm，黄褐色。种子常1~2粒发育，近球形，径2~3.5cm，栗褐色。

七叶树枝叶（徐正浩摄）

七叶树新叶（徐正浩摄）

七叶树叶（徐正浩摄）

七叶树花（徐正浩摄）

七叶树花序（徐正浩摄）

七叶树花期植株（徐正浩摄）

七叶树植株（徐正浩摄）

七叶树居群（徐正浩摄）

生物学特性：花期4—5月，果期10月。

分布：中国华北、华东有分布。紫金港校区有栽培。

景观应用：用作优良的行道树和庭院树等。

48. 枳椇 *Hovenia acerba* Lindl.

中文异名：拐枣、鸡爪梨

分类地位：鼠李科（Rhamnaceae）枳椇属（*Hovenia* Thunb.）

形态学特征：高大乔木，稀灌木。高达10m。小枝褐色或黑紫色。叶纸质或厚膜质，卵圆形、宽矩圆形或椭圆状卵形，长7~17cm，宽4~11cm，顶端短渐尖或渐尖，基部截形，边缘有不整齐的锯齿或粗锯齿，稀具浅锯齿，叶柄长2~4.5cm。花黄绿色，径6~8mm。花序轴和花梗均无毛。萼片卵状三角形，具纵条纹或网状脉，无毛，长2.2~2.5mm，宽1.6~2mm。花瓣倒卵状匙形，长2.4~2.6mm，宽1.8~2.1mm。子房球形，花柱3浅裂，长2~2.2mm，无毛。浆果状核果近球形，径6.5~7.5mm，无毛，成熟时黑色。种子深栗色或黑紫色，径5~5.5mm。

生物学特性：花期5—7月，果期8—10月。

分布：中国西南、华南、华中和华东等地有分布。印度、尼泊尔、不丹、缅甸也有分布。紫金港校区有栽培。

景观应用：树姿优美，宜作庭荫树和行道树。

枳椇树干（徐正浩摄）

枳椇枝叶（徐正浩摄）

枳椇叶面（徐正浩摄）

枳椇叶背（徐正浩摄）

枳椇果实（徐正浩摄）

枳椇果期植株（徐正浩摄）

枳椇植株（徐正浩摄）

49. 猫乳 *Rhamnella franguloides* (Maxim.) Weberb.

中文异名：长叶绿柴、山黄、鼠矢枣

分类地位：鼠李科（Rhamnaceae）猫乳属（*Rhamnelia* Miq.）

形态学特征：落叶灌木或小乔木。高2~9m，幼枝绿

猫乳枝叶（徐正浩摄）

猫乳叶面（徐正浩摄）

猫乳叶背（徐正浩摄）

猫乳植株（徐正浩摄）

色，被短柔毛或密柔毛。叶倒卵状矩圆形、倒卵状椭圆形、矩圆形或长椭圆形，稀倒卵形，长4~12cm，宽2~5cm，顶端渐尖、尾状渐尖或骤然收缩成短渐尖，基部圆形，稀楔形，边缘具细锯齿，叶面绿色，无毛，叶背黄绿色，被柔毛或仅沿脉被柔毛，侧脉每边5~13条，叶柄长2~6mm。花黄绿色，两性，6~18个排成腋生聚伞花序。总花梗长1~4mm。萼片三角状卵形，边缘被疏短毛。花瓣宽倒卵形，顶端微凹。花梗长1.5~4mm，被疏毛或无毛。核果圆柱形，长7~9mm，径3~4.5mm，成熟时红色或橘红色，干后变为黑色或紫黑色。果梗长3~5mm，被疏柔毛或无毛。

生物学特性：花期5—7月，果期7—10月。

分布：中国华东、华中及陕西南部、山西南部等地有分布。日本、朝鲜也有分布。之江校区、华家池校区有分布。

景观应用：景观树木。

🍃 50. 铜钱树 *Paliurus hemsleyanus* Rehd.

铜钱树叶面（徐正浩摄）

铜钱树叶背（徐正浩摄）

中文异名：鸟不宿、钱串树

分类地位：鼠李科（Rhamnaceae）马甲子属（*Paliurus* Tourn ex Mill.）

形态学特征：乔木，稀灌木。高达13m。小枝黑褐色或紫褐色，无毛。叶互生，纸质或厚纸质，宽椭圆形、卵状椭圆形或近圆形，长4~12cm，宽3~9cm，顶端长渐尖或渐尖，基部偏斜，宽楔形或近圆形，边缘具圆锯齿或钝细锯齿，两面无毛，基生3出脉，叶柄长0.6~2cm。聚伞花序或聚伞圆锥花序，顶生或兼有腋生，无毛。萼片三角形或宽卵形，长2mm，宽1.8mm。花瓣匙形，长1.8mm，宽1.2mm。雄蕊长于花瓣。花盘五边形，5浅裂。子房3室，每室具1个胚珠，花柱3深裂。核果草帽状，周围具革质宽翅，红褐色或紫红色，无毛，径2~3.8cm。果梗长1.2~1.5cm。

生物学特性：花期4—6月，果期7—9月。

分布：中国华东、华中、华南及甘肃、陕西等地有分布。之江校区、华家池校区有分布。

景观应用：景观树木。

🍃 51. 牯岭勾儿茶 *Berchemia kulingensis* Schneid.

中文异名：青藤

分类地位：鼠李科（Rhamnaceae）勾儿茶属（Berchemia Neck.）

形态学特征：藤状或攀缘灌木。高达3m。小枝平展，变黄色，无毛，后变淡褐色。叶纸质，卵状椭圆形或卵状矩圆形，长2~6.5cm，宽1.5~3.5cm，顶端钝圆或锐尖，具小尖头，基部圆形或近心形，两面无毛，叶面绿色，叶背干时常呈灰绿色，

牯岭勾儿茶枝叶（徐正浩摄）

牯岭勾儿茶果期植株（徐正浩摄）

侧脉每边7~10条，叶脉在两面稍凸起。叶柄长6~10mm，无毛。花绿色，无毛，通常2~3个簇生排成近无梗或具短总梗的疏散聚伞总状花序，或稀窄聚伞圆锥花序，花序长3~5cm。萼片三角形，顶端渐尖，边缘被疏缘毛。花瓣倒卵形，稍长。核果长圆柱形，长7~9mm，径3.5~4mm，红色，成熟时黑紫色，基部宿存的花盘盘状。果梗长2~4mm，无毛。

生物学特性：花期6—7月，果期翌年4—6月。

分布：中国华东、华中、西南等地有分布。华家池校区有栽培。

景观应用：景观树木。

52. 薯豆 *Elaeocarpus japonicus* Sieb. et Zucc.

中文异名：日本杜英

分类地位：杜英科（Elaeocarpaceae）杜英属（*Elaeocarpus* Linn.）

形态学特征：乔木。枝秃净无毛，叶芽有发亮绢毛。叶革质，通常卵形、椭圆形或倒卵形，长6~12cm，宽3~6cm，先端尖锐，尖头钝，基部圆形或钝，侧脉5~6对，边缘有疏锯齿，叶柄长2~6cm。总状花序长3~6cm，生于当年枝的叶腋内，花序轴有短柔毛。花两性或单性。两性花萼片5片，长圆形，长3~4mm，两面有毛，花瓣长圆形，两面有毛，与萼片等长，先端全缘或有数个浅齿，雄蕊15枚，花丝极短，花药长1~2mm，有微毛，顶端无附属物，花盘10裂，连合成环，子房有毛，3室，花柱长3mm，有毛。雄花萼片5~6片，花瓣5~6片，均两面被毛，雄蕊9~14枚，退化子房存在或缺。核果椭圆形，长1~1.3cm，宽6~8mm，1室。种子1粒，长6~8mm。

薯豆叶（徐正浩摄）

生物学特性：花期4—5月，果期9—10月。

分布：中国西南、华南、华中和华东等地有分布。越南和日本也有分布。华家池校区有栽培。

景观应用：园林绿化树种，也可作行道树。

薯豆果实（徐正浩摄）

薯豆植株（徐正浩摄）

53. 猴欢喜 *Sloanea sinensis* (Hance) Hemsl.

猴欢喜树干（徐正浩摄）

猴欢喜叶序（徐正浩摄）

猴欢喜花序（徐正浩摄）

猴欢喜孤植植株（徐正浩摄）

猴欢喜叶（徐正浩摄）

猴欢喜花（徐正浩摄）

猴欢喜果实（徐正浩摄）

猴欢喜果实和种子（徐正浩摄）

分类地位：杜英科（Elaeocarpaceae）猴欢喜属（*Sloanea* Linn.）

形态学特征：乔木。高20m，嫩枝无毛。叶薄革质，长圆形或狭窄倒卵形，长6~9cm，最长达12cm，宽3~5cm，先端短急尖，基部楔形，通常全缘，有时上半部有数个疏锯齿，侧脉5~7对，叶柄长1~4cm。花多朵簇生于枝顶叶腋，花柄长3~6cm，被灰色毛。萼片4片，阔卵形，长6~8mm。花瓣4片，长7~9mm，白色，外侧有微毛，先端撕裂，有齿刻。雄蕊与花瓣等长。子房被毛，卵形，长4~5mm。花柱连合，长4~6mm，下半部有微毛。蒴果大小不一，宽2~5cm，3~7瓣裂开。果瓣长短不一，长2~3.5cm，厚3~5mm。针刺长1~1.5cm。内果皮紫红色。种子长1~1.3cm，黑色，有光泽。

生物学特性：花期6—7月，果期9—10月。

分布：中国西南、华南和华东等地有分布。缅甸、老挝、泰国、越南和柬埔寨也有分布。紫金港校区有分布。

景观应用：庭院观赏树种。

54. 地桃花 *Urena lobata* Linn.

中文异名：肖梵天花、野棉花

英文名：caesarweed, congo jute

分类地位：锦葵科（Malvaceae）梵天花属（*Urena* Linn.）

形态学特征：直立亚灌木状草本。高达1m。小枝被星状茸毛。茎下部的叶近圆形，长4~5cm，宽5~6cm，先端3浅裂，基部圆形或近心形，边缘具锯齿。中部的叶卵形，长5~7cm，3~6.5cm。上部的叶长圆形至披针形，长4~7cm，宽1.5~3cm。叶面被柔毛，叶背被灰白色星状茸毛。叶柄长1~4cm，被灰白色星状毛。花腋生，单生或稍丛生，淡红色，径1~1.5cm。花梗长2~3mm，被绵毛。小苞片5片，长5~6mm，基部1/3合生。花萼杯状，裂片5片。花瓣5片，倒卵形，长1~1.5cm。雄蕊长1~1.5cm。果扁球形，径0.8~1cm，分果瓣被星状短柔毛和锚状刺。

生物学特性：花果期7—11月。

分布：中国长江以南各地有分布。越南、柬埔寨、老挝、泰国、缅甸、印度和日本等也有分布。华家池校区有栽培。

景观应用：小灌木。

地桃花的花（徐正浩摄）

地桃花花期植株（徐正浩摄）

55. 毛花连蕊茶 *Camellia fraterna* Hance

分类地位：山茶科（Theaceae）山茶属（*Camellia* Linn.）

形态学特征：灌木或小乔木。高1~5m。嫩枝密生柔毛或长丝毛。叶革质，椭圆形，长4~8cm，宽1.5~3.5cm，先端渐尖而有钝尖头，基部阔楔形，叶面干后深绿色，发亮，叶背初时有长毛，以后变秃，仅在中脉上有毛，侧脉5~6对，在上下两面均不明显，边缘有相隔1.5~2.5mm的钝锯齿，叶柄长3~5mm，有柔毛。花常单生于枝顶，花柄长3~4mm，有苞片4~5片。苞片阔卵形，长1~2.5mm，被毛。萼杯状，长4~5mm，萼片5片，卵形，有褐色长丝毛。花冠白色，长2~2.5cm，基部与雄蕊连生达5mm。花瓣5~6片，外侧2片革质，有丝毛，内侧3~4片阔倒卵形，先端稍凹入，背面有柔毛或稍秃净。雄蕊长1.5~2cm，无毛，花丝管长为雄蕊的2/3。子房无毛，花柱长1.4~1.8cm，先端3浅裂，裂片长仅1~2mm。蒴果圆球形，径1~1.5cm，1室，种子1个，果壳薄革质。

毛花连蕊茶枝叶（徐正浩摄）

毛花连蕊茶叶（徐正浩摄）

毛花连蕊茶花（徐正浩摄）

毛花连蕊茶花期植株（徐正浩摄）

生物学特性：花期3月，果期10—11月。

分布：中国华东、华中、华北等地有分布。华家池校区有栽培。

景观应用：观赏灌木。

毛花连蕊茶植株（徐正浩摄）

56. 红淡比 *Cleyera japonica* Thunb.

中文异名：杨桐

分类地位：山茶科（Theaceae）红淡比属（*Cleyera* Thunb.）

形态学特征：灌木或小乔木。高2~10m，胸径20cm。全株无毛，树皮灰褐色或灰白色。顶芽大，长锥形，长1~1.5cm，无毛。嫩枝褐色，略具2条棱，小枝灰褐色，圆柱形。叶革质，长圆形或长圆状椭圆形至椭圆形，长6~9cm，宽2.5~3.5cm，顶端渐尖或短渐尖，基部楔形或阔楔形，全缘，叶面深绿色，有光泽，叶背淡绿色。中脉在叶面平贴，少有略下凹，在叶背隆起，侧脉6~8对。叶柄长7~10mm。花常2~4朵腋生，花梗长1~2cm。苞片2片。萼片5片，卵圆形或圆形，长宽各2~2.5mm，顶端圆，边缘有纤毛。花瓣5片，白色，倒卵状长圆形，长6~8mm。

红淡比枝叶（徐正浩摄）

红淡比叶（徐正浩摄）

雄蕊25~30枚，长4~6mm，花药卵形或长卵形，长1~1.5mm。子房圆球形，无毛，2室，胚珠每室10多个，花柱长5~6mm，顶端2浅裂。果实圆球形，成熟时紫黑色，径8~10mm，果梗长1.5~2cm。种子每室数个至10多个，扁圆形，深褐色，有光泽，径1~2mm。

生物学特性：花期5—6月，果期10—11月。

分布：中国西南、华南、华中和华东等地有分布。印度北部、缅甸、尼泊尔和日本也有分布。华家池校区有栽培。

景观应用：园林观赏植物。

红淡比果实（徐正浩摄）

红淡比植株（徐正浩摄）

57. 微毛柃 *Eurya hebeclados* Ling

分类地位：山茶科（Theaceae）柃属（*Eurya* Thunb.）

形态学特征：灌木或小乔木。高1.5~5m。树皮灰褐色，稍平滑。嫩枝圆柱形，黄绿色或淡褐色，密被灰色微毛，小枝灰褐色，无毛或几无毛，顶芽卵状披针形，渐尖，长3~7mm，密被微毛。叶革质，长圆状椭圆形、椭圆形或长圆状倒卵形，长4~9cm，宽1.5~3.5cm，顶端急窄缩成短尖，尖头钝，基部楔形，边缘除顶端和基部外均有浅细齿，齿端紫黑色，叶面浓绿色，有光泽，叶背黄绿色，两面均无毛，中脉在叶面凹下，在叶背凸起，侧脉8~10对，纤细，在离叶缘处弧曲且联结，在叶面不明显，有时稍明显，在叶背略隆起，网脉不明，叶柄长2~4mm，被微毛。花4~7朵簇生于叶腋，花梗长0.5~1mm，被微毛。雄花小苞片2片，极小，圆形，萼片5片，近圆形，膜质，长2.5~3mm，顶端圆，有小凸尖，外面被微毛，边缘有纤毛，花瓣5片，长

微毛柃枝叶（徐正浩摄）

微毛柃花（徐正浩摄）

微毛柃花序（徐正浩摄）

微毛柃植株（徐正浩摄）

圆状倒卵形，白色，长3~3.5mm，无毛，基部稍合生，雄蕊15枚，花药不具分格，退化子房无毛。雌花的小苞片和萼片与雄花同，但较小，花瓣5片，倒卵形或匙形，长2~2.5mm，子房卵圆形，3室，无毛，花柱长0.5~1mm，顶端3深裂。果实圆球形，径4~5mm，成熟时蓝黑色，宿存萼片几无毛，边有纤毛。种子每室10~12粒，肾形，稍扁而有棱，种皮深褐色，表面具细蜂窝状网纹。

生物学特性：花期12月至翌年1月，果期8—10月。

分布：中国西南、华南、华中和华东等地有分布。华家池校区有栽培。

景观应用：景观树木。

58. 滨柃 *Eurya emarginata* (Thunb.) Makino

中文异名：凹叶柃木

分类地位：山茶科（Theaceae）柃属（*Eurya* Thunb.）

形态学特征：灌木。高1~2m。嫩枝圆柱形，极稀稍具2条棱，粗壮，红棕色，密被黄褐色短柔毛，小枝灰褐色或红褐色，无毛或几无毛。顶芽长锥形，被短柔毛或几无毛。叶厚革质，倒卵形或倒卵状披针形，长2~3cm，宽1.2~1.8cm，顶端圆而有微凹，基部楔形，边缘有细微锯齿，齿端具黑色小点，稍反卷，叶面绿色或深绿色，稍有光泽，叶背黄绿色或淡绿色，两

滨柃枝叶（徐正浩摄）

滨柃叶（徐正浩摄）

滨柃花（徐正浩摄）

滨柃植株（徐正浩摄）

滨柃花期植株（徐正浩摄）

面均无毛，中脉在上面凹下，下面隆起，侧脉5对，纤细，连同网脉在上面凹下，下面稍隆起，叶柄长2~3mm，无毛。花1~2朵生于叶腋，花梗长1~2mm。雄花小苞片2片，近圆形，萼片5片，质稍厚，近圆形，长1~1.5mm，顶端圆而有小尖头，无毛，花瓣5片，白色，长圆形或长圆状倒卵形，长3~3.5mm，雄蕊20枚，花药具分格，退化子房无毛。雌花的小苞片和萼片与雄花同，花瓣5片，卵形，长2~3mm，子房圆球形，3室，无毛，花柱长0.5~1mm，顶端3裂。果实圆球形，径3~4mm，成熟时黑色。

生物学特性：花期10—11月，果期翌年6—8月。

分布：中国华东等地有分布。朝鲜、韩国和日本也有分布。华家池校区、紫金港校区有栽培。

景观应用：景观树木。也可栽作绿篱或盆景。

59. 细枝柃 *Eurya loquaiana* Dunn

细枝柃叶（徐正浩摄）

细枝柃果期植株（徐正浩摄）

分类地位：山茶科（Theaceae）柃属（*Eurya* Thunb.）

形态学特征：灌木或小乔木。高2~10m。树皮灰褐色或深褐色，平滑。枝纤细，嫩枝圆柱形，黄绿色或淡褐色，密被微毛，小枝褐色或灰褐色，无毛或几无毛，顶芽狭披针形，除密被微毛外，其基部和芽鳞背部的中脉上还被短柔毛。叶薄革质，窄椭圆形或长圆状窄椭圆形，有时为卵状披针形，长4~9cm，宽1.5~2.5cm，顶端长渐尖，基部楔形，有时为阔楔形，叶面暗绿色，有光泽，无毛，叶背干后常变为红褐色，除沿中脉被微毛外，其余无毛，中脉在上面凹下，下面凸起，侧脉10对，纤细，两面均稍明显，叶柄长3~4mm，被微毛。花1~4朵簇生于叶腋，花梗长2~3mm，被微毛。雄花小苞片2片，极小，卵圆形，长0.5~1mm，萼片5片，卵形或卵圆形，长1~2mm，顶端钝或近圆形，外面被微毛或偶有近无毛，花瓣5片，白色，倒卵形，雄蕊10~15枚，花药不具分格，退化子房无毛。雌花的小苞片和萼片与雄花的同，花瓣5片，白色，卵形，长2~3mm，子房卵圆形，无毛，3室，花柱长2~3mm，顶端3裂。果实圆球形，成熟时黑色，径3~4mm，种子肾形，稍扁，暗褐色，有光泽，表面具细蜂窝状网纹。

生物学特性：花期10—12月，果期翌年7—9月。

分布：中国华东、华中、华北、华南、西南等地有分布。之江校区有分布。

景观应用：景观灌木。

60. 糙果茶 *Camellia furfuracea* (Merr.) Coh. St.

分类地位：山茶科（Theaceae）山茶属（*Camellia* Linn.）

形态学特征：灌木至小乔木。高2~6m。嫩枝无毛。叶革质，长圆形至披针形，长8~15cm，宽2.5~4cm，叶面干后深绿色，发亮，或浅绿色，无光泽，无毛，叶背褐色，无毛，先端渐尖，基部楔形或钝，侧脉7~8对，与网脉在叶面明显陷下，在叶背凸起，边缘有细锯齿，叶柄长5~7mm，无毛。花1~2朵顶生及腋生，无柄，白色，苞片及萼片7~8片，向下2片苞片状，细小，阔卵形，长2.5~4mm，其余5~6片倒卵圆形，长8~13mm，背面略有毛。花瓣7~8片，最外2~3片过渡为萼片，中部革质，有毛，边缘薄，花瓣状，内侧5片，背面上部有毛，倒卵形，长1.5~2cm。雄蕊长1.3~1.5cm，花丝管长5~6mm，其基部2~3mm与花瓣连生，无毛。子房有长丝毛，花柱3个，分离，有毛，长1~1.7cm。蒴果球形，直径2.5~4cm，3室，每室有种子2~4粒，3瓣裂开，果瓣厚约2~3mm，表面多糠秕，中轴三角形，无宿存苞片或萼片。

生物学特性：花期9月，果期翌年10月。

分布：中国华东、华中、华南等地有分布。越南也有分布。华家池校区有栽培。

景观应用：景观树木。

糙果茶果期植株（徐正浩摄）

61. 红叶山茶 *Camellia trichoclada* (Rehd.) Chien 'Redangel'

中文异名：红叶连蕊茶

分类地位：山茶科（Theaceae）山茶属（*Camellia* Linn.）

形态学特征：常绿灌木。高80~100cm。分枝极多，密被柔毛。单叶互生，长卵形、卵状披针形或长圆形，长2.5~4.5cm，宽1~2.5cm，先端渐尖，基部平截、圆形或心形，新叶紫红色。花白色或粉红色，花小，径0.6~1.5cm，花密集。苞片5片。萼片5片，三角状卵形。花瓣5~6片，基部连生。雄蕊多数，无毛。蒴果近球形。

生物学特性：花期3月，果期10—11月。

分布：中国西南等地有分布。紫金港校区有栽培。

景观应用：可作家庭盆栽和盆景。

红叶山茶叶（徐正浩摄）

红叶山茶植株（徐正浩摄）

62. 柞木 *Xylosma congestum* (Lour.) Merr.

中文异名：百鸟不立、红心刺、葫芦刺、蒙子树、凿子树

分类地位：大风子科（Flacourtiaceae）柞木属（*Xylosma* G. Forst.）

形态学特征：常绿大灌木或小乔木。高4~15m。树皮棕灰色，不规则从下面向上反卷成小片，裂片向上反卷，幼时有枝刺，结果株无刺，枝条近无毛或有疏短毛。叶薄革质，雌雄株稍有区别，通常雌株的叶有变化，菱状椭圆形至卵状椭圆形，长4~8cm，宽2.5~3.5cm，先端渐尖，基部楔形或圆形，边缘有锯齿，两面无毛或

柞木枝叶（徐正浩摄）

柞木叶（徐正浩摄）

柞木花（徐正浩摄）

柞木景观植株（徐正浩摄）

在近基部中脉有污毛，叶柄短，长1~2mm，有短毛。花小，总状花序腋生，长1~2cm，花梗极短，长2~3mm，花萼4~6片，卵形，长2.5~3.5mm，外面有短毛，花瓣缺。雄花有多数雄蕊，花丝细长，长3~4.5mm，花药椭圆形，花盘由多数腺体组成，包围着雄蕊。雌花的萼片与雄花同，子房椭圆形，无毛，长3.5~4.5mm，1室，有2个侧膜胎座，花柱短，柱头2裂，花盘圆形，边缘稍波状。浆果黑色，球形，顶端有宿存花柱，径4~5mm。种子2~3粒，卵形，长2~3mm，鲜时绿色，干后褐色，有黑色条纹。

生物学特性：花期5—7月，果期10—12月。

分布：中国西南、华南、华中和华东有分布。印度、朝鲜、韩国和日本也有分布。华家池、紫金港校区有分布。

景观应用：庭院美化和观赏树木。

🍃 63. 山桐子 *Idesia polycarpa* Maxim.

中文异名：椅树、水冬桐

分类地位：大风子科（Flacourtiaceae）山桐子属（*Idesia* Maxim.）

形态学特征：落叶乔木。高8~21m。树皮淡灰色，不裂。小枝圆柱形，黄棕色，枝条平展，近轮生，树冠长圆形，冬芽有淡褐色毛。叶薄革质或厚纸质，卵形、心状卵形或宽心形，长13~16cm，宽12~15cm，先端渐尖或尾状渐尖，基部通常心形，边缘有粗齿，叶面深绿色，光滑无毛，叶背有白粉，5出基脉，叶柄长6~12cm。花单性，雌雄异株或杂性，黄绿色，花瓣缺，排列成顶生下垂的圆锥花序，花序梗有疏柔毛，长10~20cm。雄花比雌花稍大，径1~1.2cm，萼片3~6片，通常6片，覆瓦状排列，长卵形，长5~6mm，宽2~3mm，花丝丝状，被软毛，花药椭圆形，基部着生，侧裂，有退化子房。雌花径7~9mm，萼片3~6片，通常6片，卵形，长3~4mm，宽2~2.5mm，子房上位，圆球形，无毛，花柱5个或6个，柱头倒卵圆形，退化雄蕊多数，花丝短或缺。浆果紫红色，扁圆形，长3~5mm，径5~7mm，果梗细小，长0.6~2cm。种子红棕色，圆形。

生物学特性：花芳香。花期4—5月，果期10—11月。

分布：中国西南、华南、华中和华东等地有分布。朝鲜、韩国和日本也有分布。华家池校区有分布。

景观应用：观赏树木。

山桐子树干（徐正浩摄）

山桐子叶面（徐正浩摄）

山桐子叶背（徐正浩摄）

🍃 64. 佘山羊奶子 *Elaeagnus argyi* Lévl.

中文异名：佘山胡颓子

分类地位：胡颓子科（Elaeagnaceae）胡颓子属（*Elaeagnus* Linn.）

形态学特征：落叶或常绿直立灌木。高2~3m，通常具刺。小枝近直角开展，幼枝淡黄绿色，密被淡黄白色鳞片，稀被红棕色鳞片，老枝灰黑色，芽棕红色。叶薄纸质或膜质。春季生长叶为小型叶，椭圆形或矩圆形，长1~4cm，宽0.8~2cm，顶端圆形或钝形，基部钝形，叶背有时具星状茸毛。秋季生长叶为大型叶，矩圆状倒卵形至阔椭圆形，长6~10cm，宽3~5cm，两端钝形，边缘全缘，稀皱卷，叶面幼时具灰白色鳞毛，成熟后无毛，淡绿色，叶背幼时具白色星状柔毛或鳞毛，成熟后常脱落，被白色鳞片，侧脉8~10对，在叶面凹下，近

佘山羊奶子枝叶（徐正浩摄）

佘山羊奶子叶（徐正浩摄）

佘山羊奶子果实（徐正浩摄）

佘山羊奶子植株（徐正浩摄）

边缘分叉而互相连接，叶柄黄褐色，长5~7mm。花淡黄色或泥黄色，质厚，被银白色和淡黄色鳞片，下垂或开展，常5~7朵花簇生于新枝基部成伞形总状花序，花枝花后发育成枝叶。花梗纤细，长2~3mm。萼筒漏斗状圆筒形，长5.5~6mm，在裂片下面扩大，在子房上收缩，裂片卵形或卵状三角形，长1.5~2mm，顶端钝形或急尖，内面疏生短细柔毛，包围子房的萼管椭圆形，长2mm。雄蕊花丝极短，花药椭圆形，长1~1.2mm。花柱直立，无毛。果实倒卵状矩圆形，长13~15mm，径4~6mm，幼时被银白色鳞片，成熟时红色，果梗纤细，长8~10mm。

生物学特性：花期1—3月，果期4—5月。

分布：原产于中国长江流域。紫金港校区有栽培。

景观应用：宜植于庭院观赏。

65. 木半夏 *Elaeagnus multiflora* Thunb.

中文异名：羊奶子、莓粒团、羊不来、牛脱

英文名：cherry elaeagnus, cherry silverberry, goumi, gumi, natsugumi

分类地位：胡颓子科（Elaeagnaceae）胡颓子属（*Elaeagnus* Linn.）

形态学特征：落叶直立灌木。高2~3m，通常无刺，稀老枝上具刺。幼枝细弱伸长，密被锈色或深褐色鳞片，稀具淡黄褐色鳞片，老枝粗壮，圆柱形，鳞片脱落，黑褐色或黑色，有光泽。叶膜质或纸质，椭圆形或卵形至倒卵状阔椭圆形，长3~7cm，宽1.2~4cm，顶端钝尖或骤尖，基部钝形，全缘，叶面幼时具白色鳞片或鳞毛，成熟后脱落，干燥后黑褐色或淡绿色，叶背灰白色，密被银白色并散生少数褐色鳞片，侧脉5~7

木半夏枝叶（徐正浩摄）

对，两面均不甚明显，叶柄锈色，长4~6mm。花白色，被银白色并散生少数褐色鳞片，常单生于新枝基部叶腋。花梗纤细，长4~8mm。萼筒圆筒形，长5~6.5mm，在裂片下面扩展，在子房上收缩，裂片宽卵形，长4~5mm，顶端圆形或钝形，内面具极少数白色星状短柔毛，包围子房的萼管卵形，深褐色，长0.5~1mm。雄蕊着生于花萼筒喉部稍下面，花丝极短，花药细小，矩圆形，长0.5~1mm，花柱直立，微弯曲，无毛，稍伸出萼筒喉部，长不超过雄蕊。果实椭圆形，长12~14mm，密被锈色鳞片，成熟时红色，果梗在花后伸长，长1.5~5cm。

生物学特性：花期5月，果期6—7月。

分布：中国西南、华南、华北和华东有分布。朝鲜、韩国和日本也有分布。华家池校区有分布。

景观应用：宜植于园林、绿地观赏。果、根、叶均可入药。

66. 蓝果树　*Nyssa sinensis* Oliv.

中文异名：紫树

分类地位：蓝果树科（Nyssaceae）蓝果树属（*Nyssa* Gronov. ex Linn.）

形态学特征：落叶乔木。高达20m。树皮淡褐色或深灰色，粗糙，常裂成薄片脱落。小枝圆柱形，无毛，当年生枝淡绿色，多年生枝褐色，冬芽淡紫绿色，锥形，鳞片覆瓦状排列。叶纸质或薄革质，互生，椭圆形或长椭圆形，长12~15cm，宽5~6cm，顶端短急锐尖，基部近圆形，边缘略呈浅波状，叶面无毛，深绿色，叶背淡绿色，中脉和6~10对侧脉均在叶面微现，叶柄淡紫绿色，长1.5~2cm。花序伞形或短总状，总花梗长3~5cm，幼时微被长疏毛，其后无毛。花单性。雄花着生于叶已脱落的老枝上，花梗长4~5mm，花萼的裂片细小，花瓣早落，窄矩圆形，较花丝短，雄蕊5~10枚，生于肉质花盘的周围。雌花生于具叶的幼枝上，基部有小苞片，花梗长1~2mm，花萼的裂片近全缘，花瓣鳞片状，长1~1.5mm，花盘垫状，肉质，子房下位，和花托合生。核果矩圆状椭圆形或长倒卵圆形，稀长卵圆形，微扁，长1~1.2cm，宽5~6mm，厚4~5mm，幼时紫绿色，成熟时深蓝色，后变深褐色，果梗长3~4mm，总果梗长3~5cm。种子外壳坚硬，骨质，稍扁，有5~7条纵沟纹。

生物学特性：花期4月下旬，果期9月。

分布：中国华中、华东、华南、西南等地有分布。越南有分布。紫金港校区有栽培。

景观应用：景观树木。

蓝果树叶（徐正浩摄）

蓝果树树干（徐正浩摄）

蓝果树果实（徐正浩摄）

蓝果树植株（徐正浩摄）

67. 红千层　*Callistemon rigidus* R. Br.

中文异名：瓶刷木、金宝树、红瓶刷

英文名：narrow-leaved bottlebrush

分类地位：桃金娘科（Myrtaceae）红千层属（*Callistemon* R. Br.）

形态学特征：小乔木。树皮坚硬，灰褐色。嫩枝有棱，初时有长丝毛，不久变无毛。叶片坚革质，线形，长

5~9cm，宽3~6mm，先端尖锐，初时有丝毛，不久脱落，油腺点明显，干后凸起，中脉在两面均凸起，侧脉明显，边脉位于边上，凸起，叶柄极短。穗状花序生于枝顶。萼管略被毛，萼齿半圆形，近膜质。花瓣绿色，卵形，长5~6mm，宽4~4.5mm。雄蕊长2~2.5cm，鲜红色，花药暗紫色，椭圆形。花柱比雄蕊稍长，先端绿色，其余红色。蒴果半球形，长4~5mm，宽5~7mm，先端平截，萼管口圆，果瓣稍下陷，3瓣裂开，果瓣脱落。种子条状，长0.5~1mm。

生物学特性：花期6—8月。

分布：原产于澳大利亚。中国华南地区有分布。紫金港校区有栽培。

景观应用：观赏小乔木。

红千层树干（徐正浩摄）

红千层枝叶（徐正浩摄）

红千层花（徐正浩摄）

红千层果实（徐正浩摄）

红千层花期植株（徐正浩摄）

红千层植株（徐正浩摄）

68. 赤楠 *Syzygium buxifolium* Hook. et Arn.

中文异名：鱼鳞木、瓜子柴、牛金子

分类地位：桃金娘科（Myrtaceae）蒲桃属（*Syzygium* Gaertn.）

形态学特征：灌木或小乔木。嫩枝有棱，干后黑褐色。叶革质，阔椭圆形至

赤楠枝叶（徐正浩摄）

赤楠花（徐正浩摄）

赤楠果期植株（徐正浩摄）

赤楠植株（徐正浩摄）

椭圆形，长1.5~3cm，宽1~2cm，先端圆或钝，有时有钝尖头，基部阔楔形或钝，叶面干后暗褐色，无光泽，叶背稍浅色，有腺点，侧脉多而密，脉间相隔1~1.5mm，斜行向上，离边缘1~1.5mm处结合成边脉，在叶面不明显，在叶背稍凸起，叶柄长1~2mm。聚伞花序顶生，长0.6~1cm，有花数朵。花梗长1~2mm。花蕾长2~3mm。萼管倒圆锥形，长1~2mm，萼齿浅波状。花瓣4片，分离，长1~2mm。雄蕊长2.5mm。花柱与雄蕊等长。果实球形，径5~7mm。

生物学特性：花期6~8月，果期9—10月。

分布：中国华中、华南、西南等地有分布。越南及琉球群岛也有分布。华家池校区、玉泉校区、紫金港校区有栽培。

景观应用：灌木或盆栽。

69. 灯台树 *Cornus controversa* Hemsl.

中文异名：瑞木、六角树

英文名：wedding cake tree

分类地位：山茱萸科（Cornaceae）山茱萸属（*Cornus* Linn.）

形态学特征：落叶乔木。高3~13m。树皮暗灰色，枝条紫红色，后变淡绿色，皮孔及叶痕明显。叶互生，宽卵圆形或宽椭圆状卵形，长5~9cm，宽4~7.5cm，先端急尖，稀渐尖，基部圆形，叶面深绿色，叶背灰绿色，疏生伏毛，侧脉6~9对，叶柄1~5cm，带紫红色。伞房状聚伞花序顶生，径7~13cm，稍被短柔毛。花小，白色。萼筒椭圆形，长1~1.5mm，密被灰白色贴生的短柔毛。萼齿三角形。花瓣4片，长披针形。雄蕊4枚，无毛，与花瓣互生，稍伸出花外。子房下位，花柱圆柱形，无毛。核果近球形，径5~6mm，紫红色至蓝黑色。种子具胚乳，种皮膜质。

灯台树花（徐正浩摄）

灯台树花期植株（徐正浩摄）

灯台树果期植株（徐正浩摄）

灯台树植株（徐正浩摄）

生物学特性：花期5—6月，果期8—9月。

分布：紫金港校区有分布。

景观应用：自然生长树形优美，不需整形修剪，可作行道树。

70. 山茱萸 *Cornus officinalis* Sieb. et Zucc.

中文异名：枣皮

英文名：Japanese cornel, Japanese cornelian cherry, cornelian cherries

分类地位：山茱萸科（Cornaceae）山茱萸属（*Cornus* Linn.）

形态学特征：落叶乔木或灌木。高4~10m。树皮灰褐色。小枝细圆柱形，无毛或稀被贴生短柔毛，冬芽顶生及腋生，卵形至披针形，被黄褐色短柔毛。叶对生，纸质，卵状披针形或卵状椭圆形，长5.5~10cm，宽2.5~4.5cm，先端渐尖，基部宽楔形或近于圆形，全缘，上面绿色，无毛，下面浅绿色，稀被白色贴生短柔毛，脉腋密生淡褐色丛毛，中脉在叶面明显，在叶背凸起，近于无毛，侧脉6~7对，弓形内弯，叶柄细圆柱形，长0.6~1.2cm，上面有浅沟，下面圆形，稍被贴生疏柔毛。伞形花序生于枝侧，有总苞片4片，卵形，厚纸质至革质，长6~8mm，带紫色，两侧略被短柔毛，开花后脱落。总花梗粗壮，长1~2mm，微被灰色短柔毛。花小，两性。花萼裂片4片，阔三角形，与花盘等长或稍长，长0.4~0.6mm，无毛。花瓣4片，舌状披针形，长3~3.5mm，黄色，向外反卷。雄蕊4枚，与花瓣互生，长1.5~1.8mm，花丝钻形，花药椭圆形，2室。花盘垫状，无毛。子房下位，花托倒卵形，长0.5~1mm，密被贴生疏柔毛，花柱圆柱形，长1~1.5mm，柱头截形。花梗纤细，长0.5~1cm，密被疏柔毛。核果长椭圆形，长1.2~1.7cm，径5~7mm，红色至紫红色。核骨质，狭椭圆形，长1~1.2cm，有几条不整齐的肋纹。

生物学特性：花先于叶开放。花期3—4月，果期9—10月。

分布：中国华南、华中、西南、华东和华北等地有分布。朝鲜、韩国和日本也有分布。华家池校区有栽培。

景观应用：园林绿化观赏树种。

山茱萸叶（徐正浩摄）

山茱萸花（徐正浩摄）

山茱萸果期植株（徐正浩摄）

71. 光皮梾木 *Cornus wilsoniana* Wangerin

中文异名：斑皮抽水树、光皮树

分类地位：山茱萸科（Cornaceae）山茱萸属（*Cornus* Linn.）

形态学特征：落叶乔木。高8~10m。树干光滑，树皮白色带绿，疤块状剥落后形成明显斑纹。小枝初被紧贴疏柔毛，淡绿褐色。叶对生，椭圆形或卵状长圆形，长3~9cm，宽1.5~5cm，先端长渐尖，稀急尖，基部楔形。叶面暗绿色，微被紧贴疏柔毛，叶背淡绿色，近苍白，密被乳头状小凸起及平贴的灰白色短柔毛。侧脉3~4对，弧状弯曲。

叶柄纤细，长8~22mm。圆锥状聚伞花序顶生，径6~10cm。花白色。萼筒密生灰白色短毛，萼齿小，宽三角形，外侧被柔毛。花瓣4片，条状披针形，长4~5mm，外面贴生灰白色短柔毛。雄蕊4枚，与花瓣近于等长。子房倒卵形，

光皮梾木树干（徐正浩摄）

光皮梾木枝叶（徐正浩摄）

花柱圆柱形，略短于花瓣。柱头小，头状，微扁。核果球形，紫黑色至黑色，径6~7mm。具胚乳，种皮膜质。

生物学特性： 花具香气。花期5月，果期10—11月。

分布： 中国华东、华中、华南、西南等地有分布。紫金港校区有栽培。

景观应用： 观赏树木。

光皮梾木果期植株（徐正浩摄）

光皮梾木叶（徐正浩摄）

光皮梾木植株（徐正浩摄）

光皮梾木景观植株（徐正浩摄）

72. 满山红 *Rhododendron mariesii* Hemsl. et Wils.

满山红花枝（徐正浩摄）

满山红花（徐正浩摄）

中文异名： 三叶杜鹃、山石榴

分类地位： 杜鹃花科（Ericaceae）杜鹃属（*Rhododendron* Linn.）

形态学特征： 落叶灌木。高1~4m。枝轮生，幼时被淡黄棕色柔毛，成长时无毛。叶厚纸质或近于革质，常2~3片集生于枝顶，椭圆形、卵状披针形或三角状卵形，长4~7.5cm，宽2~4cm，先端锐尖，具短尖头，基部钝或近于圆形，边缘微反卷，初时具细钝齿，后不明显，叶面深绿色，叶背淡绿色，叶柄长5~7mm，近于无毛。花芽卵球形，鳞片阔卵形，顶端钝尖，外面沿中脊以上被淡黄棕色绢状柔毛，边缘具睫毛。花通常2朵顶生，先花后叶，出自于同一顶生花芽。花梗直立，常为芽鳞所包，长7~10mm，密被黄褐色柔毛。花萼环状，5浅裂，密被黄褐色柔毛。花冠漏斗形，淡紫红色或紫红色，长3~3.5cm，花冠管长0.8~1cm，基部径3~4mm，裂片5片，深裂，长圆形，先端钝圆，上方裂片具紫红色斑点，两面无毛。雄蕊8~10枚，不等长，比花冠短或与花冠等长，花丝扁平，无毛，花药紫红色。子房卵球形，密被淡黄棕色长柔毛，花柱比雄蕊长，无毛。蒴果椭圆状卵球形，长6~9mm，密被亮棕褐色长柔毛。

生物学特性： 花期4—5月，果期6—11月。

分布： 中国西南、华南、华中、华东和华北有分布。之江校区有分布。

景观应用： 庭院观赏灌木。

73. 老鸦柿 *Diospyros rhombifolia* Hemsl.

分类地位：柿科（Ebenaceae）柿属（*Diospyros* Linn.）

形态学特征：落叶小乔木。高可达8m。树皮灰色，平滑，多枝，分枝低，有枝刺。枝深褐色或黑褐色，无毛，散生椭圆形的纵裂小皮孔。小枝略曲折，褐色至黑褐色，有柔毛。冬芽小，长1~2mm，有柔毛或粗伏毛。叶纸质，菱状倒卵形，长4~8cm，宽2~4cm，先端钝，基部楔形，叶面深绿色，叶背浅绿色，侧脉每边5~6条，叶柄短，纤细，长2~4mm，有微柔毛。雄花生于当年生枝下部，花萼4深裂，裂片三角形，长2~3mm，宽1~2mm，先端急尖，花冠壶形，长3~4mm，5裂，裂片覆瓦状排列，长1~2mm，宽1~1.5mm，雄蕊16枚，每两枚连生，腹面1枚较短，花丝有柔毛，花药线形，先端渐尖，退化子房小，球形，顶端有柔毛，花梗长5~7mm。雌花散生于当年生枝下部，花萼4深裂，几裂至基部，裂片披针形，长0.8~1cm，宽2~3mm，先端急尖，花冠壶形，花冠管长3~3.5mm，宽3~4mm，子房卵形，密生长柔毛，4室，花柱2个，柱头2浅裂，花梗纤细，长1.5~1.8cm，有柔毛。果单生，球形，径1.5~2cm，嫩时黄绿色，有柔毛，后变橙黄色，熟时橘红色，有蜡样光泽，无毛，顶端有小凸尖，有种子2~4粒，果柄纤细，长1.5~2.5cm。种子褐色，半球形或近三棱形，长0.6~1cm，宽4~6mm。

生物学特性：花期4—5月，果期9—10月。

分布：中国华南、华东有分布。华家池校区有分布。

景观应用：景观树木。

老鸦柿叶（徐正浩摄）

老鸦柿果实（徐正浩摄）

老鸦柿果期植株（徐正浩摄）

74. 柿 *Diospyros kaki* Thunb.

中文异名：柿子

英文名：Japanese persimmon, Chinese persimmon, oriental persimmon

分类地位：柿科（Ebenaceae）柿属（*Diospyros* Linn.）

形态学特征：落叶大乔木。高达10~14m，胸径达65cm。树皮深灰色至灰黑色，树冠球形或长圆球形。枝开展，带绿色至褐色。冬芽小，卵形，长2~3mm，先端钝。叶纸质，卵状椭圆形至倒卵形或近圆形，

柿枝叶（徐正浩摄）

柿花（徐正浩摄）

柿果枝（徐正浩摄）

柿果实（徐正浩摄）

柿果期植株（徐正浩摄）

柿景观植株（徐正浩摄）

长5~20cm，宽3~10cm，先端渐尖或钝，基部楔形，侧脉每边5~7条，叶柄长8~20mm。雌雄异株，间或雄株有少数雌花，雌株有少数雄花。聚伞花序腋生。雄花的花序小，长1~1.5cm，具花3~5朵，常3朵，总花梗长4~5mm，雄花长5~10mm，花萼和花冠钟状，雄蕊15~25枚，花丝短，花药椭圆状长圆形，退化子房微小，花梗长2~3mm。雌花单生于叶腋，长1.5~2cm，花萼绿色，径2~3cm，4深裂，萼管球状钟形，肉质，长4~5mm，径7~10mm，花冠淡黄白色或黄白色而带紫红色，壶形或近钟形，长和直径各1.2~1.5cm，4裂，花冠管近四棱形，径6~10mm，退化雄蕊8枚，子房近扁球形，径5~6mm，8室，每室有胚珠1个，花柱4深裂，柱头2浅裂，花梗长6~20mm，密生短柔毛。果球形、扁球形、球形略呈方形或卵形等，径3~8cm，种子数粒，宿存萼在花后增大增厚，宽3~4cm，4个裂，果柄粗壮，长6~12mm。种子褐色，椭圆状，长1.5~2cm，宽0.6~1cm，侧扁。

生物学特性：花期5—6月，果期9—11月。

分布：中国长江流域有分布。世界各地广泛栽培。华家池校区、玉泉校区、紫金港校区有分布。

景观应用：景观树木。

75. 油柿 *Diospyros oleifera* Cheng

油柿果实（徐正浩摄）

油柿植株（徐正浩摄）

中文异名：华东油柿

分类地位：柿科（Ebenaceae）柿属（*Diospyros* Linn.）

形态学特征：落叶乔木。高达12m，胸径达40cm。树干通直，树皮深灰色或灰褐色，树冠阔卵形或半球形，枝灰色、灰褐色或深褐色。冬芽卵形，略扁。叶纸质，长圆形、长圆状倒卵形、倒卵形，长6~20cm，宽3~10cm，先端短渐尖，基部圆形，侧脉每边7~9条，柄长6~10mm。花雌雄异株或杂性。雄花聚伞花序生于当年生枝下部，腋生，每个花序有花3~5朵，或中央1朵为雌花，能发育成果。雄花长6~8mm，花萼4裂，裂片卵状三角形，长1~2mm，花冠壶形，长5~7mm，雄蕊16~20枚，花药线形，长4~5mm，退化子房微小，花梗短，长1~2mm。雌花单生于叶腋，较雄花大，长1.2~1.5cm，花萼钟形，4裂，花冠壶形或近钟形，多少4条棱，长0.8~1cm，退化雄蕊12~14枚，子房球形或扁球形，多少4条棱，长3~4mm，8室或10室，花柱4个，柱头2浅裂，花梗长5~7mm。果卵形、卵状长圆形、球形或扁球形，略呈4条棱，长3~8cm，径2.5~6cm，嫩时绿色，成熟时暗黄色，种子3~8粒。种子近长圆形，长2~2.5cm，宽1.2~1.5cm，棕色，侧扁。

生物学特性：花期4—5月，果期8—11月。

分布：中国浙江中部以南、安徽南部、江西、福建、湖南、广东北部和广西等地有分布。紫金港校区有分布。

景观应用：景观树木。

76. 野柿 *Diospyros kaki* Thunb. var. *silvestris* Makino

中文异名：山柿

分类地位：柿科（Ebenaceae）柿属（*Diospyros* Linn.）

形态学特征：落叶灌木。小枝及叶柄常密被黄褐色柔毛。叶小，叶背密生毛。花小。果径2~5cm。

野柿果实（徐正浩摄）

野柿植株（徐正浩摄）

生物学特性：花期4—5月，果期8—11月。

分布：中国华东、华中、华南等地有分布。之江校区有分布。

景观应用：景观灌木。

77. 老鼠矢 *Symplocos stellaris* Brand

分类地位：山矾科（Symplocaceae）山矾属（*Symplocos* Jacq.）

形态学特征：常绿乔木。小枝粗，髓心中空，具横隔，芽、嫩枝、嫩叶柄、苞片和小苞片均被红褐色茸毛。叶厚革质，披针状椭圆形或狭长圆状椭圆形，长6~20cm，宽2~5cm，先端急尖或短渐尖，基部阔楔形或圆，全缘，稀有细齿，叶面有光泽，叶背粉褐色，中脉在叶面凹下，在叶背明显凸起，侧脉每边9~15条，叶柄有纵沟，长1.5~2.5cm。团伞花序着生于二年生枝叶痕。苞片圆形，径3~4mm，有缘毛。花萼长2~3mm，裂片半圆形，长不到1mm，有长缘毛。花冠白色，长7~8mm，5深裂几达基部，裂片椭圆形，顶端有缘毛。雄蕊18~25枚，花丝基部合生成5束。花盘圆柱形，无毛。子房3室。核果狭卵状圆柱形，长0.8~1cm，顶端宿萼裂片直立。

老鼠矢枝叶（徐正浩摄）

生物学特性：花期4—5月，果期6—7月。

分布：中国西南、华南和华东有分布。日本也有分布。紫金港校区、华家池校区有分布。

景观应用：园林绿化树种。

老鼠矢叶（徐正浩摄）

老鼠矢原生态植株（徐正浩摄）

78. 棱角山矾 *Symplocos tetragona* Chen ex Y. F. Wu

分类地位：山矾科（Symplocaceae）山矾属（*Symplocos* Jacq.）

形态学特征：常绿乔木。小枝黄绿色，粗壮，具4~5条棱。叶革质，狭椭圆形，长12~14cm，宽3~5cm，先端急尖，基部楔形，边缘具粗浅齿，两面均黄绿色。中脉在叶面凸起，侧脉每边9~14条，纤细，在叶面不明显，在叶背明显凸起。叶柄长0.8~1cm。穗状花序基部有分枝，长5~6cm，其分枝长2.5~3cm，密被短柔毛。苞片卵形，长2~3mm，小苞

棱角山矾枝叶（徐正浩摄）

棱角山矾树干（徐正浩摄）

棱角山矾花（徐正浩摄）

棱角山矾花序（徐正浩摄）

棱角山矾植株（徐正浩摄）

棱角山矾景观植株（徐正浩摄）

片横椭圆形，宽2~3mm。花萼5裂，长3~4mm，无毛，裂片圆形，比萼筒稍长或与萼筒等长，有缘毛。花冠白色，长5~6mm，5深裂几达基部，有极短的花冠筒，裂片椭圆形。雄蕊40~50枚。花丝基部连合成五体雄蕊。花柱长2~3mm，柱头盘状。核果长圆形，长1~1.5cm，径6~8mm，顶端宿萼直立，核骨质，分开成3分核。

生物学特性：花期3—4月，果期8—10月。

分布：中国华东、华中、华北有分布。华家池校区、紫金港校区有分布。

景观应用：庭院绿化树种，也可作行道树。

79. 赛山梅 *Styrax confusus* Hemsl.

赛山梅枝叶（徐正浩摄）

赛山梅叶面（徐正浩摄）

赛山梅叶背（徐正浩摄）

赛山梅果实（徐正浩摄）

中文异名：白山龙

分类地位：安息香科（Styracaceae）安息香属（*Styrax* Linn.）

形态学特征：小乔木。高2~8m，胸径达12cm。树皮灰褐色，平滑。嫩枝扁圆柱形，密被黄褐色星状短柔毛，成长后脱落，老枝圆柱形，紫红色。叶革质或近革质，椭圆形、长圆状椭圆形或倒卵状椭圆形，长4~14cm，宽2.5~7cm，顶端急尖或钝渐尖，基部圆形或宽楔形，边缘有细锯齿，侧脉每边5~7条，叶柄长1~3mm，上面有深槽，密被黄褐色星状柔毛。总状花序顶生，有花3~8朵，下部常有2~3朵花聚生于叶腋，长4~10cm。花白色，长1~2cm。花梗长1~1.5cm。小苞片线形，长3~5mm，早落。花萼杯状，高5~8mm，宽5~6mm，顶端有5个齿，萼齿三角形。花冠裂片披针形或长圆状披针形，长1.2~2cm，宽3~4mm。花冠管长3~4mm，无毛。花丝扁平，长8~10mm，下部连合成管，上部分离。花药长圆形，长5~7mm。果实近球形或倒卵形，径8~15mm。果皮厚1~2mm，常具皱纹。种子倒卵形，褐色，平滑或具深皱纹。

生物学特性：花期4—6月，果期9—11月。

分布：中国西南、华南、华中和华东等地有分布。之江校区、华家池校区有分布。

景观应用：观赏小乔木。

80. 白花龙　*Styrax faberi* Perk.

中文异名：白龙条、棉子树、响铃子

分类地位：安息香科（Styracaceae）安息香属（*Styrax* Linn.）

形态学特征：灌木。高1~2m。嫩枝纤弱，具沟槽，扁圆形，老枝圆柱形，紫红色。叶互生，纸质，椭圆形、倒卵形或长圆状披针形，长4~11cm，宽3~3.5cm，顶端急渐尖或渐尖，基部宽楔形或近圆形，边缘具细锯齿，侧脉每边5~6条，叶柄长1~2mm。总状花序顶生，有花3~5朵，下部常有单花腋生，长3~4cm。花白色，长1.2~2cm。花梗长8~15mm。小苞片钻形，长2~3mm。花萼杯状，膜质，高4~8mm，宽3~6mm。萼齿5个，三角

白花龙枝叶（徐正浩摄）

白花龙花（徐正浩摄）

白花龙果实（徐正浩摄）

白花龙植株（徐正浩摄）

形或钻形。花冠裂片膜质，披针形或长圆形，长5~15mm，宽2.5~3mm。花冠管长3~4mm。雄蕊长9~15mm，花丝下部连合成管，上部分离。花柱较花冠长。果实倒卵形或近球形，长6~8mm，径5~7mm。

生物学特性：花期4—6月，果期8—10月。

分布：中国华东、华中、华南、西南等地有分布。之江校区有分布。

景观应用：观赏灌木。

81. 佛顶桂　*Osmanthus fragrans* 'Xiao Fodingzhu'

中文异名：佛顶珠桂花

分类地位：木犀科（Oleaceae）木犀属（*Osmanthus* Lour.）

形态学特征：小灌木。节间短缩，分枝紧凑。花色洁白、淡绿色或淡黄色。

生物学特性：花芳香。花期长，全年开花8个月左右。

佛顶桂花序（徐正浩摄）　　　　　佛顶桂植株（徐正浩摄）

分布：紫金港校区有分布。

景观应用：佛顶桂是中国优良传统品种之一，不论在园林绿化方面，还是在家庭盆栽、盆景制作方面，用途很广。

🍃 82. 卵叶连翘 *Forsythia ovata* Nakai

分类地位：木犀科（Oleaceae）连翘属（*Forsythia* Vahl）

形态学特征：落叶灌木。高1~1.5m，具开展枝条。小枝灰黄色或淡黄棕色，无毛，老时呈灰色或暗灰色，微具棱，具片状髓。叶片革质，卵形、宽卵形至近圆形，长4~7cm，宽3~6.5cm，先端锐尖至尾状渐尖，基部宽楔形、截形至圆形，叶缘具锯齿，有时近全缘，淡绿色，两面无毛，叶背叶脉明显凸起。叶柄长0.7~1.3cm。花单生于叶腋。花梗短，长2~4mm。花萼绿色或紫色，长4~5mm。花冠琥珀黄色，长1~2cm，花冠管长3~6mm。果卵球形、卵形或椭圆状卵形，长0.7~1.5cm，宽4~6.5mm，先端喙状渐尖至长渐尖。果梗长4~5mm。

生物学特性：花先于叶开放。花期4—5月，果期8月。

卵叶连翘枝叶（徐正浩摄）

卵叶连翘叶背（徐正浩摄）

卵叶连翘花（徐正浩摄）

卵叶连翘景观植株（徐正浩摄）

分布：原产于朝鲜。紫金港校区有栽培。

景观应用：景观灌木。

🍃 83. 牛矢果 *Osmanthus matsumuranus* Hayata

分类地位：木犀科（Oleaceae）木犀属（*Osmanthus* Lour.）

形态学特征：常绿灌木或乔木。高2.5~10m。树皮淡灰色，粗糙。小枝扁平，黄褐色或紫红褐色，无毛。叶片薄革质或厚纸质，倒披针形，稀倒卵形或狭椭圆形，长8~20cm，宽2.5~6cm，先端渐尖，具尖头，基部狭楔形，下延至叶柄，全缘或上半部有锯齿，侧脉7~15对，柄长1.5~3cm。聚伞花序腋生，组成短小圆锥花序，长1.5~2cm。花梗长2~3mm。花萼长1.5~2mm。花冠淡绿白色或淡黄绿色，长3~4mm。雄蕊生于花冠管上部，花丝长1~1.5mm，花药椭圆形，长0.3~0.5mm。雌蕊长3~4mm，子房长0.5~1mm，柱头头状。果椭圆形，长1.5~3cm，径0.7~1.5cm，绿色，成熟时紫红色至黑色。

牛矢果叶（徐正浩摄）

生物学特性：花芳香。花期5—6月，果期11—12月。

分布：中国华东、华南、西南等地有分布。越南、老挝、柬埔寨、印度等也有分布。之江校区、紫金港校区有分布。

景观应用：景观树木。

牛矢果果实（徐正浩摄）

牛矢果植株（徐正浩摄）

84. 长叶女贞 *Ligustrum compactum* (Wall. ex G. Don) Hook. f.

分类地位：木犀科（Oleaceae）女贞属（*Ligustrum* Linn.）

形态学特征：常绿灌木、小乔木或乔木。枝灰褐色。叶对生，纸质或革质，长6~12cm，宽3~6cm，先端渐尖，基部楔形，全缘，柄长2~4mm。聚伞花序常排列成圆锥花序，多生于小枝顶端。花两性。花萼钟状，先端截形或具裂齿。花冠白色。雄蕊2枚。子房近球形，2室。果为浆果状核果。

生物学特性：花期6—7月，果期10月至翌年3月。

分布：紫金港校区有栽培。

景观应用：景观灌木。

长叶女贞植株（徐正浩摄）

85. 宁波木犀 *Osmanthus cooperi* Hemsl

分类地位：木犀科（Oleaceae）木犀属（*Osmanthus* Lour.）

形态学特征：常绿小乔木或灌木。高3~5m。小枝灰白色，幼枝黄白色，具较多皮孔。叶片革质，椭圆形或倒卵形，长4~10cm，宽2~5cm，先端渐尖，稍呈尾状，基部宽楔形至圆形，全缘，侧脉7~8对，柄长1~2cm。花序簇生于叶腋，每腋内有花4~12朵。

宁波木犀枝叶（徐正浩摄）

宁波木犀叶（徐正浩摄）

宁波木犀果实（徐正浩摄）

宁波木犀果期植株（徐正浩摄）

苞片宽卵形，长1~2mm。花梗长3~5mm。花萼长1~1.5mm。花冠白色，长3~4mm。雄蕊着生于花冠管下部，花丝长0.3~0.5mm，花药长1~1.5mm，药隔延伸成明显的小尖头。雌蕊长2~3mm，花柱长1~2mm。果长1.5~2cm，呈蓝黑色。

生物学特性：花期9—10月，果期翌年5—6月。

分布：中国江苏南部、安徽、浙江、江西、福建等地有分布。华家池校区有栽培。

景观应用：景观树木。

86. 中华九龙桂 *Osmanthus fragrans* 'Jiulonggui'

中华九龙桂枝叶（徐正浩摄）

中华九龙桂叶（徐正浩摄）

中文异名：九龙桂

分类地位：木犀科(Oleaceae)木犀属（*Osmanthus* Lour.）

形态学特征：九龙桂是木犀的一个栽培品种。常绿高灌木。树冠扁球形，树皮灰色，皮孔小，椭圆形，数量少，枝条生长可下垂及地。叶深绿色，硬革质，

中华九龙桂植株（徐正浩摄）

有光泽，披针状长椭圆形，叶长8.5~11cm，宽2~4cm，先端渐尖，基部楔形或宽楔形，侧脉8~10对，网脉两面均明显，柄长0.6~1cm。花瓣乳白色。

生物学特性：花有淡香。花期9月下旬至10月上旬。

分布：紫金港校区、华家池校区有分布。

景观应用：常绿灌木。

87. 紫珠 *Callicarpa bodinieri* Levl.

紫珠花序（徐正浩摄）

中文异名：珍珠枫

英文名：bodinier's beautyberry

分类地位：马鞭草科（Verbenaceae）紫珠属（*Callicarpa* Linn.）

形态学特征：灌木。高2m。小枝、叶柄和花序均被粗糠状星状毛。叶片卵状长椭圆形至椭圆形，长7~18cm，宽4~7cm，顶端长渐尖至短尖，基部楔形，边缘有细锯齿，柄长0.5~1cm。聚伞花序宽3~4.5cm，4~5次分歧，花序梗长不超过1cm。苞片细小，线形。花梗长0.5~1mm。花萼长0.5~1mm。花冠紫色，长2~3mm。雄蕊长5~6mm，花药椭圆形，细

小，药隔有暗红色腺点，药室纵裂。子房有毛。果实球形，熟时紫色，无毛，径1.5~2mm。

生物学特性：花期6—7月，果期8—11月。

分布：中国西南、华南、华中和华东等地有分布。朝鲜、日本也有分布。之江校区有分布。

景观应用：宜植于庭院观赏。

紫珠果实（徐正浩摄）

88. 华紫珠 *Callicarpa cathayana* H. T. Chang

中文异名：鱼显子

分类地位：马鞭草科（Verbenaceae）紫珠属（*Callicarpa* Linn.）

形态学特征：灌木。高1.5~3m。小枝纤细，幼嫩梢有星状毛，老后脱落。叶片椭圆形或卵形，长4~8cm，宽1.5~3cm，顶端渐尖，基部楔形，侧脉5~7对，柄长4~8mm。聚伞花序细弱，宽1.2~1.5cm，3~4次分歧，略有星状毛，花序梗长4~7mm，苞片细小。花萼杯状，具星状毛和红色腺点，萼齿不明显或钝三角形。花冠紫色，疏生星状毛，有红色腺点。花丝与花冠近等长。花药长圆形，长1~1.2mm，药室孔裂。子房无毛，花柱略长于雄蕊。果实球形，紫色，径1~2mm。

生物学特性：花期5—7月，果期8—11月。

分布：中国西南、华南、华中和华东等地有分布。之江校区有分布。

景观应用：宜植于庭院观赏。

华紫珠枝叶（徐正浩摄）

华紫珠果期植株（徐正浩摄）

89. 杜虹花 *Callicarpa formosana* Rolfe

中文异名：粗糠仔

分类地位：马鞭草科（Verbenaceae）紫珠属（*Callicarpa* Linn.）

形态学特征：落叶灌木。高1~3m。小枝、叶柄和花序均密被灰黄色星状毛和分枝毛。叶片卵状椭圆形或椭圆形，长6~15cm，宽3~8cm，顶端通常渐尖，基部钝或浑圆，边缘有细锯齿，叶面被短硬毛，稍粗糙，叶背被灰黄色星状毛和细小黄色腺点，侧脉8~12对，叶柄粗壮，长1~2.5cm。聚伞花序宽3~4cm，通常4~5次分歧，花序梗长1.5~2.5cm。苞片细小。花萼杯状，被灰黄色星状毛，萼齿钝三角形。花冠紫色或淡紫色，无毛，长2~2.5mm，裂片钝圆，长0.5~1mm。雄蕊长3~5mm，花药椭圆形，药室纵裂。子房无毛。果实近球形，紫色，径1.5~2mm。

生物学特性：花期5—7月，果期8—11月。

分布：中国华东、华南、西南等地有分布。菲律宾也有分布。之江校区有分布。

景观应用：景观灌木。

杜虹花果期植株（徐正浩摄）

90. 老鸦糊 *Callicarpa giraldii* Hesse ex Rehd.

老鸦糊叶面（徐正浩摄）

老鸦糊叶背（徐正浩摄）

中文异名：小米团花

分类地位：马鞭草科（Verbenaceae）紫珠属（Callicarpa Linn.）

形态学特征：落叶灌木。高1~5m。小枝圆柱形，灰黄色，被星状毛。叶片纸质，宽椭圆形至披针状长圆形，长5~15cm，宽2~7cm，顶端渐尖，基部楔形或下延成狭楔形，边缘有锯齿，叶面黄绿色，稍有微毛，叶背淡绿色，疏被星状毛和细小黄色腺点，侧脉8~10对，主脉、侧脉和细脉在叶背隆起，细脉近平行，柄长1~2cm。聚伞花序宽2~3cm，4~5次分歧，被毛与小枝同。花萼钟状，疏被星状毛，老后常脱落，具黄色腺点，长1~1.5mm，萼齿钝三角形。花冠紫色，稍有毛，具黄色腺点，长2~3mm。雄蕊长5~6mm，花药卵圆形，药室纵裂，药隔具黄色腺点。子房被毛。果实球形，初时疏

老鸦糊果实（徐正浩摄）

老鸦糊果期植株（徐正浩摄）

被星状毛，熟时无毛，紫色，径2.5~4mm。

生物学特性：花期5—6月，果期7—11月。

分布：中国华东、华中、华南、西南、西北等地有分布。之江校区、华家池校区有分布。

景观应用：景观灌木。

91. 大青 *Clerodendrum cyrtophyllum* Turcz.

中文异名：山靛青、野靛青

分类地位：马鞭草科（Verbenaceae）大青属（Clerodendrum Linn.）

形态学特征：灌木或小乔木。高1~10m。幼枝被短柔毛，枝黄褐色，髓坚实。冬芽圆锥状，芽鳞褐色，被毛。叶片纸质，椭圆形、卵状椭圆形、长圆形或长圆状披针形，长6~20cm，宽3~9cm，顶端渐尖或急尖，基部圆形或宽楔形，通常全缘，侧脉6~10对，柄长1~8cm。伞房状聚伞花序生于枝顶或叶腋，长10~16cm，宽20~25cm。苞片线形，长3~7mm。花小。花萼杯状，长3~4mm，顶端5裂，裂片三角状卵形。花冠白色。花冠管细长，长0.8~1cm，顶端5裂，裂片卵形，长3~5mm。雄蕊4枚，花丝长1.2~1.5cm。子房4室，每室1个胚珠，常不完全发育。柱头2浅

裂。果实球形或倒卵形，径5~10mm，绿色，成熟时蓝紫色，为红色的宿萼所托。

生物学特性：花果期6月至翌年2月。

分布：中国西南、华南、华中和华东有分布。越南、马来西亚、朝鲜和韩国也有分布。之江校区有分布。

景观应用：景观灌木。

大青叶面（徐正浩摄）

大青叶背（徐正浩摄）

92. 假连翘 *Duranta erecta* Linn.

中文异名：番仔刺、花墙刺
英文名：golden dewdrop, pigeon berry, skyflower, xcambocoche, mavaetangi
分类地位：马鞭草科（Verbenaceae）假连翘属（*Duranta* Linn.）
形态学特征：灌木。高1.5~3m。枝条有皮刺，幼枝有柔毛。叶纸质，对生，少有轮生，卵状椭圆形或卵状披针形，长2~6.5cm，宽1.5~3.5cm，顶端短尖或钝，基部楔形，全缘或中部以上有锯齿，柄长0.5~1cm。总状花序顶生或腋生，常排成圆锥状。花萼管状，有毛，长3~5mm，5裂，有5条棱。花冠通常蓝紫色，长6~8mm，稍不整齐，5裂，裂片平展，内外有微毛。花柱短于花冠管。子房无毛。核果球形，无毛，有光泽，径4~5mm，熟时红黄色，被增大宿存花萼包围。

生物学特性：花果期5—10月，南方可为全年。

分布：原产于美洲热带地区。紫金港校区有栽培。

景观应用：可作绿篱。

假连翘叶（徐正浩摄）

假连翘花（徐正浩摄）

假连翘果实（徐正浩摄）

假连翘花期植株（徐正浩摄）

假连翘果期植株（徐正浩摄）

93. 梓 *Catalpa ovata* G. Don

中文异名：梓树
分类地位：紫葳科（Bignoniaceae）梓属（*Catalpa* Scop.）
形态学特征：落叶乔木。高达15m。树冠伞形，主干通直，嫩枝具稀疏柔毛。叶对生或近于对生，有时轮生，阔卵形，长宽近相等，长20~25cm，顶端渐尖，基部心形，全缘或浅波状，常3浅裂，叶面及叶背均粗糙，微被柔

梓树干（徐正浩摄）

梓景观植株（徐正浩摄）

梓果实（徐正浩摄）

梓植株（徐正浩摄）

毛或近于无毛，侧脉4~6对，基部掌状脉5~7条，柄长6~18cm。顶生圆锥花序。花序梗微被疏毛，长12~28cm。花萼蕾时圆球形，二唇开裂，长6~8mm。花冠钟状，淡黄色，内面具2条黄色条纹及紫色斑点，长2~2.5cm，径1.5~2cm。能育雄蕊2枚，花丝插生于花冠筒上，花药叉开，退化雄蕊3枚。子房上位，棒状。花柱丝形，柱头2裂。蒴果线形，下垂，长20~30cm，粗5~7mm。种子长椭圆形，长6~8mm，宽2~3mm，两端具有平展的长毛。

生物学特性：花期5—6月，果期8—10月。

分布：中国西南、华中、华东、华北、西北和东北等地有分布。玉泉校区有分布。

景观应用：景观乔木。

94. 楸 *Catalpa bungei* C. A. Mey.

楸树干（徐正浩摄）

中文异名：楸树

分类地位：紫葳科（Bignoniaceae）梓属（*Catalpa* Scop.）

形态学特征：落叶乔木。高8~12m。叶三角状卵形或卵状长圆形，长6~15cm，宽达8cm，顶端长渐尖，基部截形、阔楔形或心形，有时基部具有1~2个齿，叶面深绿色，叶背无毛，柄长2~8cm。顶生伞房状总状花序，有花2~12朵。花萼蕾时圆球形，二唇开裂，顶端有2个尖齿。

楸植株（徐正浩摄）

花冠淡红色，内面具有2条黄色条纹及暗紫色斑点，长3~3.5cm。蒴果线形，长25~45cm，宽5~6mm。种子狭长椭圆形，长0.6~1cm，宽1.5~2mm，两端生长毛。

生物学特性：花期5—6月，果期6—10月。

分布：中国华东、华中、华

北、西北等地有分布。紫金港校区有分布。

景观应用：景观乔木。

---

95. 亮叶忍冬　*Lonicera ligustrina* Wall. subsp. *yunnanensis* (Franch.) Hsu et H. J. Wang

中文异名：云南蕊帽忍冬、铁樨子

分类地位：忍冬科（Caprifoliaceae）忍冬属（*Lonicera* Linn.）

形态学特征：灌木。叶革质，近圆形至宽卵形，有时卵形、矩圆状卵形或矩圆形，顶端圆或钝，叶面光亮，无毛或有少数微糙毛。花较小，花冠长4~7mm，筒外面密生红褐色短腺毛。种子长1~2mm。

生物学特性：花期4—6月，果熟期9—10月。

分布：中国西南、西北等地有分布。紫金港校区有分布。

景观应用：常绿灌木。

亮叶忍冬枝叶（徐正浩摄）

亮叶忍冬叶（徐正浩摄）

亮叶忍冬花（徐正浩摄）

亮叶忍冬花序（徐正浩摄）

亮叶忍冬花期植株（徐正浩摄）

亮叶忍冬植株（徐正浩摄）

---

96. 糯米条　*Abelia chinensis* R. Br.

分类地位：忍冬科（Caprifoliaceae）六道木属（*Abelia* R. Br.）

形态学特征：落叶多分枝灌木。高达2m。嫩枝纤细，红褐色，被短柔毛，老枝树皮纵裂。叶有时三片轮生，卵圆形至椭圆状卵形，长2~5cm，宽1~3.5cm，顶端急尖或长渐尖，基部圆形或心形，边缘有稀疏圆锯齿。聚伞花序生于小枝上部叶腋，由多数花序集合成1个圆锥状花簇。总花梗被短柔毛，果期光滑。小苞片3对，矩圆形或披针形，具睫毛。萼筒圆柱形，被短柔毛，

糯米条花序（徐正浩摄）

糯米条植株（徐正浩摄）

稍扁，具纵条纹，萼檐5裂，裂片椭圆形或倒卵状矩圆形，长5~6mm，果期变红色。花冠白色至红色，漏斗状，长1~1.2cm，外面被短柔毛，裂片5片，卵圆形。雄蕊着生于花冠筒基部，花丝细长，伸出花冠筒外。花柱细长，柱头圆盘形。果实具宿存而略增大的萼裂片。

生物学特性：花芳香。花期6—8月，果期10—11月。

分布：中国西南、华南、华中和华东有分布。华家池校区有分布。

景观应用：观赏灌木。

🍃 97. 金叶接骨木 *Sambucus racemosa* Plumosa Aurea

中文异名：公道老

分类地位：忍冬科（Caprifoliaceae）接骨木属（*Sambucus* Linn.）

形态学特征：多年生落叶灌木。高1.5~2.5m。新叶金黄色，老叶绿色。聚伞花序顶生，花白色和乳白色。浆果状核果，红色。

生物学特性：花期4—5月，果期6—8月。

分布：原产于中国。紫金港校区有栽培。

景观应用：观赏灌木。

金叶接骨木枝叶（徐正浩摄）　　　　金叶接骨木植株（徐正浩摄）

🍃 98. 蓝叶忍冬 *Lonicera korolkowii* Stapf

中文异名：玫瑰忍冬

英文名：honey rose honeysuckle, blue leaf honeysuckle

分类地位：忍冬科（Caprifoliaceae）忍冬属（*Lonicera* Linn.）

形态学特征：落叶灌木。高2~3m。树形向上，紧密。单叶对生，叶卵形或卵圆形，全缘，新叶嫩绿，老叶墨绿色泛蓝色。花深玫瑰红色，浆果亮红色。

生物学特性：花期4—5月。果期9—10月。

分布：原产于土耳其。紫金港校区有栽培。

景观应用：观赏灌木。也可用于花篱。

蓝叶忍冬花（徐正浩摄）　　　　蓝叶忍冬花期植株（徐正浩摄）

99. 欧洲荚蒾　*Viburnum opulus* Linn.

英文名：guelder rose, water elder, cramp bark, snowball tree, European cranberrybush

分类地位：忍冬科（Caprifoliaceae）荚蒾属（*Viburum* Linn.）

形态学特征：落叶灌木。高达1.5~4m。当年小枝有棱，二年生小枝近圆柱形，老枝和茎干暗灰色。冬芽卵圆形，有柄。叶卵圆形至广卵形或倒卵形，长6~12cm，常3裂，掌状3出脉，基部圆形、截形或浅心形，无毛，裂片顶端渐尖，边缘具不整齐粗牙齿。位于小枝上部的叶常较狭长，椭圆形至矩圆状披针形而不分裂，边缘疏生波状牙齿，或3浅裂而裂片全缘或近全缘，侧裂片短，中裂片伸长，柄粗壮，长1~2cm。复伞形聚伞花序径5~10cm，周围有大型不孕花。总花梗粗壮，长2~5cm。花梗极短。萼筒倒圆锥形，长0.5~1mm，萼齿三角形。花冠白色，辐状，裂片近圆形，长0.5~1mm。雄蕊长至少为花冠的1.5倍，花药黄白色，长不及1mm。柱头2裂。不孕花白色，径1~2.5cm，有长梗，裂片宽倒卵形，顶圆形。果实红色，近圆形，直径8~10mm。核扁，近圆形，径7~9mm，灰白色。

欧洲荚蒾叶（徐正浩摄）

欧洲荚蒾花序（徐正浩摄）

欧洲荚蒾植株（徐正浩摄）

生物学特性：花期5—6月，果期9—10月。

分布：中国新疆西北部有分布。欧洲等也有分布。紫金港校区有栽培。

景观应用：观赏灌木。

第四章 浙大校园竹类

1. 佛肚竹 *Bambusa ventricosa* McClure

中文异名：佛竹、罗汉竹、密节竹、大杜竹、葫芦竹

分类地位：竹亚科（Bambusoideae）簕竹属（*Bambusa* Retz. corr. Schreber）

形态学特征：秆2型。正常秆高8~10m，径3~5cm，节间圆柱形，长30~35cm，下部略微肿胀，分枝常自秆基部第3、4节始，各节具1~3个枝，秆中上部各节为数至多枝簇生。畸形秆通常高25~50cm，径1~2cm，节间短缩而其基部肿胀，呈瓶状，长2~3cm，分枝稍高，常为单枝，其节间稍短缩，明显肿胀。箨鞘早落，先端近于对称的宽拱形或近截形，箨耳不相等，大耳狭卵形至卵状披针形，宽5~6mm，小耳卵形，宽3~5mm，箨舌高0.5~1mm，箨片直立或外展，卵形至卵状披针形，基部稍心形收窄。叶鞘无毛，叶耳卵形或镰刀形，叶舌极矮，近截形，叶片线状披针形至披针形，长9~18cm，宽1~2cm，先端渐尖，具钻状尖头，基部近圆形或宽楔形。

生物学特性：笋期4月。

分布：原产于中国华南等地。紫金港校区有栽培。

景观应用：景观竹类。

佛肚竹秆（徐正浩摄）

佛肚竹植株（徐正浩摄）

2. 孝顺竹 *Bambusa multiplex* (Lour.) Raeuschel. ex Schult.

中文异名：凤凰竹，蓬莱竹，慈孝竹

分类地位：竹亚科（Bambusoideae）簕竹属（*Bambusa* Retz. corr. Schreber）

形态学特征：秆高4~7m，径1.5~2.5cm，尾梢近直或略弯，下部挺直，绿色，节间长30~50cm，幼时薄被白蜡粉，老时则光滑无毛，节处稍隆起，常簇生。秆箨幼时薄被白蜡粉，早落，箨鞘呈梯形，先端稍向外缘一侧倾斜，呈不对称的拱形，箨耳不显，箨舌高1~1.5mm，边缘不规则短齿裂，箨片直立，易脱落，狭三角形。末级小枝具5~12片叶。叶鞘无毛，纵肋稍隆起，背部具脊。叶耳肾形。叶舌圆拱形，高0.3~0.5mm，边缘微齿裂。叶线形，长5~16cm，宽7~16mm，先端渐尖，具粗糙细尖头，基部近圆形或宽楔形，叶面无毛，叶背粉绿而密被短柔毛。假小穗单生或以数枝簇生于花枝各节，线形

孝顺竹秆（徐正浩摄）

孝顺竹叶（徐正浩摄）

至线状披针形，长3~6cm。小穗含小花3~13朵，中间小花为两性。颖缺。外稃两侧稍不对称，长圆状披针形，长1.5~2cm，具19~21条脉，先端急尖。内稃线形，长14~16mm，具2个脊。花丝长

孝顺竹植株（徐正浩摄）

孝顺竹居群（徐正浩摄）

8~10mm，花药紫色，长5~6mm。子房卵球形，长0.5~1mm。柱头羽毛状，长3~5mm。

生物学特性：笋期4—5月。

分布：原产于越南。中国东南部至西南部有分布。各校区有栽培。

景观应用：观赏竹类。

3. 小琴丝竹 *Bambusa glaucescens* (Will.) Sieb. ex Munro f. *alphonso-karri* (Satal) Hatusima

中文异名：花孝顺竹

分类地位：竹亚科（Bambusoideae）簕竹属（*Bambusa* Retz. corr. Schreber）

形态学特征：孝顺竹的栽培变种。主要区别在于小琴丝竹秆与枝金黄色，间有粗细不等的纵条纹，初夏出笋后，竹箨脱落，呈鲜黄色。秆高4~7m，径1.5~2.5cm，尾梢近直或略弯，下部挺直，节间长30~50cm，幼时薄被白蜡粉，节处稍隆起。分枝自秆基部第2或第3节始，数枝至多枝簇生。秆箨幼时薄被白蜡粉，早落。箨鞘先端向外缘一侧倾斜，呈不对称的拱形。箨耳微小。箨舌长1~1.5mm，边缘呈不规则的短齿裂。箨片直立，狭三角形。末级小枝具5~12片叶。叶鞘无毛，纵肋稍隆起，背部具脊。叶耳肾形。叶舌圆拱形，高0.3~0.5mm，边缘微齿裂。叶片线形，长5~16cm，宽7~16mm，叶面无毛，叶背粉绿而密被短柔毛，先端渐尖，具粗糙细尖头，基部近圆形或宽楔形。假小穗单生或以数枝簇生于花枝各节。小穗含小花3~12朵，中间小花两性。小穗轴节间形扁，长4~4.5mm。颖缺。外稃两侧稍不对称，长圆状披针形，长1.5~2cm，具19~21条脉，先端急尖。内稃线形，长1.2~1.5cm，具2个脊。花丝长8~10mm，花药紫色，长3~6mm。子房卵球形，长0.5~1mm。柱头羽

小琴丝竹秆（徐正浩摄）

小琴丝竹叶（徐正浩摄）

小琴丝竹植株（徐正浩摄）

毛状，长3~5mm。

生物学特性：笋期3—5月。

分布：原产于越南。中国东南部至西南部有分布。多数校区有栽培。

景观应用：观赏竹类。

4. 凤尾竹 *Bambusa multiplex*(Lour.)Raeusch. ex Schult. 'Fernleaf' R. A. Young

凤尾竹叶（徐正浩摄）

凤尾竹植株（徐正浩摄）

凤尾竹景观植株（徐正浩摄）

凤尾竹居群（徐正浩摄）

分类地位：竹亚科（Bambusoideae）簕竹属（*Bambusa* Retz. corr. Schreber）

形态学特征：孝顺竹的栽培变种。主要区别在于凤尾竹植株相对较矮，秆较细，每小枝叶片数少。中国东南部至西南部有分布。秆高3~6m，中空，径0.5~1cm。小枝具9~13片叶，稍下弯。叶片长3.3~6.5cm，宽4~7mm。

生物学特性：笋期4—5月。

分布：原产于中国。中国华东、华南、西南等地有栽培。多数校区有栽培。

景观应用：观赏竹类。也用作绿篱。

5. 观音竹 *Bambusa multiplex* var. *riviereorum* R. Maire

分类地位：竹亚科（Bambusoideae）簕竹属（*Bambusa* Retz. corr. Schreber）

形态学特征：孝顺竹的变种。与孝顺竹的区分在于秆为实心，高1~3m，径3~5mm，小枝具13~23片叶，且常下弯呈弓状，叶片较孝顺竹小，长1.6~3.2cm，宽2.6~6.5mm。

生物学特性：笋期4—5月。

分布：原产于中国华南地区。多数校区有栽培。

景观应用：景观竹类。也用作矮绿篱。

观音竹叶（徐正浩摄）

观音竹新叶（徐正浩摄）

观音竹植株（徐正浩摄）

6. 青皮竹　*Bambusa textilis* McClure

分类地位：竹亚科（Bambusoideae）簕竹属（*Bambusa* Retz. corr. Schreber）

形态学特征：秆高8~10m，径3~5cm，节间长40~70cm，绿色，幼时被白蜡粉。节平坦。箨鞘早落，革质，硬而脆，稍有光泽。箨耳较小。箨舌高1~2mm，边缘齿裂或条裂。箨片直立，易脱落，卵状狭三角形。叶鞘无毛，背部具脊，纵肋隆起。叶耳发达，镰刀形。叶舌极低矮，边缘啮蚀状。叶线状披针形至狭披针形，长9~17cm，宽1~2cm，叶面无毛，叶背密生短柔毛，先端渐尖，具钻状细尖头，基部近圆形或楔形。

生物学特性：笋期4—5月。

分布：中国广东、广西等地有分布。紫金港校区有栽培。

景观应用：景观竹类。

青皮竹植株（徐正浩摄）　　　　　青皮竹秆（徐正浩摄）

7. 龟甲竹　*Phyllostachys heterocycla* (Carr.) Mitford

分类地位：竹亚科（Bambusoideae）刚竹属（*Phyllostachys* Sieb. et Zucc.）

形态学特征：秆中部以下节间极为短缩，一侧肿胀。相邻的节交互倾斜，于一侧彼此上下相接或近于相接。

生物学特性：笋期4月。多数校区有栽培。

分布：中国秦岭、汉江流域至长江流域以南等地有分布。多数校区有栽培。

景观应用：珍稀观赏竹类。

龟甲竹叶（徐正浩摄）　　　　　龟甲竹景观植株（徐正浩摄）

龟甲竹秆（徐正浩摄）　　　龟甲竹笋（徐正浩摄）　　　龟甲竹植株（徐正浩摄）

8. 斑竹 *Phyllostachys bambusoides* Sieb. et Zucc. f. *lacrima-deae* Keng f. et Wen

分类地位：竹亚科（Bambusoideae）刚竹属（*Phyllostachys* Sieb. et Zucc.）

形态学特征：秆具紫褐色或淡褐色斑点。秆高达20m，径达15cm，节间长达40cm。秆环稍高于箨环。箨鞘革质，具密紫褐色斑块、小斑点和脉纹，箨耳小形或大形而呈镰状，箨舌拱形，淡褐色或带绿色，箨片带状，中间绿色，两侧紫色，边缘黄色。末级小枝具2~4片叶，叶耳半圆形，叶舌伸出，拱形，有时截形，叶长5.5~15cm，宽1.5~2.5cm。

斑竹秆（徐正浩摄）

斑竹枝叶（徐正浩摄）

花枝呈穗状，长5~8cm。佛焰苞6~8片。小穗披针形，长2.5~3cm，具1~3朵小花。颖1片或无颖，外稃长2~2.5cm，内稃稍短于外稃，花药长1~1.5cm，花柱较长，柱头3个，羽毛状。

生物学特性：笋期4—7月。

分布：中国长江流域以南各地及山东、河南等地有分布。多数校区有分布。

景观应用：景观竹类。

斑竹笋（徐正浩摄）

斑竹叶（徐正浩摄）

9. 紫竹 *Phyllostachys nigra* (Lodd. ex Lindl.) Munro

紫竹秆（徐正浩摄）

紫竹叶（徐正浩摄）

英文名：黑竹、墨竹、乌竹

分类地位：竹亚科（Bambusoideae）刚竹属（*Phyllostachys* Sieb. et Zucc.）

形态学特征：秆高4~8m，径达5cm，幼秆绿色，一年后秆逐渐出现紫斑，再变全紫黑色，中部节间长25~30cm，秆环与箨环均隆起。箨鞘背面红褐或带绿色，箨耳长圆形至镰形，紫黑色，箨舌拱形至尖拱形，紫色，箨片三角形至三角状披针形，绿色，脉为紫色，舟状。末级小枝具2~3

紫竹笋（徐正浩摄）

紫竹植株（徐正浩摄）

片叶，叶耳不显，叶舌稍伸出。叶片质薄，长7~10cm，宽1~1.2cm。花枝短穗状，长3.5~5cm。佛焰苞4~6片。小穗披针形，长1.5~2cm，具2~3朵小花。颖1~3片。外稃密生柔毛，长1.2~1.5cm。内稃短于外稃。花药长6~8mm。柱头3个，羽毛状。

生物学特性：笋期4月下旬。

分布：原产于中国。中国华东、华中及陕西等地有分布。各校区有栽培。

景观应用：景观竹类。

10. 花毛竹　*Phyllostachys heterocycla* (Carr.) Mitford 'Tao Kiang'

中文异名：江氏孟宗竹、花竿毛竹

分类地位：竹亚科（Bambusoideae）刚竹属（*Phyllostachys* Sieb. et Zucc.）

形态学特征：　秆具黄绿相间的纵条纹。叶片也或具黄色条纹。花枝穗状，长5~7cm。每片孕性佛焰苞内具1~3个假小穗。小穗仅1朵小花。颖1片，长15~28mm。外稃长22~24mm。内稃稍短于外稃。鳞被披针形，长3~5mm，宽0.5~1mm。花丝长3~4cm，花药长1~1.2cm。柱头3个，羽毛状。颖果长椭圆形，长4.5~6mm，径1.5~1.8mm，顶端有宿存的花柱基部。

生物学特性：笋期4—5月。

分布：模式产地台湾。之江校区、紫金港校区有分布。

景观应用：景观竹类。

花毛竹秆（徐正浩摄）

花毛竹笋（徐正浩摄）

11. 毛竹　*Phyllostachys edulis* (Carrière) J. Houz.

中文异名：南竹、猫头竹、楠竹、江南竹

分类地位：竹亚科（Bambusoideae）刚竹属（*Phyllostachys* Sieb. et Zucc.）

形态学特征：秆高达20m，径15~25cm，幼秆密被细柔毛及厚白粉。箨环有毛，老秆无毛，并由绿色渐变为绿黄色，中部节间长达40cm或更长。秆环不显，低于箨环或在细秆中隆起。箨鞘背面黄褐色或紫褐色。箨耳微小。箨舌宽短，隆起，尖拱形，边缘具粗长纤毛。箨片较短，长三角形至披针形。末级小枝具2~4片叶。叶耳不显。叶舌隆起。叶披针形，长4~11cm，宽0.5~1.2cm，次脉3~6对，再次脉9条。花枝穗状，长5~7cm。佛焰苞通常在10片以上，常偏于一

毛竹秆与枝条（徐正浩摄）

毛竹叶（徐正浩摄）

毛竹笋（徐正浩摄）

侧，呈整齐的覆瓦状排列。每片孕性佛焰苞内具1~3个假小穗。小穗有1朵小花。颖1片，长15~28mm。外稃长22~24mm，内稃稍短于外稃。花丝长3~4cm。花药长1~1.2cm。柱头3个，羽毛状。颖果长椭圆形，长4.5~6mm，径1.5~1.8mm，顶端有宿存的花柱基部。

生物学特性：笋期4月。

分布：中国秦岭、汉江流域至长江流域以南等地有分布。之江校区、紫金港校区有栽培。

毛竹秆（徐正浩摄）

毛竹居群（徐正浩摄）

12. 假毛竹 *Phyllostachys kwangsiensis* W. Y. Hsiung

假毛竹秆（徐正浩摄）

假毛竹叶（徐正浩摄）

假毛竹笋（徐正浩摄）

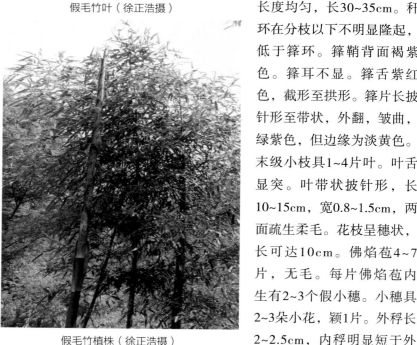

假毛竹植株（徐正浩摄）

分类地位：竹亚科（Bambusoideae）刚竹属（*Phyllostachys* Sieb. et Zucc.）

形态学特征：秆高8~16m，径4~10cm。箨环具白粉，老秆黄绿色或黄色。节间长度均匀，长30~35cm。秆环在分枝以下不明显隆起，低于箨环。箨鞘背面褐紫色。箨耳不显。箨舌紫红色，截形至拱形。箨片长披针形至带状，外翻，皱曲，绿紫色，但边缘为淡黄色。末级小枝具1~4片叶。叶舌显突。叶带状披针形，长10~15cm，宽0.8~1.5cm，两面疏生柔毛。花枝呈穗状，长可达10cm。佛焰苞4~7片，无毛。每片佛焰苞内生有2~3个假小穗。小穗具2~3朵小花，颖1片。外稃长2~2.5cm，内稃明显短于外秆。花药长7~8mm。柱头2个，羽毛状。

生物学特性： 笋期4—5月。

分布： 中国湖南、广东、广西等地有分布。之江校区、紫金港校区有栽培。

景观应用： 景观竹类。

🌿 13. 雷竹 *Phyllostachys praecox* C. D. Chu et C. S. Chao 'Prevernalis'

分类地位： 竹亚科（Bambusoideae）刚竹属（*Phyllostachys* Sieb. et Zucc.）

形态学特征： 早竹（*Phyllostachys praecox* C. D. Chu et C. S. Chao）的栽培种。与早竹的区别在于节间并非向分枝的另一侧微膨大，而是向中部微变细。

生物学特性： 笋期较早竹早15天。

分布： 原产中国浙江临安、安吉、余杭等地。玉泉校区、紫金港校区有栽培。

景观应用： 景观竹类。

雷竹植株（徐正浩摄）　　　　　　雷竹居群（徐正浩摄）

🌿 14. 安吉金竹 *Phyllostachys parvifolia* C. D. Chu et H. Y. Chou

分类地位： 竹亚科（Bambusoideae）刚竹属（*Phyllostachys* Sieb. et Zncc.）

形态学特征： 秆高8m，径4~5cm，幼秆绿色，有紫色细纹，被浓白粉，老秆灰绿色，节间最长24cm，壁厚3~4mm。秆环微隆起。箨鞘背面淡褐色或淡紫红色，具淡黄褐色脉纹或上部具黄白色脉纹，无斑点，无毛，被薄白粉，边缘有白色纤毛。箨舌高2~2.5mm，拱形或尖拱形，暗绿至紫红色。箨片三角形或三角状披针形，绿色，边缘或上部带紫红色，直立，波状弯曲。末级小枝具2片叶，稀1片叶。叶耳不显，直立。叶舌伸出。叶披针形或带状披针形，长3.5~6.2cm，宽0.7~1.2cm。

生物学特性： 笋期5月。

分布： 中国浙江有分布。紫

安吉金竹笋（徐正浩摄）　　　　　　安吉金竹植株（徐正浩摄）

金港校区有分布。

景观应用：景观竹类。

15. 黄竿京竹 *Phyllostachys aureosulcata* McClure 'Aureocarlis'

黄竿京竹秆（徐正浩摄）

分类地位：竹亚科（Bambusoideae）刚竹属（*Phyllostachys* Sieb. et Zucc.）

形态学特征：秆全部为黄色，或仅基部1~2个节间有绿色纵条纹，叶片有时亦可有淡黄色线条。

生物学特性：笋期4—5月。

分布：中国浙江有分布。多数校区有栽培。

景观应用：观赏竹类。

黄竿京竹叶（徐正浩摄）

黄竿京竹植株（徐正浩摄）

16. 紫蒲头灰竹 *Phyllostachys nuda* McClure 'Localis'

分类地位：竹亚科（Bambusoideae）刚竹属（*Phyllostachys* Sieb. et Zucc.）

紫蒲头灰竹秆与枝叶（徐正浩摄）

形态学特征：灰竹（*Phyllostachys nuda* McClure）的栽培变种。与灰竹的区别在于老秆的基部数节间有紫色斑块，斑块密，布满整个节间，致使节间呈紫色。

生物学特性：笋期3—6月。

分布：中国浙江安吉有分布。紫金港校区有栽培。

景观应用：观赏竹类。

紫蒲头灰竹植株（徐正浩摄）

紫蒲头灰竹居群（徐正浩摄）

17. 早园竹 *Phyllostachys propinqua* McClure

分类地位：竹亚科（Bambusoideae）刚竹属（*Phyllostachys* Sieb. et Zucc.）

形态学特征：秆高6m，径3~4cm，幼秆绿色，基部数节间常为暗紫带绿色。中部节间长15~20cm。秆环微隆起，与箨环同高。箨鞘背面淡红褐色或黄褐色。箨耳缺。箨舌淡褐色，拱形，有时中部微隆起。箨片披针形或线状披针形，绿色，背面带紫褐色，平直，外翻。末级小枝具2片或3片叶，叶耳缺，叶舌隆起，先端拱形。叶披针形或带状披针形，长7~16cm，宽1~2cm。

生物学特性：笋期4月上旬开始，出笋持续时间较长。

分布：中国浙江安吉有分布。多数校区有栽培。

景观应用：观赏竹类。

早园竹秆（徐正浩摄）

早园竹枝叶（徐正浩摄）

早园竹叶（徐正浩摄）

早园竹居群（徐正浩摄）

18. 花秆早园竹 *Phyllostachys praecox* f. *viridisulcata* P. X. Zhang

中文异名：花秆早竹

分类地位：竹亚科（Bambusoideae）刚竹属（*Phyllostachys* Sieb. et Zucc.）

形态学特征：散生竹。秆高7~11m，径4~8cm，金黄色，沟槽绿色。

生物学特性：笋期3—5月。

分布：中国浙江安吉有分布。紫金港校区有栽培。

景观应用：观赏竹类。

花秆早园竹叶（徐正浩摄）

花秆早园竹植株（徐正浩摄）

🍃 19. **尖头青竹** *Phyllostachys acuta* C. D. Chu et C. S. Chao

中文异名：尖头青

分类地位：竹亚科（Bambusoideae）刚竹属（*Phyllostachys* Sieb. et Zucc.）

形态学特征：秆高8m，径4~6cm，幼秆无明显白粉，深绿色，节处带紫色，老秆绿色或黄绿色，节间微向中部收缩，最长节间长25cm。秆环较隆起，高于箨环。箨鞘背面绿色或绿色带褐色，有紫褐色斑点。箨耳缺。箨舌中部隆起，两侧多少下延。箨片带状，平直或波状，外翻，绿色具黄色边缘。末级小枝具3~5片叶。叶耳半圆形。叶舌明显伸出。叶带状披针形或披针形，长9~17cm，宽1~2.2cm，叶背被短柔毛，沿中脉的毛较密。

生物学特性：笋期4月。

分布：中国江苏宜兴、浙江杭州有分布。紫金港校区有栽培。

景观应用：景观竹类。

尖头青竹植株（徐正浩摄）

尖头青竹笋（徐正浩摄）

🍃 20. **黄竿乌哺鸡竹** *Phyllostachys vivax* McClure 'Aureocaulis'

中文异名：黄杆乌哺鸡竹

分类地位：竹亚科（Bambusoideae）刚竹属（*Phyllostachys* Sieb. et Zucc.）

形态学特征：秆高5~8m，径5~6cm。叶较大，呈簇状下垂，外观醒目。秆全部为硫黄色。秆中、下部偶有几个节间具1条或数条绿色纵条纹。

生物学特性：笋期4月下旬。

分布：中国河南永城有分布。紫金港校区有栽培。

景观应用：景观竹类。

黄竿乌哺鸡竹叶（徐正浩摄）

黄竿乌哺鸡竹植株（徐正浩摄）

黄竿乌哺鸡竹居群（徐正浩摄）

🍃 21. **乌哺鸡竹** *Phyllostachys vivax* McClure 'Vivax'

分类地位：竹亚科（Bambusoideae）刚竹属（*Phyllostachys* Sieb. et Zucc.）

形态学特征：秆高5~15m，径4~8cm，梢部下垂，微呈拱形，幼秆被白粉，无毛，老秆灰绿色至淡黄绿色，有显著的纵肋，节间长25~35cm。秆环隆起，稍高于箨环，常在一侧突出，其节多少不对称。箨鞘背面淡黄绿色带紫色至淡褐黄色，无毛，微被白粉。箨耳缺。箨舌弧形隆起，淡棕色至棕色。箨片带状披针形，皱曲，外翻，背面绿色，腹面褐紫色，边缘颜色较淡以至淡橘黄色。末级小枝具2片或3片叶，具叶耳。叶舌发达，高达3mm。叶微下垂，带状披针形或披针形，长9~18cm，宽1.2~2cm。

生物学特性：笋期4月中下旬。

分布：中国江苏、浙江有分布。紫金港校区有栽培。

景观应用：景观竹类。

乌哺鸡竹秆（徐正浩摄）

乌哺鸡竹笋（徐正浩摄）

乌哺鸡竹植株（徐正浩摄）

22. 白哺鸡竹　*Phyllostachys dulcis* McClure

分类地位：竹亚科（Bambusoideae）刚竹属（*Phyllostachys* Sieb. et Zucc.）

形态学特征：秆高6~10m，径4~6cm，幼秆被少量白粉，老秆灰绿色，常有淡黄色或橙红色的隐约细条纹和斑块，最长节间达25cm。秆环隆起，高于箨环。箨鞘质薄，背面淡黄色或乳白色，微带绿色或上部略带紫红色，有时有紫色纵脉纹，有稀疏的褐色至淡褐色小斑点和向下的刺毛，边缘绿褐色。箨耳卵状，绿色或绿带紫色。箨舌拱形，淡紫褐色。箨片带状，皱曲，外翻，紫绿色，边缘淡绿黄色。末级小枝具2片或3片叶。叶耳易脱落。叶舌显著伸出。叶长披针形，长9~14cm，宽1.5~2.5cm，叶背被毛，基部毛密。

生物学特性：笋期4月下旬。

分布：中国江苏、浙江有分

白哺鸡竹秆（徐正浩摄）

白哺鸡竹秆与枝叶（徐正浩摄）

白哺鸡竹叶（徐正浩摄）

白哺鸡竹植株（徐正浩摄）

布。紫金港校区有栽培。

景观应用： 景观竹类。

白哺鸡竹笋（徐正浩摄）

白哺鸡竹居群（徐正浩摄）

🍂 23. 金镶玉竹 *Phyllostachys aureosulcata* McClure 'Spectabilis'

金镶玉竹秆（徐正浩摄）

金镶玉竹叶（徐正浩摄）

金镶玉竹植株（徐正浩摄）

金镶玉竹居群（徐正浩摄）

分类地位： 竹亚科（Bambusoideae）刚竹属（*Phyllostachys* Sieb. et Zucc.）

形态学特征： 秆金黄色，沟槽绿色。秆高达9m，径3~4cm，幼秆被白粉及柔毛，节间长达39cm，分枝一侧的沟槽为黄色，其他部分为绿色或黄绿色。秆环中度隆起，高于箨环。箨鞘背部紫绿色，常有淡黄色纵条纹，散生褐色小斑点或无斑点，被薄白粉。箨耳淡黄带紫或紫褐色，由箨片基部向两侧延伸而成，或与箨鞘顶端明显相连。箨舌宽，拱形或截形，紫色。箨片三角形至三角状披针形，直立或开展，或在秆下部的箨鞘上外翻，平直，有时呈波状。末级小枝具2片或3片叶。叶耳微小或无。叶舌伸出。叶长披针形，长10~12cm，宽1~1.5cm，基部收缩成3~4mm长的细柄。

生物学特性： 笋期4月中旬至5月上旬。

分布： 中国北京、江苏有分布。紫金港校区有栽培。

景观应用： 景观竹类。

24. 茶竿竹　*Pseudosasa amabilis* (McClure) Keng

中文异名：青篱竹

分类地位：竹亚科（Bambusoideae）矢竹属（*Pseudosasa* Makino ex Nakai）

形态学特征：秆直立，高5~13m，径2~6cm，节间长25~50cm，圆筒形，橄榄绿色，具一层薄灰色蜡粉，秆环平坦或微隆起。秆每节分1~3个枝，枝贴秆上举，二级分枝通常每节1个枝。箨鞘迟落性，暗棕色，革质，坚硬、质脆，中部和基部较厚，顶端截形，箨舌棕色、拱形，边缘不规则，箨片狭长三角形，直立，暗棕色。小枝顶端具2~3片叶。叶厚而坚韧，长披针形，长16~35cm，宽16~35mm，叶面深绿色，叶背灰绿色，先端渐尖，基部楔形，次脉7~9对，叶柄长4~5mm。花序生于叶枝下部的小枝上。总状花序或圆锥花序具3~15个小穗。小穗柄长2~10mm。小穗具5~16朵小花，长2.5~5.5cm。颖2片，第1颖披针形，长6~7mm，宽2~2.5mm，第2颖长圆状披针形，长9~11mm，宽4~5mm。外稃卵状披针形，先端渐尖，长10~15mm，宽4~8mm。内稃广披针形，长5~10mm。鳞被3枚。雄蕊3枚，花丝长7~9mm，花药长6~7mm。子房细长，纺锤形，无毛。柱头3个，长4~5mm，劲直，疏生羽毛。颖果成熟后呈浅棕色，长5~6mm，径1~2mm，具腹沟。

茶竿竹秆（徐正浩摄）

茶竿竹叶（徐正浩摄）

茶竿竹景观植株（徐正浩摄）

茶竿竹植株（徐正浩摄）

茶竿竹居群（徐正浩摄）

生物学特性：笋期3月至5月下旬，花期5—11月。

分布：中国江西、福建、湖南、广东、广西等地有分布。紫金港校区、玉泉校区、西溪校区有栽培。

景观应用：景观竹类。

25. 辣韭矢竹　*Pseudosasa japonica* var. *tsutsumiana* Yanagita

中文异名：平安竹

分类地位：竹亚科（Bambusoideae）矢竹属（*Pseudosasa* Makino ex Nakai）

形态学特征：竹秆高达2m，径1~2cm。竹秆的每个节间呈花瓶状，下部明显鼓起。

生物学特性：笋期5—6月。

分布：中国长江流域有分布。紫金港校区有栽培。

景观应用：观赏竹类。

辣韭矢竹秆（徐正浩摄）

辣韭矢竹叶（徐正浩摄）

辣韭矢竹植株（徐正浩摄）

26. 鹅毛竹 *Shibataea chinensis* Nakai

鹅毛竹叶（徐正浩摄）

中文异名： 倭竹，小竹

分类地位： 竹亚科（Bambusoideae）倭竹属（*Shibataea* Makino ex Nakai）

形态学特征： 地下茎（竹鞭）呈棕黄色或淡黄色，节间长1~2cm，径5~8mm。秆直立，高1m，径2~3mm，表面光滑无毛，淡绿色或稍带紫色。秆下部不分枝节间圆筒形，秆上部具分枝节间一侧具沟槽，三棱形。秆中部节间长7~15cm，径2~3mm。秆环隆起。秆每节分3~5个枝，枝淡绿色，略带紫色。箨鞘纸质，早落。箨舌发达，高可达4mm。箨片小，锥状，或仅为一小尖头。每枝仅具1片叶，偶有2片。叶片厚纸质或薄革质，卵状披针形，长6~10cm，宽1~2.5cm，先端渐尖，基部宽，两侧不对称，边缘具小锯齿。叶舌膜质，长4~6mm或更长，披针形或三角形。

鹅毛竹植株（徐正浩摄）

鹅毛竹居群（徐正浩摄）

生物学特性： 笋期5—6月。

分布： 中国江苏、安徽、江西、福建等地有分布。多数校区有栽培。

景观应用： 景观竹类。

景观应用： 常绿乔木状竹类。

27. 菲白竹 *Pleioblastus fortunei* (Van Houtte ex Munro) Nakai

分类地位： 竹亚科（Bambusoideae）大明竹属（*Pleioblastus* Nakai）

形态学特征： 竹鞭粗1~2mm。秆高10~30cm，有时50~80cm。节间细而短小，圆筒形，径1~2mm。秆环较平坦或微有隆起。秆不分枝或每节仅分1个枝。箨鞘宿存，无毛。小枝具4~7片叶。叶鞘无毛，鞘口毛白色并不粗糙。叶披针形，长6~15cm，宽8~14mm，先端渐尖，基部宽楔形或近圆

菲白竹叶（徐正浩摄）

菲白竹居群（徐正浩摄）

形，两面均具白色柔毛，叶背的柔毛较密，叶面常具白色纵条纹。

生物学特性：笋期5—6月。

分布：华家池校区、玉泉校区、紫金港校区有栽培。

景观应用：观赏竹类。也作盆景。

28. 菲黄竹　*Sasa auricoma* E. G. Camus

分类地位：竹亚科（Bambusoideae）大明竹属（*Pleioblastus* Nakai）

形态学特征：秆纤细，高达1.2m，径2~3mm。嫩叶纯黄色，具绿色条纹，老后叶片变绿色。

生物学特性：笋期5—6月。

分布：原产于日本。紫金港校区有栽培。

景观应用：地被竹种。也作盆栽观赏。

菲黄竹叶（徐正浩摄）

菲黄竹居群（徐正浩摄）

29. 青苦竹　*Pleioblastus chino* (Franch. et Savat.) Makino

中文异名：长叶苦竹

分类地位：竹亚科（Bambusoideae）大明竹属（*Pleioblastus* Nakai）

形态学特征：秆高2~4m，散生，径1.5~3cm。秆壁薄，节间长15~25cm。

生物学特性：笋期5—6月。

分布：原产于日本。紫金港校区有栽培。

景观应用：景观竹类。

长叶苦竹秆（徐正浩摄）

长叶苦竹叶（徐正浩摄）

长叶苦竹植株（徐正浩摄）

30. 黄条金刚竹　*Pleioblastus kongosanensis* 'Aureostriaus'

分类地位：竹亚科（Bambusoideae）大明竹属（*Pleioblastus* Nakai）

形态学特征：秆高0.5~1m，径0.2~0.3cm。叶宽大，暗绿色，有黄条纹，叶背被茸毛。

生物学特性：冷冬易落叶。

分布：中国浙江、江苏有分布。紫金港校区有栽培。

景观应用：观赏竹类。

黄条金刚竹叶（徐正浩摄）

黄条金刚竹新叶（徐正浩摄）

黄条金刚竹植株（徐正浩摄）

31. 箬竹 *Indocalamus tessellatus* (Munro) Keng f.

中文异名：篃竹

分类地位：竹亚科（Bambusoideae）箬竹属（*Indocalamus* Nakai）

形态学特征：秆高0.75~2m，径4~7.5mm，节间长20~25cm，圆筒形，绿色。节平坦。秆环较箨环略隆起。箨鞘长于节间，上部松抱秆，下部紧抱秆。箨耳无。箨舌厚膜质，截形，高1~2mm。小枝具2~4片叶。叶鞘紧抱秆，有纵肋。叶耳缺。叶舌高1~4mm，截形。叶宽披针形或长圆状披针形，长20~46cm，宽4~10.8cm，先端长尖，基部楔形，叶背灰绿色，次脉8~16对，小横脉明显，形成方格状，叶缘生有细锯齿。

生物学特性：笋期4—5月。

分布：中国浙江西天目山、衢州和湖南阳明山有分布。多数校区有栽培。

景观应用：景观竹类。

箬竹叶（徐正浩摄）

箬竹植株（徐正浩摄）

32. 阔叶箬竹 *Indocalamus latifolius* (Keng) McClure

中文异名：寮竹、壳箬竹

分类地位：竹亚科（Bambusoideae）箬竹属（*Indocalamus* Nakai）

形态学特征：秆高可达2m，径0.5~1.5cm，节间长5~22cm。秆环略高，箨环平。秆每节1个枝，秆上部稀可分2~3个枝。箨鞘硬纸质或纸质，下部秆箨紧抱秆，上部秆箨疏松抱秆。箨耳无或不明显。箨舌截形，高0.5~2mm。箨片直立，线形或狭披针形。叶鞘无毛，先端稀具极小微毛，质厚，坚硬。叶舌截形，高1~3mm。叶耳缺。叶长圆状披针形，先端渐尖，长10~45cm，宽2~9cm，叶背灰白色或灰白绿色，次脉6~13对，小横脉明显，形成近方格形，叶缘具小刺毛。

生物学特性：笋期4—5月。

分布：中国华东、华中、华南和西南等地有分布。华家池校区、玉泉校区、紫金港校区有栽培。

景观应用：景观竹类。

阔叶箬竹枝叶（徐正浩摄）

阔叶箬竹叶（徐正浩摄）

阔叶箬竹植株（徐正浩摄）

33. 短穗竹　*Semiarundinaria densiflora* (Rendle) T. H. Wen

分类地位：竹亚科（Bambusoideae）业平竹属（*Semiarundinaria* Makino）

形态学特征：秆散生，高达3m，幼秆被倒向的白色细毛，老秆则无毛。节间圆筒形，无沟槽，或在分枝一侧节间下部有沟槽，长7~18.5cm，在箨环下方具白粉。秆环隆起。箨鞘背面绿色，老则渐变黄色，无斑点，但有白色纵条纹。箨耳发达，常椭圆形，褐棕色或绿色。箨舌拱形，褐棕色。箨片披针形或狭长披针形，绿色带紫色，向外斜举或水平展开。秆每节常分3个枝，上举。末级小枝具1~5片叶。叶鞘长2.5~4.5cm，草黄色，质坚硬，具纵肋和不明显的小横脉。叶舌截形，高1~1.5mm。叶长卵状披针形，长5~18cm，宽10~20mm，先端短渐尖，基部圆形或圆楔形，叶面绿色，无毛，叶背灰绿色，有微毛，次脉6对或7对，有明显的小横脉，叶缘微反卷，柄长2~3.5mm。

生物学特性：笋期5—6月。

分布：中国特产竹类。国家三级重点保护植物。中国华东、华中、华南等地有分布。紫金港校区有栽培。

景观应用：景观竹类。

短穗竹笋（徐正浩摄）

短穗竹植株（徐正浩摄）

短穗竹叶（徐正浩摄）

34. 唐竹　*Sinobambusa tootsik* (Sieb.) Makino

中文异名：寺竹、疏节竹

分类地位：竹亚科（Bambusoideae）唐竹属（*Sinobambusa* Makino ex Nakai）

形态学特征：秆高5~12m，直立，径2~6cm，幼秆深绿色，无毛，被白粉，老秆无毛，有纵脉，节间在分枝一侧扁平，具沟槽，节间长30~40cm。箨环木栓质隆起。秆环隆起。箨鞘早落，革质，近长方形，先端钝圆，背面初为淡红棕色。箨舌高3~4mm，拱形，边缘平整。箨片披针形乃至长披针形，绿色，外翻，具纵脉与小横脉，边缘具稀疏锯齿，先端渐尖，基部略向内收窄而后外延。秆中部每节常分3个枝，主枝稍粗，有时每节多达5~7个枝，节环隆起。叶鞘长3.5~4.5cm，表面无毛。叶耳不显。叶舌短，先端截形或近圆形，高1~1.5mm。叶披针形或狭披

唐竹叶（徐正浩摄）

唐竹秆（徐正浩摄）

针形，长6~22cm，宽1~3.5cm，先端渐尖，具锐尖头，基部钝圆形或楔形，叶背略带灰白色并具细柔毛，次脉4~8对，具小横脉，边缘多锯齿，柄长2~6mm。

生物学特性：笋期4—5月。

分布：中国福建、广东、广西等地有分布。紫金港校区有栽培。

景观应用：庭院观赏竹类。

🍃 35. 寒竹 *Chimonobambusa marmorea* (Mitford) Makino

分类地位：竹亚科（Bambusoideae）寒竹属（*Chimonobambusa* Makino）

形态学特征：灌木状竹类。秆高1~3m，径0.5~1cm，节间圆筒形，长10~14cm，绿色并带紫褐色，秆壁厚，基部节间近实心。秆环略隆起。秆每节分3个枝。箨鞘薄纸质，宿存，长于其节间，背面的底色为黄褐色，间有灰白色色斑。箨耳缺。箨片锥状，长2~3mm。末级小枝具2~3片叶。叶鞘近革质。叶舌小。叶片薄纸质至纸质，线状披针形，长10~14cm，宽7~9mm，次脉4对或5对。

生物学特性：笋期4—5月。

分布：中国浙江和福建等地有分布。紫金港校区有栽培。

景观应用：庭院观赏竹类。

寒竹植株（徐正浩摄）

🍃 36. 绿竹 *Dendrocalamopsis oldhami* (Munro) Keng f.

中文异名：毛绿竹、长枝竹、吊丝竹、马蹄笋、乌药竹

分类地位：竹亚科（Bambusoideae）绿竹属（*Dendrocalamopsis*（Chia et H. L. Fung）Keng f.）

形态学特征：秆高6~9m，径5~8cm，幼时被白粉，后呈绿色或暗绿色。箨鞘坚硬而质脆，无毛而有光泽，长8~16cm，宽8~28cm。箨叶三角状披针形，直立。每节具有3个或多个较小枝条，每小枝生叶7~15片。叶鞘长7~15cm。叶矩圆状披针形，长12~30cm，宽2.5~6.2cm，次脉9~14对，具小横脉。

生物学特性：笋期5—11月。

分布：中国华南等地有分布。紫金港校区有栽培。

景观应用：观赏竹类。

绿竹秆（徐正浩摄）　　　　绿竹叶（徐正浩摄）

第五章 浙大校园棕榈植物

1. 棕榈 *Trachycarpus fortunei* (Hook.) H. Wendl.

中文异名：棕树

英文名：Chinese windmill palm, windmill palm, Chusan palm

分类地位：棕榈科（Palmae）棕榈属（*Trachycarpus* H. Wendl.）

形态学特征：乔木状。高3~10m或更高。树干圆柱形，被老叶柄基部和密集的网状纤维，不能自行脱落，裸露树干径10~15cm或更粗。叶轮廓呈圆形，深裂成30~50片具皱褶的线状剑形的宽2.5~4cm、长60~70cm的裂片，裂片先端具2短裂或2个齿，硬挺，顶端下垂，柄长75~80cm，两侧具细圆齿，顶端有明显的戟突。花序从叶腋抽出，多次分枝。雌雄异株。雄花序长30~40cm，具2~3个分枝花序，下部的分枝花序长15~17cm，常2回分枝。雄花无梗，2~3朵集生于小穗轴，或单生，黄绿色，卵球形，具3条钝棱，花萼3片，卵状急尖，花冠2倍长于花萼，花瓣阔卵形，雄蕊6枚，花药卵状箭头形。雌花序长80~90cm，花序梗长35~40cm，其上有3个佛焰苞包着，具4~5个圆锥状的分枝花序，下部的分枝花序长30~35cm，2~3回分枝。雌花淡绿色，常2~3朵聚生，无梗，球形，生于短瘤突上，萼片阔卵形，3裂，基部合生，花瓣卵状近圆形，长于萼片1/3，退化雄蕊6枚，心皮被银色毛。果实阔肾形，有脐，宽11~12mm，高7~9mm，成熟时由黄色变为淡蓝色，有白粉，柱头残

棕榈叶（徐正浩摄）

棕榈果实（徐正浩摄）

棕榈景观植株（徐正浩摄）

棕榈景观群落（徐正浩摄）

棕榈原生态植株（徐正浩摄）

棕榈居群（徐正浩摄）

留在侧面附近。种子胚乳均匀，角质，胚侧生。

生物学特性：花期4月，果期12月。

分布：中国秦岭和长江以南地区有分布。印度、尼泊尔、不丹、缅甸和越南也有分布。各校区有分布。

景观应用：庭院观赏树种，也可作行道树。

2. 加拿利海枣 *Phoenix canariensis* Chabaud

加拿利海枣花序（徐正浩摄）

加拿利海枣花期植株（徐正浩摄）

中文异名：长叶刺葵、加拿利刺葵、槟榔竹

英文名：Canary Island date palm, pineapple palm

分类地位：棕榈科（Palmae）刺葵属（*Phoenix* Linn.）

形态学特征：灌木状。株高10~15m。茎秆粗壮。叶具波状叶痕。羽状复叶顶生丛出，密集，长达6m，每叶有100多对小叶，小叶狭条形，长80~100cm，宽2~3cm，近基部小叶呈针刺状，基部由黄褐色网状纤维包裹。穗状花序腋生。花小，黄褐色。浆果卵状球形至长椭圆形，熟时黄色至淡红色。

生物学特性：原产地花期春季，果期秋季。热带、亚热带地区可露地栽培，长江流域冬季需稍加遮盖，黄淮地区需室内保温越冬。

分布：原产于非洲加拿利群岛。中国热带至亚热带地区有分布。各校区有分布。

景观应用：树形优美，可作园林造景树及行道绿化树。

加拿利海枣景观植株（徐正浩摄）

加拿利海枣居群（徐正浩摄）

3. 棕竹 *Rhapis excelsa* (Thunb.) Henry ex Rehd.

棕竹叶（徐正浩摄）

中文异名：椶竹、筋头竹

英文名：broadleaf lady palm, the lady palm

分类地位：棕榈科（Palmae）棕竹属（*Rhapis* Linn. f. ex Ait.）

形态学特征：丛生灌木。高2~3m。茎圆柱形，具节，径1.5~3cm。叶掌状深裂，裂片4~10片，不均等，具2~5条肋脉，基部1~4cm处连合，长20~30cm，宽1.5~5cm，宽线形或线状椭圆形，柄两面凸起或上面稍平坦，边缘微粗糙，宽3~4mm。花序长20~30cm，总花序梗及分枝花序基部各有1枚佛焰苞包着，密被褐色弯卷茸毛。分枝花序2~3个，上有1~2次分枝小花穗，花枝近无毛，花螺旋状着生于小花枝上。雄花在花蕾时为卵状长圆形，具顶尖，熟时花冠管伸长，花时棍棒状长圆形，长5~6mm，花萼杯状，深3裂，裂片半卵形，花冠3裂，裂片三角形，花丝粗，上部膨大具龙骨突起，花药心形或心状长圆形，顶端钝或微缺。雌花短而粗，长2~4mm。果实球状倒卵形，径8~10mm。种子球形，胚位于种脊对面近基部。

生物学特性：花期6—7月。

分布：中国西南、华南等地有分布。越南也有分布。各校区有分布。

景观应用：庭院观赏树种。

棕竹植株（徐正浩摄）

4. 散尾葵 *Dypsis lutescens* (H. Wendl.) Beentje et Dransf.

中文异名：黄椰

英文名：golden cane palm, areca palm, yellow palm, butterfly palm

分类地位：棕榈科（Palmae）马岛棕属（*Dypsis* Noronha ex Mart.）

形态学特征：丛生灌木。高2~5m，径4~5cm，基部略膨大。叶羽状全裂，平展而稍下弯，长1.2~1.5cm，羽片40~60对，2列，黄绿色，表面有蜡质白粉。小羽片披针形，长35~50cm，宽1.2~2cm，先端长尾状渐尖，具不等长的2短裂，顶端的羽片渐短，长8~10cm。叶柄和叶轴光滑，黄绿色，叶面具沟槽，叶背凸圆。叶鞘长而略膨大，通常黄绿色，初时被蜡质白粉，有纵向沟纹。圆锥花序生于叶鞘之下，长60~80cm，具2~3次分枝，分枝花序长20~30cm，上有8～10个小穗轴，长12~18cm。花小，卵球形，金黄色，螺旋状着生于小穗轴上。雄花的萼片和花瓣各3片，具条纹脉，雄蕊6枚。雌花的萼片和花瓣与雄花的略同，子房1室，花柱短，柱头粗。果实陀螺形或倒卵形，长1.5~1.8cm，径0.8~1cm，鲜时土黄色，干时紫黑色。种子倒卵形。

生物学特性：花期5月，果期8月。

分布：原产于马达加斯加。中国西南、华南及台湾等地有分布。各校区有栽培。

景观应用：庭院或盆栽观赏植物。

散尾葵叶（徐正浩摄）

散尾葵植株（徐正浩摄）

散尾葵茎秆（徐正浩摄）

5. 丝葵 *Washingtonia filifera* (Lind. ex Andre) H. Wendl.

中文异名：华盛顿椰子

英文名：desert fan palm, California fan palm, California palm

分类地位：棕榈科（Palmae）丝葵属（*Washingtonia* H. Wendl.）

丝葵叶（徐正浩摄）

丝葵丝状纤维（徐正浩摄）

丝葵植株（徐正浩摄）

丝葵居群（徐正浩摄）

形态学特征：乔木状。高达18~21m，近基部径75~105cm。树干基部通常不膨大，向上为圆柱状，顶端稍细，树干呈灰色。叶基密集，不规则。叶大型，径达1.8m，分裂至中部，具50~80个裂片，每裂片先端再分裂，裂片间及边缘具灰白色丝状纤维。裂片灰绿色，无毛，中央的裂片较宽，宽4~4.5cm。叶柄与叶片近等长，基部扩大成革质的鞘，近基部宽15cm，叶面平扁，叶背凸起。叶轴三棱形，伸长，长为宽的2~2.5倍。花序大型，弓状下垂，长达3.6m，多级分枝。花萼管状钟形，基部截平，裂片3片，裂至中部。花冠2倍长于花萼。与花冠裂片对生的雄蕊纺锤形，与花冠裂片互生的雄蕊圆柱形。子房小，陀螺形，3裂。花柱丝状。柱头不分裂。果实卵球形，长8~9.5mm，径5~6mm，亮黑色，顶端具宿存花柱，刚毛状，长5~6mm。种子卵形，两端圆，长5~7mm，径4~5mm。

生物学特性：花期7月。

分布：原产于美国西南部和墨西哥。多数校区有栽培。

景观应用：园林景观植物。

6. 袖珍椰子 *Chamaedorea elegans* Mart.

袖珍椰子茎叶（徐正浩摄）

袖珍椰子叶（徐正浩摄）

中文异名：袖珍椰、秀丽竹节椰、袖珍竹、袖珍棕、袖珍椰子葵

英文名：neanthe bella palm, parlour palm

分类地位：棕榈科（Palmae）竹棕属（*Chamaedorea* Willd.）

形态学特征：常绿小灌木。盆栽植株高常不足1m。茎干直立，不分枝，深绿色，上具不规则花纹。叶生于枝干顶部，羽状全裂。裂片披针形，互生，深绿色，有光泽，长15~20cm，宽2~3cm，顶端2片羽叶的基部常合生为鱼尾状，嫩叶绿色，老叶墨绿色，表面有光泽。肉穗花序腋生，花黄色，小球状。雌雄异株。雄花序稍直立，雌花序稍下垂。浆果橙黄色。

生物学特性：花期春季。

分布：原产于墨西哥北部和危地马拉。各校区有栽培。

袖珍椰子花景应用（徐正浩摄）

袖珍椰子植株（徐正浩摄）

景观应用：适宜作为室内中小型盆栽观赏植物。

7. 江边刺葵　*Phoenix roebelenii* O. Brien

中文异名：软叶刺葵

英文名：pygmy date palm, miniature date palm, robellini

分类地位：棕榈科（Palmae）刺葵属（*Phoenix* Linn.）

形态学特征：茎丛生，栽培时常为单生，高1~3m，径达10cm，具宿存的三角状叶柄基部。叶长1~2m。羽片线形，柔软，长20~40cm，两面深绿色，背面沿叶脉被灰白色的糠秕状鳞秕，呈2列排列，下部羽片变成细长软刺。佛焰苞长30~50cm，仅上部裂成2瓣。雄花的花序与佛焰苞近等长，雌花的花序短于佛焰苞。分枝花序长，纤细，长达20cm。雄花的花萼长0.5~1mm，顶端具三角状齿，花瓣3片，针形，长6~9mm，顶端渐尖，雄蕊6枚。雌花近卵形，长4~6mm，花萼顶端具短尖头。果实长圆形，长1.5~2cm，径6~8mm，顶端具短尖头，成熟时枣红色。

江边刺葵叶（徐正浩摄）

生物学特性：花期4—5月，果期6—9月。

分布：中国云南等地有分布。缅甸、越南、印度等也有分布。多数校区有栽培。

江边刺葵叶序（徐正浩摄）

江边刺葵植株（徐正浩摄）

景观应用：庭院或室内盆栽观赏植物。

第六章　浙大校园其他树木

1. 南洋杉 *Araucaria cunninghamii* Sweet

中文异名：猴子杉、肯氏南洋杉、细叶南洋杉

英文名：hoop pine, colonial pine, Queensland pine

分类地位：南洋杉科（Araucariaceae）南洋杉属（*Araucaria* Juss.）

形态学特征：常绿乔木。在原产地高60~70m，胸径达1m。树皮灰褐色或暗灰色，粗糙，横裂，大枝平展或斜伸，幼树冠尖塔形，老则成平顶状。叶2型。幼树和侧枝的叶排列疏松，开展，钻状、针状、镰状或三角状，长7~17mm，基部宽2~2.5mm，微弯，先端具渐尖或微急尖的尖头。大树及花果枝上的叶排列紧密而叠盖，斜上伸展，微向上弯，卵形、三角状卵形或三角状，长6~10mm，宽3~4mm，基部宽，上部渐窄或微圆，先端尖或钝，中脉明显或不明显，叶面灰绿色，有白粉，

南洋杉枝叶（徐正浩摄）

叶背绿色。雄球花单生于枝顶，圆柱形。球果卵形或椭圆形，长6~10cm，径4.5~7.5cm。种子椭圆形，两侧具膜质翅。

生物学特性：生长快。

分布：产于澳大利亚东部和新几内亚岛。中国华南地区有分布。各校区有栽培。

景观应用：观赏树木。多用作盆栽。

南洋杉叶（徐正浩摄）

南洋杉植株（徐正浩摄）

2. 雪松 *Cedrus deodara* (Roxb.) G. Don

英文名：deodar

分类地位：松科（Pinaceae）雪松属（*Cedrus* Trew）

雪松枝叶（徐正浩摄）

雪松果实（徐正浩摄）

形态学特征：常绿乔木。高可达50m，胸径可达3m，树皮深灰色，裂成不规则的鳞状块片，枝平展、微斜展或微下垂，基部宿存芽鳞向外反曲，小枝常下垂。叶在长枝上辐射伸展，针形，坚硬，淡绿色或深绿色，长

2.5~5cm，宽1~1.5mm，上部较宽，先端锐尖，下部渐窄。雄球花长卵圆形或椭圆状卵圆形，长2~3cm，径0.7~1cm。雌球花卵圆形，长6~8mm，径4~5mm。球果成熟前淡绿色，微有白粉，熟时红褐色，卵圆形或宽椭圆形，长7~12cm，径5~9cm，顶端圆钝，有短梗。种子近三角状，种翅宽大。

生物学特性：种子10月成熟。

分布：原产于中国西南地区，现全国各地栽培。阿富汗、印度、尼泊尔和巴基斯坦等地有分布。各校区有分布。

景观应用：绿化树种。可作庭院树。

雪松果期植株（徐正浩摄）

雪松植株（徐正浩摄）

雪松居群（徐正浩摄）

雪松景观植株（徐正浩摄）

3. 日本五针松 *Pinus parviflora* Sieb. et Zucc.

中文异名：五须松、五针松、五钗松、日本五须松

英文名：fiv-neele pine, Ulleungdo white pine, Japanese white pine

分类地位：松科（Pinaceae）松属（*Pinus* Linn.）

形态学特征：常绿乔木。在原产地高达25m，胸径可达1m。幼树树皮淡灰色，平滑，大树树皮暗灰色，枝平展，树冠圆锥形，冬芽卵圆形，无树脂。针叶5针1束，微弯曲，长3.5~5.5cm，径不及1mm，边缘具细锯齿，背面暗绿色。球果卵圆形或卵状椭圆形，几无梗，熟时种鳞张开，长4~7.5cm，径3.5~4.5cm。种子不规则倒卵圆形，近褐色，具黑色斑纹，长8~10mm，径5~7mm，种翅宽6~8mm。

生物学特性：喜光，稍耐

日本五针松叶（徐正浩摄）

日本五针松花期植株（徐正浩摄）

日本五针松果期植株（徐正浩摄）

日本五针松植株（徐正浩摄）

阴。生长缓慢。

分布：原产于日本。各校区有栽培。

景观应用：观赏树种。

🌱 4. 马尾松 *Pinus massoniana* Lamb.

中文异名：枞松

英文名：masson's pine, Chinese red pine, horsetail pine

分类地位：松科（Pinaceae）松属（*Pinus* Linn.）

形态学特征：常绿乔木。高可达45m，胸径可达1.5m。树皮红褐色，下部灰褐色，裂成不规则的鳞状块片，枝平展或斜展，树冠宽塔形或伞形，冬芽卵状圆柱形或圆柱形，褐色，顶端尖。针叶2针1束，稀3针1束，长12~20cm，细柔，微扭曲，边缘有细锯齿。雄球花淡红褐色，圆柱形，弯垂，长1~1.5cm，聚生于新枝下部苞腋，穗状，长6~15cm。雌球花单生或2~4个聚生于新枝近顶端，淡紫红色。球果卵圆形或圆锥状卵圆形，长4~7cm，径2.5~4cm，有短梗，下垂，成熟前绿色，熟时栗褐色。种子长卵圆形，长4~6mm，连翅长2~2.7cm。

马尾松枝叶（徐正浩摄）

马尾松花序（徐正浩摄）

马尾松果实（徐正浩摄）

马尾松植株（徐正浩摄）

生物学特性：花期4—5月，球果翌年10—12月成熟。

分布：中国东南沿海、华中、华北和西北等地有分布。之江校区、玉泉校区、紫金港校区有分布。

景观应用：景观树种。

🌱 5. 黑松 *Pinus thunbergii* Parl.

黑松针叶（徐正浩摄）

黑松花序（徐正浩摄）

中文异名：日本黑松

英文名：black pine, Japanese black pine, Japanese pine

分类地位：松科（Pinaceae）松属（*Pinus* Linn.）

形态学特征：常绿乔木。高可达30m，胸径可达2m。幼树树皮暗灰色，老则灰黑色，裂成块片脱落，枝条开展，树冠宽圆锥状或伞形。针叶2针1束，深绿色，有光泽，粗硬，长6~12cm，径1.5~2mm，边缘有细锯齿。雄球花淡红褐色，圆柱形，长1.5~2cm，聚生于新枝下部。雌球花单生或2~3个聚生于新枝近顶端，直立，有梗，卵圆形，淡紫红色或淡褐红色。

黑松花果期植株（徐正浩摄）

黑松果期植株（徐正浩摄）

黑松植株（徐正浩摄）

球果成熟前绿色，熟时褐色，圆锥状卵圆形或卵圆形，长4~6cm，径3~4cm，有短梗，向下弯垂。种子倒卵状椭圆形，长5~7mm，径2~3.5mm，连翅长1.5~1.8cm，种翅灰褐色。

生物学特性：花期4—5月，种子翌年10月成熟。

分布：原产于日本及朝鲜南部海岸地区。多数校区有分布。

景观应用：园林观赏树木。

6. 湿地松 *Pinus elliottii* Engelm.

英文名：slash pine

分类地位：松科（Pinaceae）松属（*Pinus* Linn.）

形态学特征：常绿乔木。在原产地高达30m，胸径90cm。树皮灰褐色或暗红褐色，纵裂成鳞状块片剥落，枝条每年生长3~4轮，冬芽圆柱形，上部渐窄。针叶2针1束和3针1束并存，长18~25cm，径1.5~2mm，刚硬，深绿色，树脂道2~11个。球果圆锥形或窄卵圆形，长6.5~13cm，径3~5cm，有梗，种鳞张开后径5~7cm。种子卵圆形，微具3条棱，长5~6mm，黑色，有灰色斑点，种翅长0.8~3.3cm。

生物学特性：适生于低山丘陵地带，耐水湿。

分布：原产于美国东南部。多数校区有分布。

湿地松树干（徐正浩摄）

湿地松叶（徐正浩摄）

湿地松果实（徐正浩摄）

湿地松景观植株（徐正浩摄）

景观应用：园林树种。可作庭院树。

7. 赤松 *Pinus densiflora* Sieb. et Zucc.

中文异名：日本赤松

英文名：Korean red pine, Japanese pine, Japanese red pine

分类地位：松科（Pinaceae）松属（*Pinus* Linn.）

形态学特征：常绿乔木。高可达30m，胸径达1.5m，树皮橘红色，裂成不规则的鳞片状块片脱落，树干上部树皮红褐色，枝平展形成伞状树冠，冬芽矩圆状卵圆形，暗红褐色。针叶2针1束，长5~12cm，径0.5~1mm，先端微尖，边缘有细锯齿。雄球花淡红黄色，圆筒形，长5~12mm，聚生于新枝下部呈短穗状，长4~7cm。雌球花淡红紫色，单生或2~3个聚生。球果成熟时暗黄褐色或淡褐黄色，卵圆形或卵状圆锥形，长3~5.5cm，径2.5~4.5cm，有短梗。种子倒卵状椭圆形或卵圆形，长4~7mm，连翅长1.5~2cm，种翅宽5~7mm。

生物学特性：花期4月，球果翌年9月下旬至10月成熟。

分布：中国东北、华北地区有分布。朝鲜、韩国、俄罗斯和日本也有分布。之江校区、紫金港校区有分布。

景观应用：可用于制造建筑、家具，木材富树脂，可榨油。可作庭院树。

赤松花序（徐正浩摄）

赤松花期植株（徐正浩摄）

赤松植株（徐正浩摄）

8. 杉木 *Cunninghamia lanceolata* (Lamb.) Hook.

杉木树干（徐正浩摄）

杉木花序（徐正浩摄）

杉木果实（徐正浩摄）

杉木花期植株（徐正浩摄）

中文异名：杉、刺杉

英文名：China-fir

分类地位：杉科（Taxodiaceae）杉木属（*Cunninghamia* R. Br.）

形态学特征：常绿乔木。高可达30m，胸径可达3m。幼树树冠尖塔形，大树树冠圆锥形，树皮灰褐色，裂成长条片脱落，内皮淡红色，大枝平展，小枝近对生或轮生，常呈2列状，幼枝绿色，冬芽近圆形。叶在主枝上辐射伸展，侧枝之叶基部扭转成2列状，披针形或条状披针形，通常微弯，镰状，革质，坚硬，长2~6cm，宽3~5mm，边缘有细缺齿，先端渐尖，叶面深绿色，具光泽，叶背淡绿色。雄球花圆锥状，长0.5~1.5cm，有短梗。雌球花单生或2~4个集生，绿色。球果卵圆形，长2.5~5cm，径3~4cm。种子扁平，长卵形或矩圆形，暗褐色，有光泽，两侧边缘有窄翅，长7~8mm，宽5mm。

生物学特性：花期4月，球果10月下旬成熟。

分布：中国长江以南地区、华中地区有分布。越南北部、老挝和柬埔寨也有分布。之江校区、紫金港校区有分布。

景观应用：绿化树种。

9. 柳杉 *Cryptomeria japonica* var. *sinensis* Miq.

中文异名：长叶孔雀松

分类地位：杉科（Taxo-diaceae）柳杉属（*Crypto-meria* D. Don.）

形态学特征：常绿乔木。高可达40m，胸径可达2m。树皮红棕色，纤维状，裂成长条片脱落，大枝近轮生，平展或斜展，小枝细长，常下垂，绿色。叶钻形略向内弯曲，先端内曲，长1~1.5cm，果枝的叶通常较短，有时长不及1cm，幼树及萌芽枝的叶长达2.4cm。雄球花单生于叶腋，长椭圆形，长5~7mm，集生于小枝上部，呈短穗状花序。雌球花顶生于短枝上。球果圆球形或扁球形，径1~2cm，种鳞18~20片，能育的种鳞有2粒种子。种子褐色，近椭圆形，扁平，长4~6.5mm，宽2~3.5mm，边缘有窄翅。

生物学特性：花期4月，球果10月成熟。

分布：中国特有种，产于浙江天目山、江西庐山和福建南屏等地。各校区有栽培。

景观应用：园林树种。

柳杉树干（徐正浩摄）

柳杉花期植株（徐正浩摄）

柳杉果期植株（徐正浩摄）

柳杉枝叶（徐正浩摄）

柳杉果实（徐正浩摄）

柳杉景观植株（徐正浩摄）

10. 落羽杉 *Taxodium distichum* (Linn.) Rich.

中文异名：落羽松

英文名：bald cypress, baldcypress, bald-cypress, cypress, southern-cypress, white-cypress, tidewater red-cypress, Gulf-cypress, red-cypress, swamp cypress

分类地位：杉科（Taxodiaceae）落羽杉属（*Taxodium* Rich.）

落羽杉树干（徐正浩摄）

落羽杉枝叶（徐正浩摄）

落羽杉叶（徐正浩摄）

落羽杉果实（徐正浩摄）

落羽杉果期植株（徐正浩摄）

落羽杉景观植株（徐正浩摄）

形态学特征：落叶乔木。在原产地高达50m，胸径可达2m。树干尖削度大，干基通常膨大，树皮棕色，裂成长条片脱落，枝条水平开展，幼树树冠圆锥形，老则呈宽圆锥状。叶条形，扁平，基部扭转在小枝上列成2列，羽状，长1~1.5cm，宽0.5~1mm，先端尖，叶面中脉凹下，淡绿色，叶背黄绿色或灰绿色，中脉隆起。雄球花卵圆形，有短梗，在小枝顶端排列成总状花序状或圆锥花序状。球果球形或卵圆形，有短梗，向下斜垂，熟时淡褐黄色，有白粉，径2~2.5cm。种鳞木质，盾形，顶部有明显或微明显的纵槽。种子不规则三角形，有锐棱，长1.2~1.8cm，褐色。

生物学特性：球果10月成熟。

分布：原产于北美洲及墨西哥。中国长江以南地区广泛引种栽培。各校区有分布。

景观应用：优美的庭院、道路绿化树种。

11. 池杉 *Taxodium ascendens* Brongn.

中文异名：沼落羽松、池柏、沼衫
英文名：pond cypress
分类地位：杉科（Taxodiaceae）落羽杉属（*Taxodium* Rich.）
形态学特征：落叶乔木。在原产地高达25m。树干基部膨大，树皮褐色，纵裂成长条片脱落，枝条向上伸展，树冠较窄，呈尖塔形。叶钻形，微内曲，在枝上螺旋状伸展，上部微向外伸展或近直展，下部通常贴近小枝，基部下延，长4~10mm，宽0.5~1mm，向上渐窄，先端有渐尖的锐尖头，叶背有棱脊，叶面中脉微隆起。球果圆球形或矩圆状球形，有短梗，向下斜垂，熟时褐黄色，长2~4cm，径1.8~3cm。种鳞木质，盾形，中部种鳞高1.5~2cm。种子不规则三角形，微扁，红褐色，长1.3~1.8cm，宽0.5~1.1cm，边缘有锐脊。

生物学特性：花期3—4月，球果10月成熟。耐水湿，生于沼泽地区及湿地上。

分布：原产于北美洲南部。中国长江南北水网地区有分布。各校区有分布。

景观应用：绿化造林树种。

池杉树干（徐正浩摄）

池杉植株（徐正浩摄）

池杉枝叶（徐正浩摄）

池杉果期植株（徐正浩摄）

池杉居群（徐正浩摄）

12. 侧柏 *Platycladus orientalis* (Linn.) Franco

中文异名：香柯树、香树、扁桧、香柏、黄柏
英文名：Chinese thuja, oriental arborvitae, Chinese arborvitae, biota, oriental thuja
分类地位：柏科（Cupressaceae）侧柏属（*Platycla-*

侧柏果实（徐正浩摄）

侧柏果期植株（徐正浩摄）

侧柏叶（徐正浩摄）

侧柏果实和种子（徐正浩摄）

侧柏植株（徐正浩摄）

侧柏景观植株（徐正浩摄）

dus Spach）

形态学特征：常绿乔木。高可达20m，胸径1m。树皮薄，浅灰褐色，纵裂成条片，枝条向上伸展或斜展，幼树树冠卵状尖塔形，老树树冠则为广圆形，生鳞叶的小枝细，向上直展或斜展，扁平，排成一平面。叶鳞形，长1~3mm，先端微钝，小枝中央的叶的露出部分呈倒卵状菱形或斜方形，背面中间有条状腺槽，两侧的叶船形，先端微内曲，背部有钝脊，尖头的下方有腺点。雄球花黄色，卵圆形，长1~2mm。雌球花近球形，径1~2mm，蓝绿色，被白粉。

球果近卵圆形，长1.5~2.5cm，成熟前近肉质，蓝绿色，被白粉，成熟后木质，开裂，红褐色。种子卵圆形或近椭圆形，顶端微尖，灰褐色或紫褐色，长6~8mm，稍有棱脊。

生物学特性：花期3—4月，球果10月成熟。

分布：中国大部分地区有栽培。朝鲜、韩国和俄罗斯也有分布。各校区有分布。

景观应用：园林树木。常作灌木利用。

13. 金枝千头柏 *Platycladus orientalis* (Linn.) Franco 'Aurea Nana'

金枝千头柏叶（徐正浩摄）

金枝千头柏花（徐正浩摄）

金枝千头柏果实和种子（徐正浩摄）

金枝千头柏植株（徐正浩摄）

中文异名：洒金千头侧柏

分类地位：柏科（Cupressaceae）侧柏属（*Platycladus* Spach）

形态学特征：侧柏的栽培变种。植株矮生密丛，圆形至卵圆形，高1~1.5m。叶淡黄绿色，入冬略转褐绿。

生物学特性：花期3—4月，球果10月成熟。

分布：中国特产，主要分布于杭州。多数校区有栽培。

景观应用：园林景观树木。常作灌木。

14. 日本扁柏 *Chamaecyparis obtusa* (Sieb. et Zucc.) Endl.

中文异名：扁柏、钝叶扁柏、白柏

分类地位：柏科（Cupressaceae）扁柏属（*Chamaecyparis* Spach）

形态学特征：常绿乔木。在原产地高达40m，树冠尖塔形，树皮红褐色，光滑，裂成薄片脱落，生鳞叶的小枝条扁平，排成一平面。鳞叶肥厚，先端钝，小枝上面中央的叶的露出部分近方形，长1~1.5mm，绿色，背部具纵脊，通常无腺点，侧面的叶对折呈倒卵状菱形，长2~3mm，小枝下面的叶微被白粉。雄球花椭圆形，长2~3mm，花药黄色。球果圆球形，径8~10mm，熟时红褐色。种鳞4对，顶部五角形，平或中央稍凹，有小尖头。种子近圆形，长2.5~3mm，两侧有窄翅。

生物学特性：花期4月，球果10—11月成熟。

分布：原产于日本。中国华北、华东地区有分布。各校区有分布。

景观应用：园林观赏树木。

日本扁柏枝叶（徐正浩摄）

15. 金边云片柏 *Chamaecyparis obtusa* (Sieb. et Zucc.) 'Breviramea Aurea'

分类地位：柏科（Cupressaceae）扁柏属（*Chamaecyparis* Spach）

形态学特征：扁柏的栽培变种。植株高达5m，树冠窄塔形。小枝片先端圆钝，金黄色，片片如云。

生物学特性：花期4月，球果10—11月成熟。

分布：紫金港校区有栽培。

景观应用：园林绿地观赏树种。

金边云片柏枝叶（徐正浩摄）

金边云片柏叶（徐正浩摄）

金边云片柏植株（徐正浩摄）

金边云片柏景观植株（徐正浩摄）

16. 圆柏 *Sabina chinensis* (Linn.) Ant.

中文异名：桧柏、桧

分类地位：柏科（Cupressaceae）圆柏属（*Sabina* Mill.）

形态学特征：常绿乔木。高达20m，胸径达3.5m。树皮深灰色，纵裂，成条片开裂，幼树的枝条通常斜上伸展，形成尖塔形树冠，老则下部大枝平展，形成广圆形的树冠，树皮灰褐色，纵裂。叶2型，即刺叶及鳞叶。刺叶生于幼树之上，老龄树则全为鳞叶，壮龄树兼有刺叶与鳞叶。生于一年生小枝的1回分枝的鳞叶3叶轮生，直伸而紧密，近披针形，先端微渐尖，长2.5~5mm，背面近中部有椭圆形微凹的腺体。刺叶3叶交互轮生，斜展，疏松，披针形，先端渐尖，长6~12mm，叶面微凹，有两条白粉带。雌雄异株，稀同株。雄球花黄色，椭圆形，长2.5~3.5mm，常有3~4个花药。球果近圆球形，径6~8mm，两年成熟，熟时暗褐色，被白粉或白粉脱落，有1~4粒种子。种子卵圆形，扁，顶端钝，有棱脊及少数树脂槽。

生物学特性：花期4月，球果翌年成熟。

分布：原产于中国北部和中部。各校区有分布。

景观应用：园林绿化及观赏树种。

圆柏刺叶（徐正浩摄）

圆柏鳞叶（徐正浩摄）

圆柏植株（徐正浩摄）

圆柏景观植株（徐正浩摄）

17. 铺地柏 *Sabina procumbens* (Endl.) Iwata et Kusaka

铺地柏枝叶（徐正浩摄）

中文异名：偃柏、矮桧、匍地柏

分类地位：柏科（Cupressaceae）圆柏属（*Sabina* Mill.）

形态学特征：匍匐灌木。高达75cm。枝条延至地面扩展，褐色，密生小枝，枝梢及小枝向上斜展。刺形叶3叶交叉轮生，条状披针形，先端渐尖成角质锐尖头，长6~8mm，叶面凹，有两条白粉气孔带，气孔带常在上部汇合，绿色中脉仅下部明显，不达叶之先端，叶背凸起，蓝绿色，沿中脉有细纵槽。球果近球形，被白粉，成熟时黑色，径8~9mm，有2~3粒种子。种子长3~4mm，有棱脊。

生物学特性：花期4—5月。

分布：原产于日本。多数校区有分布。

景观应用：园林观赏树木。

18. 龙柏 *Sabina chinensis* (Linn.) Ant. 'Kaizuca'

分类地位：柏科（Cupres-saceae）圆柏属（*Sabina* Mill.）

形态学特征：圆柏的栽培变种。常绿乔木。树冠窄圆柱形或柱状塔形。大枝扭转向上。侧枝短，环抱树干。小枝密集。叶1型，即鳞叶，紧密排列，幼时鲜黄绿色，老时灰绿色。

生物学特性：喜光树种。

分布：各校区有分布。

景观应用：园林观赏树木。

龙柏叶（徐正浩摄）

龙柏果实（徐正浩摄）

龙柏植株（徐正浩摄）

龙柏居群（徐正浩摄）

19. 匍地龙柏 *Sabina chinensis* (Linn.) Ant. 'Kaizuca Procumbens'

分类地位：柏科（Cupressaceae）圆柏属（*Sabina* Mill.）

形态学特征：圆柏的栽培变种。庐山植物园用龙柏侧枝扦插繁殖偶然发现的变异体。无直立主干。枝平展匍匐。叶2型，以鳞叶为主。

生物学特性：耐湿，耐旱。

分布：各校区有分布。

景观应用：庭院观赏树木。

匍地龙柏枝叶（徐正浩摄）

匍地龙柏植株（徐正浩摄）

匍地龙柏景观植株（徐正浩摄）

20. 塔柏 *Sabina chinensis* (Linn.) Ant. 'Pyramidalis'

分类地位：柏科（Cupressaceae）圆柏属（*Sabina* Mill.）

形态学特征：圆柏的栽培变种。枝近直立，常密生。树冠塔形或圆柱状塔形。叶2型，以刺叶为主，兼有鳞叶。

生物学特性：喜光树种。

塔柏刺叶（徐正浩摄）

塔柏鳞叶（徐正浩摄）

塔柏景观植株（徐正浩摄）

塔柏居群（徐正浩摄）

分布：多数校区有分布。

景观应用：园林、绿地观赏树木。

🍃 21. **球柏** *Sabina chinensis* (Linn.) Ant. 'Globosa'

球柏枝叶（徐正浩摄）

球柏植株（徐正浩摄）

中文异名：球桧

分类地位：柏科（Cupressaceae）圆柏属（*Sabina* Mill.）

形态学特征：圆柏的栽培变种。丛生球形或半球形灌木。主干直立或缺。枝密生。叶2型，以鳞叶为主，兼有刺叶。

生物学特性：喜光树种，喜温凉、温暖气候及湿润土壤。

分布：各校区有分布。

景观应用：绿化观赏树种。常作庭院树种。

球柏景观植株（徐正浩摄）

🌿 22. 墨西哥柏木 *Cupressus lusitanica* Mill.

中文异名：墨西哥柏

英文名：Mexican cypress, cedro blanco, teotlate, Mexican white cedar, cedar of Goa

分类地位：柏科（Cupressaceae）柏木属（*Cupressus* Linn.）

形态学特征：常绿乔木。原产地高达40m，胸径1m。树皮红褐色，纵裂，生鳞叶的小枝下垂。叶鳞状，长2~5mm，暗绿色至黄绿色。球果圆球形至卵球形，长10~20mm，具4~10片种鳞。

墨西哥柏木叶（徐正浩摄）

生物学特性：花期3—5月，种子第2年5—6月成熟。

分布：原产于墨西哥及危地马拉。紫金港校区有栽培。

景观应用：景观树种。

墨西哥柏木植株（徐正浩摄）

墨西哥柏木景观植株（徐正浩摄）

🌿 23. 刺柏 *Juniperus formosana* Hayata

中文异名：台湾柏、刺松、矮柏木、山杉、台桧、山刺柏

英文名：Chinese juniper

分类地位：柏科（Cupressaceae）刺柏属（*Juniperus* Linn.）

形态学特征：乔木。高达12m。树皮褐色，纵裂成长条薄片脱落，枝条斜展或直展，树冠塔形或圆柱形，小枝下垂，三棱形。叶3叶轮生，条状披针形或条状刺形，长1.2~2cm，很少长达3.2cm，宽1.2~2mm，先端渐尖具锐尖头，叶面稍凹，中脉微隆起，绿色。雄球花圆球

刺柏景观植株（徐正浩摄）

刺柏枝叶（徐正浩摄）

刺柏叶（徐正浩摄）

形或椭圆形，长4~6mm，药隔先端渐尖，背有纵脊。球果近球形或宽卵圆形，长6~10mm，径6~9mm，熟时淡红褐色，被白粉或白粉脱落。种子半月圆形，具3~4条棱脊，顶端尖。

生物学特性：花期4—5月，果期10—11月。

分布：中国华东、华中、西南和华南等地有分布。紫金港校区有分布。

景观应用：园林树种。

🍃 24. 竹柏 *Nageia nagi* (Thunb.) O. Kuntze

中文异名：大果竹柏、罗汉柴

英文名：Asian bayberry

分类地位：罗汉松科（Podocarpaceae）竹柏属（*Nageia* Gaertn.）

形态学特征：常绿乔木。高达20m，胸径可达50cm。树皮近于平滑，红褐色或暗紫红色，成小块薄片脱落，枝条开展或伸展，树冠广圆锥形。叶对生，革质，长卵形、卵状披针形或披针状椭圆形，长3.5~9cm，宽1.5~2.5cm，叶面深绿色，有光泽，叶背浅绿色，上部渐窄，基部楔形或宽楔形，向下窄成柄状，有多数并列的细脉，无中脉。

雄球花穗状圆柱形，单生于叶腋，常呈分枝状，长1.8~2.5cm，总梗粗短，基部有少数三角状苞片。雌球花单生于叶腋，稀成对腋生，基部有数枚苞片。种子圆球形，径1.2~1.5cm，成熟时假种皮暗紫色，有白粉，梗长7~13mm。

竹柏枝叶（徐正浩摄）

竹柏景观植株（徐正浩摄）

生物学特性：花期3—4月，种子10月成熟。

分布：原产于中国华南和华东地区。日本也有分布。多数校区有分布。

景观应用：景观树木。园林观赏树种，也可栽作行道树。

竹柏叶（徐正浩摄）

竹柏植株（徐正浩摄）

🍃 25. 罗汉松 *Podocarpus macrophyllus* (Thunb.) D. Don

罗汉松叶（徐正浩摄）

罗汉松果实（徐正浩摄）

中文异名：土杉、罗汉杉

英文名：yew plum pine, Buddhist pine, fern pine

分类地位：罗汉松科（Podocarpaceae）罗汉松属（*Podocarpus* L' Hér. ex Pers.）

形态学特征：常绿乔木。高达20m，胸径达60cm。树皮灰色或灰褐色，浅纵裂，成薄片状脱落，枝开展或斜展，较密。叶螺旋状着生，条状披针形，微弯，长7~12cm，宽7~10mm，先端尖，基部楔形，叶面深绿色，有光泽，中脉显著隆

罗汉松果期植株（徐正浩摄）

罗汉松景观植株（徐正浩摄）

起，叶背草白色、灰绿色或淡绿色，中脉微隆起。雄球花穗状，腋生，常3~5个簇生于极短的总梗上，长3~5cm，基部有数片三角状苞片。雌球花单生于叶腋，有梗，基部有少数苞片。种子卵圆形，径0.8~1cm，先端圆，熟时肉质假种皮紫黑色，被白粉。

生物学特性：花期4—5月，种子8—9月成熟。

分布：中国西南、华南至华东地区有分布。日本也有分布。各校区有栽培。

景观应用：园林景观树木。

26. 响叶杨 *Populus adenopoda* Maxim.

中文异名：风响树、团叶白杨、白杨树

英文名：Chinese aspen

分类地位：杨柳科（Salicaceae）杨属（*Populus* Linn.）

形态学特征：乔木。高15~30m。树皮灰白色，光滑，老时深灰色，纵裂，树冠卵形。小枝较细，暗赤褐色，被柔毛，老枝灰褐色，无毛。芽圆锥形。叶卵状圆形或卵形，长5~15cm，宽4~7cm，先端长渐尖，基部截形或心形，边缘有内曲圆锯齿，叶柄侧扁，长2~10cm，顶端有2个腺点。雄花序长6~10cm，苞片条裂，有长缘毛，花盘齿裂。果序长12~30cm。蒴果卵状长椭圆形，长4~6mm，先端锐尖，具短柄，2瓣裂。种子倒卵状椭圆形，长2~2.5mm，暗褐色。

响叶杨叶（徐正浩摄）

响叶杨果实（徐正浩摄）

响叶杨树干（徐正浩摄）

响叶杨花期植株（徐正浩摄）

响叶杨居群（徐正浩摄）

生物学特性：花期3—4月，果期4—5月。

分布：中国华东、华中、西南及陕西等地有分布。多数校区有分布。

景观应用：景观树木。

27. 垂柳 *Salix babylonica* Linn.

垂柳枝叶（徐正浩摄）

垂柳居群（徐正浩摄）

垂柳景观植株（徐正浩摄）

中文异名：水柳、垂丝柳、清明柳

英文名：babylon willow, weeping willow

分类地位：杨柳科（Salicaceae）柳属（*Salix* Linn.）

形态学特征：多年生落叶乔木。高达12~18m。树冠开展而疏散，树皮灰黑色，不规则开裂，枝细，下垂，淡褐黄色、淡褐色或带紫色，无毛。芽线形，先端急尖。叶狭披针形或线状披针形，长9~16cm，宽0.5~1.5cm，先端长渐尖，基部楔形，边缘具细锯齿，叶面绿色，叶背色较淡，柄长3~10mm。雄花序长1.5~3cm，有短梗，雄蕊2枚，花丝与苞片近等长或较长，花药红黄色。雌花序长达2~5cm，有梗。子房椭圆形，无毛或下部稍有毛，无柄或近无柄。花柱短，柱头2~4深裂。蒴果长3~4mm，带绿黄褐色。

生物学特性：花先于叶开放，或与叶同时开放。花期3—4月，果期4—5月。速生树种。耐水湿，也能生于干旱处。

分布：中国广布。亚洲其他国家及欧洲也有分布。各校区有分布。

景观应用：绿化树种。

28. 旱柳 *Salix matsudana* Koidz.

分类地位：杨柳科（Salicaceae）柳属（*Salix* Linn.）

形态学特征：多年生落叶乔木。高达18m，胸径达80cm。大枝斜上，树冠广圆形，树皮暗灰黑色，有裂沟，枝细长，直立或斜展，浅褐黄色或带绿色，后变褐色，无毛，幼枝有毛。叶披针形，长5~10cm，宽1~1.5cm，先端长渐尖，基部窄圆形或楔形，叶面绿色，有光泽，叶背苍白色或带白色，柄短，长5~8mm。雄花序圆柱形，长1.5~3cm，宽6~8mm，雄蕊2枚，花丝基部有长毛，花药卵形，黄色。雌花序较雄花序短，长达2cm，宽3~4mm，有3~5片小叶生于短花序梗上。子房长椭圆

旱柳枝叶（徐正浩摄）

旱柳叶（徐正浩摄）

形，近无柄，无毛。花柱短。柱头卵形。果序长达2cm。

生物学特性：花序与叶同时开放。花期4月，果期4—5月。

分布：中国华南、华北、华中和华东等地有分布。各校区有分布。

景观应用：护岸林、防风林及庭荫树、行道树。

旱柳景观植株（徐正浩摄）

29. 金丝垂柳　*Salix alba* 'Tristis'

中文异名：金枝白垂柳

分类地位：杨柳科（Salicaceae）柳属（*Salix* Linn.）

形态学特征：为金枝白柳（*Salix alba* 'Vitellina'）与垂柳（*Salix babylonica* Linn.）的杂交种。落叶乔木。小枝亮黄色，细长，下垂。叶狭披针形，背面灰白色。

生物学特性：花期3—4月。

分布：中国东北、华北、西北等地有分布。各校区有分布。

景观应用：园林观赏树木。

金丝垂柳枝叶（徐正浩摄）

金丝垂柳花序（徐正浩摄）

金丝垂柳植株（徐正浩摄）

金丝垂柳景观植株（徐正浩摄）

30. 腺柳　*Salix chaenomeloides* Kimura

中文异名：河柳

分类地位：杨柳科（Salicaceae）柳属（*Salix* Linn.）

形态学特征：多年生落叶小乔木。高5~10m。小枝红褐色或褐色，无毛，有光泽。叶椭圆形、卵圆形至椭圆状披针形，长4~8cm，宽2~4cm，先端急尖，基部楔

腺柳树干（徐正浩摄）

腺柳叶背（徐正浩摄）

形，叶面绿色，叶背苍白色，柄长5~12mm。雄花序长4~5cm，苞片小，卵形，雄蕊5枚，花药黄色，球形。雌花序长4~5.5cm，子房狭卵形，具长柄，柱头头状或微裂。蒴果卵状椭圆形，长3~7mm。

生物学特性：花期4月，果期5月。

腺柳植株（徐正浩摄）

分布：中国华中、华北、东北等地有分布。朝鲜、韩国和日本也有分布。紫金港校区有分布。

景观应用：园林观赏树木。

腺柳景观植株（徐正浩摄）

31. 杨梅　*Myrica rubra* (Lour.) Sieb. et Zucc.

杨梅叶（徐正浩摄）

杨梅花序（徐正浩摄）

杨梅果实（徐正浩摄）

杨梅果期植株（徐正浩摄）

杨梅景观植株（徐正浩摄）

中文异名：山杨梅

英文名：Chinese bayberry, Japanese bayberry, red bayberry, Chinese strawberry

分类地位：杨梅科（Myricaceae）杨梅属（*Myrica* Linn.）

形态学特征：多年生常绿乔木。高5~20m，胸径可达50cm。树皮灰色，老时纵向浅裂，树冠圆球形。叶革质，密集于小枝上端部分，果枝叶长卵形、长椭圆状卵形至倒卵形，长5~15cm，宽1~4cm，顶端圆钝或具短尖至急尖，基部楔形，全缘，偶有在中部以上具少数锐锯齿，叶面深绿色，有光泽，叶背浅绿色，无毛，柄长2~10mm。雌雄异株。雄花小苞片2~4片，雄蕊4~6枚，花药椭圆形，暗红色。雌花序常单生于叶腋，较雄花序短，细瘦，长5~15mm。雌花小苞片4片，子房卵形，极小，无毛，花柱短，柱头2个。每一雌花序仅上端1朵，稀2朵雌花能发育成果实。核果球状，外表面具乳头状突起，径1~1.5cm，栽培种可达5cm，成熟时深红色或紫红色。种子阔椭圆形或卵圆形，压扁状，长1~1.5cm，宽1~1.2cm。

生物学特性：花期4月，果期6—7月。

分布：中国西南、华南和华东等地有分布。菲律宾、朝鲜、韩国和日本也有分布。各校区有分布。

景观应用：景观树种。

🍃 32. 化香树　*Platycarya strobilacea* Sieb. et Zucc.

中文异名：化树蒲

分类地位：胡桃科（Juglandaceae）化香树属（*Platycarya* Sieb. et Zucc.）

形态学特征：落叶小乔木。高2~6m。树皮灰色，老时则不规则纵裂。奇数羽状复叶长15~30cm，具7~23片小叶。小叶纸质，侧生小叶无

化香树叶（徐正浩摄）

化香树果实（徐正浩摄）

叶柄，对生，生于下端者偶有互生，卵状披针形至长椭圆状披针形，长4~11cm，宽1.5~3.5cm，顶端长渐尖，基部歪斜，边缘有锯齿，顶生小叶具长2~3cm的小叶柄，叶面绿色，叶背浅绿色。两性花序和雄花序在小枝顶端排列成伞房状花序束，直立。雌花序位于下部，长1~3cm，雄花序部分位于上部，有时无雄花序而仅有雌花序。雄花苞片长2~3mm，雄蕊6~8枚，花丝短，花药阔卵形，黄色。雌花苞片卵状披针形，长2.5~3mm，花被2片，位于子房两侧，贴生子房，顶端与子房分离，背部具翅状的纵向隆起，与子房一同增大。果序卵状椭圆形至长椭圆状圆

化香树植株（徐正浩摄）

柱形，长2.5~5cm，径2~3cm。果实背腹压扁状，两侧具狭翅，长4~6mm，宽3~6mm。种子卵形。

生物学特性：花期5—6月，果期7—8月。

分布：中国华东、华中、华南、西南、西北等地有分布。朝鲜、日本也有分布。之江校区有分布。

景观应用：绿化树种。

🍃 33. 枫杨　*Pterocarya stenoptera* C. DC.

英文名：Chinese wingnut

分类地位：胡桃科（Juglandaceae）枫杨属（*Pterocarya* Kunth）

形态学特征：落叶乔木。高达30m，胸径达1m。幼树树皮平滑，浅灰色，老时则深纵裂，小枝灰色至暗褐色，具灰黄色皮孔。叶多为

枫杨枝叶（徐正浩摄）

枫杨叶（徐正浩摄）

枫杨果实（徐正浩摄）

枫杨果期植株（徐正浩摄）

枫杨花序（徐正浩摄）

偶数羽状复叶，稀奇数羽状复叶，长8~20cm，柄长2~5cm。小叶10~20片，无小叶柄，对生或稀近对生，长椭圆形至长椭圆状披针形，长8~12cm，宽2~3cm，顶端常钝圆或稀急尖，基部歪斜，边缘有向内弯的细锯齿。雄性柔荑花序长6~10cm。雄花发育花被片1片，雄蕊5~12枚。雌性柔荑花序顶生，长10~15cm。果序长20~45cm。果实长椭圆形，长6~7mm，果翅狭，条形，长12~20mm，宽3~6mm。

生物学特性：花期4月，果期8—9月。

分布：中国大部分地区有分布。朝鲜、韩国和日本也有分布。各校区有分布。

景观应用：绿化树种。常作行道树、庭院树和固堤护岸树种。

34. 栗 *Castanea mollissima* Bl.

栗枝叶（徐正浩摄）

栗花序（徐正浩摄）

栗花期植株（徐正浩摄）

栗果实（徐正浩摄）

栗果期植株（徐正浩摄）

中文异名：板栗

英文名：Chinese chestnut

分类地位：壳斗科(Fagaceae)栗属（*Castanea* Mill.）

形态学特征：多年生落叶乔木。高达20m，胸径可达80cm。冬芽长4~5mm，小枝灰褐色。叶椭圆形至长圆形，长8~20cm，宽4~7cm，先端短渐尖，基部近截平、圆或宽楔形，常一侧偏斜而不对称，柄长1~2cm。雄花序长10~20cm，花3~5朵簇生。雌花1~5朵发育结实。壳斗连刺径4.5~6.5cm。坚果长1.5~3cm，宽1.8~3.5cm。

生物学特性：花期4—6月，果期8—10月。

分布：中国大部分地区有分

布。紫金港校区有分布。

景观应用：景观树种。

35. 甜槠 *Castanopsis eyrei* (Champ. ex Benth.) Tutch

中文异名：茅丝栗、丝栗、甜锥

分类地位：壳斗科(Fagaceae)锥属（*Castanopsis* D. Don Spach）

形态学特征：多年生常绿乔木。高达20m，胸径可达50cm，大树的树皮纵深裂。叶革质，卵形、披针形或长椭圆形，长5~13cm，宽1.5~5.5cm，先端长渐尖，常向一侧弯斜，基部一侧较短或甚偏斜，全缘或顶部有少数浅裂齿，侧脉每边8~11条，纤细，柄长7~10mm。雄花序穗状或圆锥花序。雌

甜槠树干（徐正浩摄）

甜槠叶（徐正浩摄）

甜槠植株（徐正浩摄）

花的花柱3个或2个。壳斗具1个坚果，阔卵形，顶狭尖或钝，连刺径20~30mm，2~4瓣开裂，刺长6~10mm。坚果阔圆锥形，顶部锥尖，宽10~14mm。

生物学特性：花期4—6月，果期翌年9—11月成熟。

分布：中国西南、华南、华东、华中等地有分布。紫金港校区有分布。

景观应用：景观树种。

36. 柯 *Lithocarpus glaber* (Thunb.) Nakai

中文异名：石栎

英文名：Japanese oak

分类地位：壳斗科(Fagaceae)柯属（*Lithocarpus* Blume）

形态学特征：多年生常绿乔木。高达15m，胸径达40cm。叶革质或厚纸质，倒卵形、倒卵状椭圆形或长椭圆形，长6~14cm，宽2.5~5.5cm，先端渐尖，基部楔形，上部叶2~4浅裂齿或全缘，柄长1~2cm。雄穗状花序多排成圆锥花序或单

柯枝叶（徐正浩摄）

柯叶背（徐正浩摄）

柯叶面（徐正浩摄）

柯花序（徐正浩摄）

穗腋生，长达15cm。雌花序常着生少数雄花，雌花每3~5朵1簇，花柱长1~1.5mm。壳斗碟状或浅碗状，倒三角形，长5~10mm，宽10~15mm。坚果椭圆形，长12~25mm，宽8~15mm，顶端尖，被白色粉霜，暗栗褐色。

生物学特性：花期9—10月，果期翌年9—11月。

分布：中国西南、华南和华中等地有分布。日本也有分布。紫金港校区有分布。

景观应用：园林景观树木。

柯果实（徐正浩摄）

柯花果期植株（徐正浩摄）

柯景观植株（徐正浩摄）

37. 短尾柯 *Lithocarpus brevicaudatus* (Skan) Hay.

短尾柯花序（徐正浩摄）

短尾柯花期植株（徐正浩摄）

短尾柯果期植株（徐正浩摄）

短尾柯植株（徐正浩摄）

中文异名：绵槠、槠栎

分类地位：壳斗科(Fagaceae)柯属（Lithocarpus Bl.）

形态学特征：高大常绿乔木。胸径可达1m。树干挺直，树皮粗糙，暗灰色，当年生枝紫褐色，有纵沟棱，芽鳞被疏毛。叶革质，卵形、椭圆形、长圆形或近圆形，长6~15cm，宽4~6.5cm，先端短突尖、渐尖或长尾状，基部宽楔形或圆形，侧脉每边9~13条，柄长2~3cm。雄穗状花序多个组成圆锥花序。雌花每3朵1

簇。壳斗碟状或浅碗状，宽14~20mm。坚果宽圆锥形，顶部短锥尖或平坦，宽14~22mm，常有淡薄的灰白色粉霜。

生物学特性： 花期5—7月，果期翌年9—10月。

分布： 中国长江以南各地有分布。华家池校区、紫金港校区有分布。

景观应用： 绿化树木。

🍃 38. 麻栎 *Quercus acutissima* Carr.

中文异名： 栎、橡碗树

英文名： sawtooth oak

分类地位： 壳斗科（Fagaceae）栎属（*Quercus* Linn.）

形态学特征： 多年生落叶乔木。高达30m，胸径达1m。树皮深灰褐色，深纵裂。幼枝被灰黄色柔毛，后渐脱落，老时灰黄色，具淡黄色皮孔。冬芽圆锥形，被柔毛。叶常为长椭圆状披针形，长8~19cm，宽2~6cm，先端长渐尖，基部圆形或宽楔形，叶缘有刺芒状锯齿，侧脉每边13~18条，柄长1~5 cm。壳斗杯形，包着坚果1/2，连小苞片径2~4cm，高1~1.5cm。坚果卵形或椭圆形，径1.5~2cm，高1.7~2.2cm，顶端圆形，果脐凸起。

生物学特性： 花期3—4月，果期翌年9—10月。

分布： 中国大部分地区有分布。东亚其他国家和南亚也有分布。紫金港校区有分布。

景观应用： 景观树木。

麻栎叶面（徐正浩摄）

麻栎叶背（徐正浩摄）

麻栎花序（徐正浩摄）

麻栎果实（徐正浩摄）

麻栎植株（徐正浩摄）

🍃 39. 小叶栎 *Quercus chenii* Nakai

分类地位： 壳斗科（Fagaceae）栎属（*Quercus* Linn.）

形态学特征： 多年生落叶乔木。高达30m。树皮黑褐色，纵裂。小枝较细。叶宽披针形至卵状披针形，长7~12cm，宽2~3.5cm，先端渐尖，基部圆形或宽楔形，略偏斜，叶缘具刺芒状锯齿，侧脉每边12~16条，柄长0.5~1.5cm。雄花序长3~4cm，花序轴被柔毛。壳斗杯形，包着坚果1/3，径1.2~1.5cm，长0.6~0.8cm。坚果椭圆

小叶栎叶（徐正浩摄）

小叶栎果实（徐正浩摄）

小叶栎花期植株（徐正浩摄）

形，径1.3~1.5cm，长1.5~2.5cm。

生物学特性：花期3—4月，果期翌年9—10月。

分布：中国华中、长江中下游地区有分布。紫金港校区有分布。

景观应用：景观树木。

小叶栎花序（徐正浩摄）

🌿 **40. 短柄枹栎** *Quercus serrata* Murray var. *brevipetiolata* (A. DC.) Nakai

中文异名：短柄枹

分类地位：壳斗科（Fagaceae）栎属（*Quercus* Linn.）

短柄枹栎枝叶（徐正浩摄）

短柄枹栎叶面（徐正浩摄）

短柄枹栎叶背（徐正浩摄）

短柄枹栎花期植株（徐正浩摄）

形态学特征：落叶乔木。高达25m。树皮灰褐色，深纵裂。冬芽长卵形，长5~7mm。叶薄革质，倒卵形或倒卵状椭圆形，长5~11cm，宽1.5~5cm，先端渐尖或急尖，基部楔形或近圆形，叶缘有锯齿，侧脉每边7~12条，柄长2~5mm。雄花序长8~12cm，雄蕊8枚。雌花序长1.5~3cm。壳斗杯状，包着坚果1/4~1/3，径1~1.2cm，长5~8mm。坚果卵形至卵圆形，径0.8~1.2cm，长1.7~2cm，果脐平坦。

生物学特性：花期3—4月，果期9—10月。

分布：中国西南、华中、华北、西北和华东等地有分布。朝鲜、韩国和日本也有分布。华家池校区有分布。

景观应用：景观树木。

🌿 **41. 白栎** *Quercus fabri* Hance

中文异名：小白栎

分类地位：壳斗科（Fagaceae）栎属（*Quercus* Linn.）

形态学特征：落叶乔木。高达20m。小枝被褐色毛。叶倒卵形或倒卵状椭圆形，长6~15cm，宽2.5~8cm，先端钝，基部楔形，边缘具波状钝齿，侧脉8~12对，柄长5~6mm。壳斗碗状，长7~8mm，径0.8~1cm。坚果长椭圆形，长1.5~1.8cm，径0.8~1cm。

生物学特性：花期5月，果期10月。

分布：中国淮河以南、长江流域等地广布。之江校区、紫金港校区有分布。

景观应用：景观树木。

白栎树干（徐正浩摄）

白栎枝叶（徐正浩摄）

白栎叶（徐正浩摄）

白栎花序（徐正浩摄）

白栎果实（徐正浩摄）

白栎花期植株（徐正浩摄）

42. 青冈 *Cyclobalanopsis glauca* (Thunb.) Oerst.

中文异名：青冈栎

分类地位：壳斗科（Fagaceae）青冈属（*Cyclobalanopsis* Oerst.）

形态学特征：多年生常绿乔木。高达20m，胸径可达1m。叶片革质，倒卵状椭圆形或长椭圆形，长6~13cm，宽2~5.5cm，顶端渐尖或短尾状，基部圆形或宽楔形，叶缘中部以上有疏锯齿，侧脉每边9~13条，柄长1~3cm。雄花序长5~6cm。雌花序具花2~4朵。果序长1.5~3cm，着生果2~3个。壳斗碗状，包着坚果1/3~1/2，径0.9~1.4cm，长0.6~0.8cm。坚果卵形、长卵形或椭圆形，径0.9~1.4cm，长

青冈叶面（徐正浩摄）

青冈树干（徐正浩摄）

青冈叶背（徐正浩摄）

青冈花期植株（徐正浩摄）

青冈果期植株（徐正浩摄）

青冈景观植株（徐正浩摄）

1~1.6cm。

生物学特性：花期4—5月，果期9—10月。

分布：中国西南、华南、华中至华东等地有分布。东亚其他国家和南亚也有分布。玉泉校区、紫金港校区有分布。

景观应用：园林景观树木。

43. 榔榆 *Ulmus parvifolia* Jacq.

中文异名：小叶榆、豺皮榆

英文名：Chinese elm, lacebark elm

分类地位：榆科（Ulmaceae）榆属（*Ulmus* Linn.）

形态学特征：多年生落叶乔木。高达20m，胸径可达1m。树冠广圆形，树皮灰色或灰褐色，裂成不规则鳞状薄片剥落，露出红褐色内皮，冬芽卵圆形，红褐色。叶质地厚，披针状卵形或窄椭圆形，长1.5~5.5cm，宽1~3cm，先端短尖或钝，基部偏斜，楔形或一边圆，叶面深绿色，有光泽，叶背色较浅，边缘具单锯齿，侧脉10~15对，柄长2~6mm。花被片4片。花梗极短。翅果椭圆形或卵状椭圆形，长10~13mm，宽6~8mm，果核位于翅果中上部，果梗长1~3mm。

生物学特性：花果期8—10月。

分布：中国华南、华中、华北和华东等地有分布。印度、越南、朝鲜、韩国和日本也有分布。各校区有分布。

景观应用：庭荫树、行道树和观赏树。

榔榆树干（徐正浩摄）

榔榆枝叶（徐正浩摄）

榔榆花序（徐正浩摄）

榔榆果实（徐正浩摄）

44. 垂枝榆 *Ulmus pumila* Linn. 'Tenue'

分类地位：榆科（Ulmaceae）榆属（*Ulmus* Linn.）

形态学特征：以榆树为砧木嫁接培育而成。枝下垂，树冠伞形。

生物学特性：花果期3—6月。

分布：中国东北、华北、西北及西南等地有分布。朝鲜、俄罗斯、蒙古也有分布。多数校区有分布。

景观应用：景观树木。

垂枝榆枝叶（徐正浩摄）

垂枝榆树干（徐正浩摄）

垂枝榆果实（徐正浩摄）

垂枝榆景观应用（徐正浩摄）

45. 糙叶树 *Aphananthe aspera* (Thunb.) Planch.

中文异名：牛筋树、沙朴

英文名：scabrous aphananthe

分类地位：榆科（Ulmaceae）糙叶树属（*Aphananthe* Planch.）

形态学特征：多年生落叶乔木。高达20m，胸径达1m。树皮黄褐色，纵裂，粗糙，一年生枝红褐色。叶纸质，卵形或卵状椭圆形，长5~12cm，宽2~5cm，先端渐尖或长渐尖，基部宽楔形或浅心形，边缘锯齿细尖，基部3出脉，侧脉6~10对，柄长5~15mm。雄聚伞花序生于新枝的下部叶腋，花被裂片倒卵状圆形，长1~1.5mm。雌花单生于新枝的上部叶腋，花被裂片条状披针形，长1~2mm，子房被毛。核果近球形、椭圆形或卵状球形，长8~13mm，径6~9mm，由绿变黑，果梗长5~10mm。

生物学特性：花期3—5月，果期8—10月。

分布：中国西南、华南、华中和华东等地有分布。越南、朝鲜、韩国和日本也有分布。华家池校区、紫金港校区有分布。

景观应用：庭荫树及绿化树种。

糙叶树枝叶（徐正浩摄）

46. 珊瑚朴 *Celtis julianae* Schneid.

珊瑚朴树干（徐正浩摄）

珊瑚朴枝叶（徐正浩摄）

珊瑚朴叶面（徐正浩摄）

珊瑚朴叶背（徐正浩摄）

珊瑚朴植株（徐正浩摄）

分类地位：榆科（Ulmaceae）朴属（*Celtis* Linn.）

形态学特征：多年生落叶乔木。高20~30m，胸径50~80cm。树皮淡灰色至深灰色。叶厚纸质，宽卵形至尖卵状椭圆形，长6~12cm，宽3.5~8cm，先端短渐尖至尾尖，基部近圆形，中部以上具钝齿，柄长7~15mm。花小，两性或单性，有梗，呈聚伞花序或圆锥花序，或因总梗短缩而呈簇状，或仅具1朵两性花或雌花。雄花序多生于小枝下部无叶处或下部的叶腋。两性花或雌花多生于花序顶端。花被片4~5片，仅基部稍合生。雄蕊与花被片同数。雌蕊具短花柱，柱头2个，线形，先端全缘或2裂，子房1室，具1个倒生胚珠。果单生于叶腋，果梗粗壮，长1~3cm，果椭圆形至近球形，长10~12mm，金黄色至橙黄色。

生物学特性：花期3—4月，果期9—10月。

分布：中国西南、华南、华东和华中等地有分布。各校区有分布。

景观应用：宜作庭荫树、行道树和绿化树种。

47. 朴树 *Celtis sinensis* Pers.

中文异名：黄果朴、小叶朴

英文名：Chinese hackberry

分类地位：榆科（Ulmaceae）朴属（*Celtis* Linn.）

形态学特征：多年生落叶乔木。高达30m。树皮灰白色，当年生小枝幼时密被黄褐色短柔毛，老后毛常脱落，小枝褐色至深褐色，冬芽棕色，鳞片无毛。叶厚纸

朴树叶面（徐正浩摄）

朴树叶背（徐正浩摄）

质至近革质，卵形或卵状椭圆形，长3.5~10cm，宽2~5cm，基部几乎不偏斜或稍偏斜，先端尖至渐尖。果径5~7mm。

生物学特性：花期3—4月，果期9—10月。

分布：中国华南、华中和华东等地有分布。日本也有分布。各校区有分布。

景观应用：宜作庭荫和盆景树种。

朴树果实（徐正浩摄）

朴树景观植株（徐正浩摄）

朴树果期植株（徐正浩摄）

48. 构树　*Broussonetia papyrifera* (L.) L' Her. ex Vent.

英文名：paper mulberry

分类地位：桑科(Moraceae)构属（*Broussonetia* L' Her it. ex Vent.）

形态学特征：多年生乔木。高10~20m。树皮暗灰色，小枝密生柔毛。叶螺旋状排列，广卵形至长椭圆状卵形，长6~18cm，宽5~9cm，先端渐尖，基部心形，两侧常不相等，边缘具粗锯齿，不分裂或3~5裂，基生叶脉3出，侧脉6~7对，柄长2.5~8cm。雌雄异株。雄花序为柔荑花序，长3~8cm，花被片4片，雄蕊4枚，花药近球形，退化雌蕊小。雌花序球形头状，苞片棍棒状，顶端被毛，花被管状，顶端与花柱紧贴，子房卵圆形，柱头线形，被毛。聚花果径1.5~3cm，成熟时橙红色，肉质。

生物学特性：花期4—5月，果期6—7月。

分布：中国除西北和东北外广泛分布。南亚、东南亚、北亚等也有分布。各校区有分布。

景观应用：绿化树种。也可用作行道树。

构树树干（徐正浩摄）

构树枝叶（徐正浩摄）

构树花序（徐正浩摄）

构树果实（徐正浩摄）

构树果期植株（徐正浩摄）

49. 小构树 *Broussonetia kazinoki* Sieb.

小构树枝叶（徐正浩摄）

小构树果实（徐正浩摄）

小构树花序（徐正浩摄）

小构树花果期植株（徐正浩摄）

小构树果期植株（徐正浩摄）

中文异名：楮

分类地位：桑科(Moraceae)构属（*Broussonetia* L' Herit. ex Vent.）

形态学特征：多年生落叶灌木，有时蔓生。小枝暗紫红色，幼时被短柔毛，后秃净。叶厚纸质，卵形或长卵形，长6~12cm，宽4~6cm，先端长渐尖，基部圆，基部3出脉，边缘具锯齿，不裂或2~3裂，叶面绿色，被糙伏毛。雄花萼片3~4片，雄蕊3~4枚。雌花的花序梗长4~5mm，花萼筒状，包裹子房，柱头2个，1长1短，紫红色。聚花果球形，径0.6~1cm，小核果橙红色。

生物学特性：花期4月，果期6月。

分布：中国长江中下游以南地区有分布。日本也有分布。玉泉校区、之江校区有分布。

景观应用：景观树木。

50. 榕树 *Ficus microcarpa* Linn. f.

榕树枝（徐正浩摄）

榕树叶（徐正浩摄）

榕树果实（徐正浩摄）

榕树植株（徐正浩摄）

中文异名：细叶榕、榕树须

英文名：Chinese banyan, Malayan banyan, Indian laurel, curtain fig

分类地位：桑科（Moraceae）榕属（*Ficus* Linn.）

形态学特征：常绿乔木。在原产地高15~25m，胸径达50cm。树冠广展，老树具锈褐色气根，树皮深灰色。叶薄革质，卵形至椭圆形，长4~8cm，先端钝尖，基部楔形，上面深绿色，具光泽，全缘，侧脉3~10对，柄长5~10mm。榕果成对腋生，熟时黄或微红色，扁球形，径6~8mm，无总梗。瘦果卵圆形。

生物学特性：花期5—6月。

分布：中国华东、华南、西南等地有分布。东南亚和澳大利亚等也有分布。各校区有分布。

景观应用：景观树木。

榕树景观应用（徐正浩摄）

51. 无花果　*Ficus carica* Linn.

英文名：common fig

分类地位：桑科（Moraceae）榕属（*Ficus* Linn.）

形态学特征：多年生落叶灌木。高3~10m。多分枝，树皮灰褐色，皮孔明显，小枝直立，粗壮。叶互生，厚纸质，广卵圆形，长宽近相等，10~20cm，通常

无花果叶（徐正浩摄）

无花果果实（徐正浩摄）

3~5裂，小裂片卵形，边缘具不规则钝齿，表面粗糙，背面密生细小钟乳体及灰色短柔毛，基部浅心形，基生侧脉3~5条，侧脉5~7对，柄长2~5cm。雌雄异株。雄花生于内壁口部，花被片4~5片，雄蕊3枚。雌花的花被与雄花的同，子房卵圆形，光滑，花柱侧生，柱头2裂，线形。榕果单生于叶腋，径3~5cm。

生物学特性：花果期5—7月。

分布：原产于地中海地区。多数校区有栽培。

景观应用：庭院、公园观赏树木。

无花果景观植株（徐正浩摄）

52. 印度榕　*Ficus elastica* Roxb. ex Hornem.

中文异名：橡皮树、印度胶树

英文名：rubber fig, rubber bush, rubber tree, rubber plant, Indian rubber bush

分类地位：桑科（Moraceae）榕属（*Ficus* Linn.）

形态学特征：常绿乔木。在原产地高20~30m，胸径25~40cm。树皮灰白色，平滑。叶厚革质，长圆形至椭圆形，长

印度榕叶（徐正浩摄）

印度榕果实（徐正浩摄）

印度榕植株（徐正浩摄）

8~30cm，宽7~10cm，先端急尖，基部宽楔形，全缘，叶面深绿色，光亮，叶背浅绿色，侧脉多，不显，叶柄粗壮，长2~5cm。榕果成对生于已落叶枝的叶腋，卵状长椭圆形，长8~10mm，径5~8mm，黄绿色。雄花、瘿花、雌花同生于榕果内壁。雄花具柄，散生于内壁，花被片4片，卵形，雄蕊1枚，花药卵圆形，不具花丝。瘿花的花被4片，子房光滑，卵圆形，花柱近顶生，弯曲。雌花无柄。瘦果卵圆形，表面有小瘤体。

生物学特性：花期冬季。

分布：原产于不丹、尼泊尔、印度、缅甸、马来西亚、印度尼西亚。中国云南有野生。各校区有栽培。

景观应用：盆栽观赏树木。

🍃 53. 木通 *Akebia quinata* (Houtt.) Decne.

中文异名：通草、附支、丁翁

英文名：chocolate vine, five-leaf akebia

分类地位：木通科（Lardizabalaceae）木通属（*Akebia* Decne.）

形态学特征：落叶木质藤本。茎纤细，圆柱形，缠绕，灰褐色，有圆形、小而凸起的皮孔。芽鳞片覆瓦状排列，淡红褐色。掌状复叶互生，或簇生于短枝，小叶常5片，柄长4.5~10cm。小叶纸质，倒卵形或倒卵状椭圆形，长2~5cm，宽1.5~2.5cm，先端圆或凹陷，具小凸尖，基部圆形或阔楔形，叶面深绿色，叶背青白色，侧脉每边5~7条，小叶柄长8~10mm，中间1片长达18mm。伞房花序式的总状花序腋生，长6~12cm，花疏生，基部有雌花1~2朵，以上4~10朵为雄花。总花梗长2~5cm。雄花的花梗纤细，长7~10mm，萼片通常3片，淡紫色，偶有淡绿色或白色，雄蕊6~7枚，离生，花丝短，花药长圆形，退化心皮3~6个。雌花的花梗细长，长2~5cm，萼片暗紫色，偶有绿色或白色，心皮3~9个，离生，圆柱形，柱头盾状，退化雄蕊6~9枚。果孪生或单生，长圆形或椭圆形，长5~8cm，径

木通叶（徐正浩摄）

木通植株（徐正浩摄）

3~4cm，成熟时紫色。

生物学特性：花期4—5月，果期6—8月。

分布：中国长江流域各地有分布。日本和朝鲜也有分布。紫金港校区有分布。

景观应用：攀缘藤本。

🍃 54. 十大功劳 *Mahonia fortunei* (Lindl.) Fedde

中文异名：细叶十大功劳

英文名：Chinese mahonia, Fortune's mahonia, holly grape

分类地位：小檗科（Berberidaceae）十大功劳属（*Mahonia* Nutt.）

形态学特征：多年生灌木。高0.5~2m。叶倒卵形至倒卵状披针形，长10~28cm，宽8~18cm，具2~5对小叶，叶面

暗绿至深绿色，叶背淡黄色，偶稍苍白色。小叶无柄或近无柄，狭披针形至狭椭圆形，长4.5~14cm，宽0.9~2.5cm，基部楔形，边缘每边具5~10个刺齿，先端急尖或渐尖。总状花序4~10个簇生，长3~7cm。花梗长2~2.5mm。苞片卵形，急尖，长1.5~2.5mm，宽1~1.2mm。花黄色。外萼片卵形或三角状卵形，长1.5~3mm，宽1~1.5mm，中萼片长圆状椭圆形，长3.8~5mm，宽2~3mm，内萼片长圆状椭圆形，长4~5.5mm，宽2.1~2.5mm。花瓣长圆形，长3.5~4mm，宽1.5~2mm。雄蕊长2~2.5mm，药隔不延伸。子房长1~2mm，无花柱，胚珠2个。浆果球形，径4~6mm，紫黑色，被白粉。

十大功劳叶（徐正浩摄）

十大功劳花（徐正浩摄）

十大功劳花期植株（徐正浩摄）

十大功劳果期植株（徐正浩摄）

生物学特性：花期7—9月，果期9—11月。

分布：中国华中、西南和华东等地有分布。印度尼西亚、日本、美国等也有分布。各校区有分布。

景观应用：观赏灌木。

55. 阔叶十大功劳 *Mahonia bealei* (Fort.) Carr.

英文名：beale's barberry

分类地位：小檗科（Berberidaceae）十大功劳属（*Mahonia* Nutt.）

形态学特征：多年生灌木或小乔木。高0.5~4m。叶狭倒卵形至长圆形，长25~50cm，宽10~20cm，具4~10对小叶。小叶厚革

阔叶十大功劳叶（徐正浩摄）

阔叶十大功劳果实（徐正浩摄）

质，硬直，自叶下部往上小叶渐次变长而狭，基部阔楔形或圆形，偏斜，有时心形，边缘每边具2~6个粗锯齿，先端具硬尖。顶生小叶较大，长7~13cm，宽3.5~10cm，柄长1~6cm。总状花序直立，常3~9个簇生。花梗长4~6cm。苞片阔卵形或卵状披针形，先端钝，长3~5mm，宽2~3mm。花黄色。外萼片卵形，长2.3~2.5mm，宽1.5~2.5mm，中萼片椭圆形，长5~6mm，宽3.5~4mm，内萼片长圆状椭圆形，长6.5~7mm，宽4~4.5mm。花瓣倒卵状椭圆形，长6~7mm，宽3~4mm，先端微缺。

阔叶十大功劳景观植株（徐正浩摄）

雄蕊长3.2~4.5mm，药隔不延伸。子房长圆状卵形，长3~3.5mm，花柱短，胚珠3~4个。浆果卵形，长1~1.5cm，径1~1.2cm，深蓝色，被白粉。

生物学特性：花期9月至翌年1月，果期3—5月。

分布：中国西南、华南、华东和华中等地有分布。各校区有分布。

景观应用：园林观赏树木。

🍃 56. 南天竹 *Nandina domestica* Thunb.

中文异名：蓝田竹

英文名：nandina, heavenly bamboo, sacred bamboo

分类地位：小檗科（Berberidaceae）南天竹属（*Nandina* Thunb.）

形态学特征：多年生常绿小灌木。高1~3m。常丛生，分枝少，光滑无毛，幼枝常为红色，老后呈灰色。叶互生，集生于茎的上部，3回羽状复叶，长30~50cm。2~3回羽片对生。小叶薄革质，椭圆形或椭圆状披针形，长2~10cm，宽0.5~2cm，顶端渐尖，基部楔形，全缘，叶面深绿色，冬季变红色，近无柄。圆锥花序长20~35cm。花小，白色，径6~7mm。萼片多轮，外轮萼片卵状三角形，长1~2mm，向内各轮渐大，最内轮萼片卵状长圆形，长2~4mm。花瓣长圆形，长3~4mm，宽2~2.5mm，先端圆钝。雄蕊6枚，长3~3.5mm，花丝短，花药纵裂，药隔延伸。子房1室，具1~3个胚珠。果柄长4~8mm。浆果球形，径5~8mm，熟时鲜红色，稀橙红色。种子扁圆形。

生物学特性：花芳香。花期3—6月，果期5—11月。

分布：中国西南、华南、华东、华中和华北有分布。日本及北美洲东南部也有分布。各校区有分布。

景观应用：园林观赏植物，也用作盆栽。

南天竹枝（徐正浩摄）

南天竹花序（徐正浩摄）

南天竹果实（徐正浩摄）

南天竹果期植株（徐正浩摄）

🍃 57. 日本小檗 *Berberis thunbergii* DC.

中文异名：刺檗

英文名：Japanese barberry, Thunberg's barberry, red barberry

分类地位：小檗科（Berberidaceae）小檗属（*Berberis* Linn.）

形态学特征：多年生落叶灌木。高约1m。多分枝，枝条开展，具细条棱，幼枝淡红带绿色，无毛，老枝暗红色。茎刺单一，偶3分叉，长5~15mm，节间长1~1.5cm。叶薄纸质，倒卵形、匙形或菱状卵形，长1~2cm，宽5~12mm，先端骤尖或钝圆，基部狭而呈楔形，全缘，叶面绿色，叶背灰绿色，中脉微隆起，两面网脉不显，柄长2~8mm。

花2~5朵簇生。花梗长
5~10mm，无毛。小苞片卵
状披针形，长1~2mm，带
红色。花黄色。外萼片卵
状椭圆形，长4~4.5mm，宽
2.5~3mm，先端近钝形，带
红色，内萼片阔椭圆形，长
5~5.5mm，宽3.3~3.5mm，
先端钝圆。花瓣长圆状倒卵

日本小檗植株（徐正浩摄）

日本小檗景观植株（徐正浩摄）

形，长5.5~6mm，宽3~4mm，先端微凹，基部略呈爪状。雄蕊长3~3.5mm，药隔不延伸，顶端平截。子房具1~2个胚
珠，无珠柄。浆果椭圆形，长6~8mm，径3~4mm，亮鲜红色，无宿存花柱。种子棕褐色。

生物学特性：花期4—6月，果期7—10月。

分布：原产于日本。多数校区有分布。

景观应用：盆栽观赏。也用作花篱。

58. 紫叶小檗 *Berberis thunbergii* 'Atropurpurea'

中文异名：红叶小檗

分类地位：小檗科（Berberidaceae）小檗属（*Berberis* Linn.）

形态学特征：日本小檗的栽培变种。落叶小灌木。幼枝淡红带绿，老枝暗红具纵棱，节间长1~1.5cm。叶菱状卵
形，长5~30cm，宽3~15cm，先端圆钝，基部下延成短柄，全缘，叶面紫红色，叶背带灰色。伞形花序2~5朵花簇
生。花梗长5~15mm，花被黄色，小苞片带红色，长1~2mm。花瓣长圆状倒卵形，长5~6mm，宽3~3.5mm，先端微
缺。雄蕊长3~3.5mm，花药
先端截形。浆果红色，椭圆
形，长8~10mm，具光泽。

生物学特性：花期4—6月，
果期7—10月。

分布：紫金港校区有分布。

景观应用：景观灌木。

紫叶小檗枝叶（徐正浩摄）

紫叶小檗景观植株（徐正浩摄）

59. 木莲 *Manglietia fordiana* Oliv.

中文异名：黄心树

分类地位：木兰科（Magnoliaceae）木莲属（*Manglietia* Bl.）

形态学特征：多年生常绿乔
木。高达20m。嫩枝及芽有
红褐短毛，后脱落无毛。
叶革质，狭倒卵形、狭椭
圆状倒卵形或倒披针形，
长8~17cm，宽2.5~5.5cm，
先端短急尖，尖头钝，基
部楔形，沿叶柄稍下延，

木莲叶（徐正浩摄）

木莲花期植株（徐正浩摄）

木莲果期植株（徐正浩摄）

边缘稍内卷，下面疏生红褐色短毛，侧脉每边8~12条，柄长1~3cm。总花梗长6~11mm，径6~10mm。花被片9片，纯白色，每轮3片，外轮3片质较薄，近革质，凹入，长圆状椭圆形，长6~7cm，宽3~4cm，内2轮稍小，常肉质，倒卵形，长5~6cm，宽2~3cm。雄蕊长0.8~1cm，花药长6~8mm，药隔钝。雌蕊群长1~1.5cm，具23~30个心皮，花柱长0.5~1mm。聚合果褐色，卵球形，长2~5cm，先端具短喙。种子红色。

生物学特性：花期5月，果期10月。

分布：中国西南、华南、华中和华东有分布。越南也有分布。各校区有分布。

景观应用：园林绿化树种。

🌿 60. 红色木莲 *Manglietia insignis* (Wall.) Bl.

中文异名：红花木莲

分类地位：木兰科（Magnoliaceae）木莲属（*Manglietia* Bl.）

形态学特征：多年生常绿乔木。高达30m，胸径可达40cm。小枝无毛或幼嫩时在节上被锈色或黄褐毛柔毛。叶革质，倒披针形、长圆形或长圆状椭圆形，长10~26cm，宽4~10cm，先端渐尖或尾状渐尖，侧脉每边12~24条，柄长2~3.5cm。花梗粗壮，直径8~10mm。花被片9~12片，外轮3片褐色，腹面染红色或紫红色，倒卵状长圆形，长6~7cm，向外反曲，中内轮6~9片，直立，乳白色染粉红色，倒卵状匙形，长5~7cm，1/4以下渐狭成爪。雄蕊长10~18mm。雌蕊群圆柱形，长5~6cm。聚合果鲜时紫红色，卵状长圆形，长7~12cm。

红色木莲枝叶（徐正浩摄）

红色木莲叶（徐正浩摄）

红色木莲花（徐正浩摄）

红色木莲雌雄蕊（徐正浩摄）

生物学特性：花芳香。花期5—6月，果期8—9月。

分布：中国华中、西南、华南等地有分布。尼泊尔、印度北部、缅甸北部和泰国也有分布。紫金港校区有分布。

景观应用：园林绿化树种。

红色木莲果期植株（徐正浩摄）

红色木莲植株（徐正浩摄）

61. 荷花玉兰 *Magnolia grandiflora* Linn.

中文异名：大花玉兰、洋玉兰

英文名：southern magnolia, bull bay, evergreen magnolia

分类地位：木兰科（Magnoliaceae）木兰属（*Magnolia* Linn.）

形态学特征：多年生常绿乔木。在原产地高达30m。树皮淡褐色或灰色，薄鳞片状开裂，小枝粗壮，具横隔的髓心，小枝、芽、叶背、叶柄均密被褐色或灰褐色短茸毛。叶厚革质，椭圆形、长圆状椭圆形或倒卵状椭圆形，长10~20cm，宽4~10cm，先端钝或短钝尖，基部楔形，叶面深绿色，有光泽，侧脉每边8~10条，柄长1.5~4cm。花白色，径15~20cm，花被片9~12片，厚肉质，倒卵形，长6~10cm，宽5~7cm。雄蕊长1.5~2cm，花丝扁平，紫色，花药内向，药隔伸出成短尖。雌蕊群椭圆形，密被长茸毛。心皮卵形，长1~1.5cm。花柱呈卷曲状。聚合果圆柱状长圆形或卵圆形，长7~10cm，径4~5cm。种子近卵圆形或卵形，长1~1.5cm，径4~6mm，外种皮红色。

生物学特性：花芳香。花期5—6月，果期9—10月。

分布：原产于美国东南部。各校区有分布。

景观应用：庭院绿化观赏树种。

荷花玉兰叶（徐正浩摄）

荷花玉兰果实（徐正浩摄）

荷花玉兰孤植植株（徐正浩摄）

荷花玉兰花（徐正浩摄）

荷花玉兰花期植株（徐正浩摄）

荷花玉兰居群（徐正浩摄）

62. 紫玉兰 *Yulania liliiflora* (Desr.) D. L. Fu

中文异名：辛夷

分类地位：木兰科（Magnoliaceae）玉兰属（*Yulania*（Spach）Reichenb.）

形态学特征：多年生落叶灌木。高达3m。树皮灰褐色，小枝绿紫色或淡褐紫色。叶椭圆状倒卵形或倒卵形，长8~18cm，宽3~10cm，先端急尖或渐尖，基部渐狭，下延，叶面深绿色，叶背灰绿色，侧脉每边8~10条，柄长8~20mm。花被片9~12片，外轮3片萼片状，紫绿色，披针形，长2~3.5cm，常早落，内2轮肉质，外面紫色或紫红

紫玉兰花（徐正浩摄）

紫玉兰花序（徐正浩摄）

色，内面带白色，花瓣状，椭圆状倒卵形，长8~10cm，宽3~4.5cm。雄蕊紫红色，长8~10mm，花药长5~7mm，侧向开裂，药隔伸出成短尖头。雌蕊群长1~1.5cm，淡紫色，无毛。聚合果深紫褐色，变褐色，圆柱形，长7~10cm。成熟

紫玉兰景观植株（徐正浩摄）

蓇葖果近圆球形，顶端具短喙。

生物学特性：花和叶同时开放。花期3—4月，果期8—9月。

分布：中国华中、华北和华南等地有分布。各校区有分布。

景观应用：园林观赏植物。

63. 玉兰 *Yulania denudata* (Desr.) D. L. Fu

中文异名：白玉兰、木兰、玉兰花

英文名：lilytree

分类地位：木兰科（Magnoliaceae）玉兰属（*Yulania*（Spach）Reichenb.）

玉兰花（徐正浩摄）

玉兰果实（徐正浩摄）

玉兰果期植株（徐正浩摄）

形态学特征：落叶乔木。树皮深灰色，老则不规则块状剥落，呈粗糙开裂。小枝淡灰褐色，冬芽密被开展的淡灰绿色柔长毛。叶互生，革质，宽倒卵形或倒卵状椭圆形，长8~18cm，宽6~10cm，先端宽圆或平截，有短凸尖，基部楔形，全缘，柄长1~2.5cm。花直立，钟状，碧白色，有时基部带红晕，径12~15cm。花被片9片，长圆状倒卵形，长9~11cm，宽3.5~4.5cm。花被片内3片稍小。雌蕊群无毛。聚合果不规则圆柱形，长8~17cm，部分心皮不发育，蓇葖果木质，具白色皮孔。种子心形，黑色。

生物学特性：花芳香。花先于叶开放。花期3月，果期9—10月。

分布：中国西南、华南、华中和华东等地有分布。各校区有分布。

景观应用：庭院观赏树种。

玉兰景观植株（徐正浩摄）

玉兰景观植株（徐正浩摄）

64. 天目木兰 *Yulania amoena* (W. C. Cheng) D. L. Fu

中文异名：天目玉兰

分类地位：木兰科（Magnoliaceae）玉兰属（*Yulania*（Spach）Reichenb.）

形态学特征：多年生落叶乔木。高达12m，树皮灰色或灰白色，芽被灰白色紧贴毛，嫩枝绿色，老枝带紫色。叶纸质，宽倒披针形、倒披针状椭圆形，长10~15cm，宽3.5~5cm，先端渐尖或骤狭尾状尖，基部阔楔形或圆形，侧脉每边10~13条，柄长8~13mm。花蕾卵圆形，长2.5~3cm，密被长绢毛。花梗径3~4mm。花红色或淡红色，径5~6cm。

天目木兰花（徐正浩摄）

佛焰苞状苞片紧接花被片。花被片9片，倒披针形或匙形，长5~6cm。雄蕊长9~10mm，花药长4.5~5mm，花丝长3~4mm，紫红色。雌蕊群圆柱形，长1.5~2cm，径1.5~2mm，柱头长0.5~1mm。聚合果圆柱形，长4~10cm。果梗长0.6~1cm。种子心形，长5~6mm，宽8~9mm。

天目木兰花期植株（徐正浩摄）

天目木兰景观植株（徐正浩摄）

生物学特性：花芳香。花先于叶开放。花期4—5月，果期9—10月。

分布：中国东南沿海、华北等地有分布。多数校区有分布。

景观应用：庭院观赏树和行道树。

🌱 65. 二乔木兰 *Yulania × soulangeana* (Soul.-Bod.) D. L. Fu

中文异名：朱砂玉兰、紫砂玉兰、苏郎木兰

分类地位：木兰科（Magnoliaceae）玉兰属（*Yulania*（Spach）Reichenb.）

形态学特征：落叶小乔木。为玉兰和紫玉兰的杂交种。分枝低，小枝紫褐色，无毛。花芽窄卵形，密被灰黄绿色长绢毛。叶倒卵形、宽倒卵形，长6~15cm，宽4~8cm，先端短急尖，基部楔形。叶面中脉基部常有毛，叶背多少被柔毛，侧脉7~9对。柄长1~1.5cm。花外面淡紫色，里面白色。花钟状。花萼3片，片状，绿色。花被片6~9片，外轮3片常较短，淡紫红色，内侧面白色。雄蕊长1~1.2cm，花药长3~5mm，侧向开裂。雌蕊群无毛，圆柱形，长1.2~1.5cm。聚合蓇葖果长6~8cm，径2.5~3cm。种子深褐色，侧扁。

生物学特性：花有香气。花先于叶开放。花期2—3月，果期9—10月。

分布：中国华东、华南地区有分布。紫金港校区有分布。

二乔木兰叶（徐正浩摄）

二乔木兰花（徐正浩摄）

二乔木兰二次花（徐正浩摄）

二乔木兰花雌雄蕊（徐正浩摄）

二乔木兰花期植株（徐正浩摄）

二乔木兰景观植株（徐正浩摄）

景观应用：观赏树木。为庭院绿化树木，也用于公园、绿地等孤植观赏。

🌱 66. 望春玉兰 *Yulania biondii* (Pamp.) D. L. Fu

中文异名：望春花

分类地位：木兰科（Magnoliaceae）玉兰属（*Yulania*（Spach）Reichenb.）

形态学特征：落叶乔木。高达12m，胸径达1m。树皮淡灰色，小枝细长，灰绿色。叶椭圆状披针形、卵状披针形或狭倒卵形，长10~18cm，宽3.5~6.5cm，先端急尖或短渐尖，基部宽楔形或圆钝，下延，叶面暗绿色，叶背浅绿色，侧脉10~15条，柄长1~2cm。花径6~8cm。花梗长0.8~1.2cm。花被片9片，外轮3片紫红色，中内轮白色。雄蕊长8~10mm。雌蕊群长1.5~2cm。聚合果圆柱形，长8~15cm。果梗长0.8~1.2cm。

生物学特性：花芳香。花先于叶开放。花期2—3月，果期9—10月。

分布：原产于中国河南等地。紫金港校区有分布。

望春玉兰叶（徐正浩摄）

望春玉兰花（徐正浩摄）

望春玉兰果实（徐正浩摄）

景观应用：观赏树木。

望春玉兰花期植株（徐正浩摄）

望春玉兰景观植株（徐正浩摄）

🍃 67. 飞黄玉兰　*Yulania denudate* (Desr.) D. L. Fu 'Fei Huang'

分类地位：木兰科（Magnoliaceae）玉兰属（*Yulania*（Spach）Reichenb.）

形态学特征：芽变枝由玉兰选育获得，以山玉兰为砧木嫁接而成。花黄色或金黄色。

生物学特性：花期较其他玉兰属树木迟。花期3—4月，果期10月。

分布：紫金港校区有栽培。

景观应用：观赏树木。

飞黄玉兰花（徐正浩摄）

飞黄玉兰雌雄蕊（徐正浩摄）

飞黄玉兰花期植株（徐正浩摄）

飞黄玉兰景观植株（徐正浩摄）

🍃 68. 白兰　*Michelia alba* DC.

中文异名：白玉兰、白兰花

分类地位：木兰科（Magnoliaceae）含笑属（*Michelia* Linn.）

形态学特征：多年生常绿乔木。高达17m。枝广展，呈阔伞形树冠，胸径30cm，树皮灰色。叶薄革质，长椭圆形或披针状椭圆形，长10~27cm，宽4~9.5cm，先端长渐尖或尾状渐尖，基部楔形，叶面无毛，叶背疏生微柔毛，柄长1.5~2cm。花白色。花被片10片，披针形，长3~4cm，宽3~5mm。雄蕊的药隔伸出长尖头。雌蕊群被微柔毛，雌蕊群

白兰枝叶（徐正浩摄）

白兰花（徐正浩摄）

白兰植株（徐正浩摄）

柄长3~4mm。心皮多数。聚合果长圆柱状。

生物学特性：揉枝叶有芳香。花极香。花期4—9月，夏季盛开，通常不结实。

分布：原产印度尼西亚爪哇。多数校区有分布。

景观应用：庭荫树、行道树和观赏树。

🍃 69. 野含笑 *Michelia skinneriana* Dunn

分类地位：木兰科（Magnoliaceae）含笑属（*Michelia* Linn.）

形态学特征：多年生常绿乔木。高可达15m。树皮灰白色，平滑，芽、嫩枝、叶柄、叶背中脉及花梗均密被褐色

野含笑枝叶（徐正浩摄）

野含笑叶（徐正浩摄）

野含笑花（徐正浩摄）

长柔毛。叶革质，狭倒卵状椭圆形、倒披针形或狭椭圆形，长5~15cm，宽1.5~4cm，先端长尾状渐尖，基部楔形，叶面深绿色，有光泽，叶背被稀疏褐色长毛，侧脉每边10~13条，网脉稀疏，柄长2~4mm。花梗细长，花淡黄色。花被片6片，倒卵形，长16~20mm，外轮3片基部被褐色毛。雄蕊长6~10mm，花药长4~5mm，侧向开裂。雌蕊群长5~6mm，心皮密被褐色毛，雌蕊群柄长4~7mm，密被褐色毛。聚合果长4~7cm，具细长的总梗。

生物学特性：花芳香。花期5—6月，果期8—9月。

分布：中国南方地区有分布。各校区有分布。

景观应用：园林观赏植物。

🍃 70. 含笑花 *Michelia figo* (Lour.) Spreng.

含笑花枝叶（徐正浩摄）

含笑花的花（徐正浩摄）

中文异名：含笑、香蕉花

英文名：banana shrub

分类地位：木兰科（Magnoliaceae）含笑属（*Michelia* Linn.）

形态学特征：多年生常绿灌木。高2~3m。树皮灰

褐色，分枝繁密，芽、嫩枝、叶柄、花梗均密被黄褐色茸毛。叶革质，狭椭圆形或倒卵状椭圆形，长4~10cm，宽1.8~4.5cm，先端短钝尖，基部楔形或阔楔形，叶面有光泽，无毛，叶背中脉上留有褐色平伏毛，柄长2~4mm。花直立，长12~20mm，宽6~11mm，淡黄色而边缘有时红色或紫色，花被片6片，肉质，肥厚，长椭圆形，长12~20mm，宽6~11mm。雄蕊长7~8mm，药隔伸出成急尖头。雌蕊群无毛，长6~7mm，超出于雄蕊群。雌

含笑花果实（徐正浩摄）

含笑花花期植株（徐正浩摄）

含笑花景观植株（徐正浩摄）

含笑花居群（徐正浩摄）

蕊群柄长5~6mm，被淡黄色茸毛。聚合果长2~3.5cm。

生物学特性：花具浓甜的芳香。花期3—5月，果期7—8月。

分布：原产于中国华南各地。各校区有分布。

景观应用：庭院观赏树木。

71. 乐昌含笑　*Michelia chapensis* Dandy

分类地位：木兰科（Magnoliaceae）含笑属（*Michelia* Linn.）

形态学特征：多年生乔木。高15~30m，胸径可达1m。树皮灰色至深褐色，小枝无毛或嫩时节上被灰色微柔毛。叶薄革质，倒卵形、狭倒卵形或长圆状倒卵形，长6.5~15cm，宽3.5~7cm，先端骤狭短渐尖或短渐尖，尖头钝，基部楔形或阔楔形，叶面深绿色，有光泽，侧脉每边9~15条，网脉稀疏，柄长1.5~2.5cm。花梗长4~10mm。花被片淡黄色，6片，2轮，外轮倒卵状椭圆形，长2~3cm，宽1~1.5cm，内轮较狭。雄蕊长1.7~2cm，花药长

乐昌含笑叶（徐正浩摄）

乐昌含笑花（徐正浩摄）

乐昌含笑果期植株（徐正浩摄）

乐昌含笑花期植株（徐正浩摄）

乐昌含笑果实（徐正浩摄）

1.1~1.5cm，药隔伸长成1mm的尖头。雌蕊群狭圆柱形，长1~1.5cm，雌蕊群柄长5~7mm。心皮卵圆形，长1~2mm，花柱长1~1.5mm。胚珠6个。聚合果长8~10cm，果梗长1.5~2cm。蓇葖果长圆体形或卵圆形，长1~1.5cm，宽0.6~1cm，顶端具短细弯尖头，基部宽。种子红色，卵形或长圆状卵圆形，长0.6~1cm，宽4~6mm。

生物学特性：花芳香。花期3—4月，果期8—9月。

分布：中国云南、贵州、江西、湖南、广东、广西等地有分布。各校区有分布。

景观应用：优良的园林绿化和观赏树种。

72. 深山含笑 *Michelia maudiae* Dunn

深山含笑树梢（徐正浩摄）

深山含笑花期植株（徐正浩摄）

深山含笑果实（徐正浩摄）

深山含笑花（徐正浩摄）

深山含笑果期植株（徐正浩摄）

中文异名：莫夫人含笑花、光叶白兰花

分类地位：木兰科（Magnoliaceae）含笑属（*Michelia* Linn.）

形态学特征：多年生常绿乔木。高达20m。各部均无毛，树皮薄、浅灰色或灰褐色，芽、嫩枝、叶背、苞片均被白粉。叶革质，长圆状椭圆形，长7~18cm，宽3.5~8.5cm，先端骤狭短渐尖或短渐尖，尖头钝，基部楔形、阔楔形或近圆钝，叶面深绿色，有光泽，叶背灰绿色，被白粉，侧脉每边7~12条，柄长1~3cm。佛焰苞状苞片淡褐色，薄革质，长2.5~3cm。花被片9片，纯白色，基部稍呈淡红色，外轮的倒卵形，长5~7cm，宽3.5~4cm，顶端具短急尖，基部具长爪，长达1cm，内2轮渐狭小。雄蕊长1.5~2.5cm，药隔伸出长1~2mm的尖头，花丝宽扁，淡紫色，长3~4mm。雌蕊群长1.5~1.8cm，雌蕊群柄长5~8mm。心皮绿色，狭卵圆形，连花柱长5~6mm。聚合果长7~15cm。种子红色，斜卵圆形，长0.5~1cm，宽3~5mm，稍扁。

生物学特性：花芳香。花期2—3月，果期9—10月。

分布：中国浙江南部、福建等地有分布。各校区有分布。

景观应用：园林观赏树木。

73. 醉香含笑 *Michelia macclurei* Dandy

中文异名：火力楠

分类地位：木兰科（Magnoliaceae）含笑属（*Michelia* Linn.）

形态学特征：多年生常绿乔木。高达30m，胸径可达1m。树皮灰白色，光滑不开裂，芽、嫩枝、叶柄、托叶及花梗均被紧贴而有光泽的红褐色短茸毛。叶革质，倒卵形、椭圆状倒卵形、菱形或长圆状椭圆形，长7~14cm，宽5~7cm，先端短急尖或渐尖，基部楔形或宽楔形，侧脉每边10~15条，柄长2.5~4cm。花梗径3~4mm，长1~1.3cm。花被片白色，常9片，匙状倒卵形或倒披针形，长3~5cm，内面的较狭小。雄蕊长1~2cm，花药长0.8~1.4cm，药隔伸出1mm的短尖头，花丝红色，长0.5~1mm。雌蕊群长1.4~2cm，雌蕊群柄长1~2cm，密被褐色短茸毛。心皮卵圆形或狭卵圆形，长4~5mm。聚合果长3~7cm。种子1~3粒，扁卵圆形，长8~10mm，宽6~8mm。

生物学特性：花期3—4月，果期9—11月。

分布：中国南方沿海地区有分布。越南北部也有分布。紫金港校区、华家池校区有分布。

景观应用：绿化树种。可栽作行道树。

醉香含笑树干（徐正浩摄）

醉香含笑枝叶（徐正浩摄）

醉香含笑叶（徐正浩摄）

醉香含笑花（徐正浩摄）

醉香含笑花芽（徐正浩摄）

醉香含笑花期植株（徐正浩摄）

醉香含笑植株（徐正浩摄）

74. 杂交马褂木 *Liriodendron chinense × tulipifera*

杂交马褂木叶（徐正浩摄）

杂交马褂木花期植株（徐正浩摄）

杂交马褂木果期植株（徐正浩摄）

中文异名：杂交鹅掌楸

分类地位：木兰科（Magnoliaceae）鹅掌楸属（*Liriodendron* Linn.）

形态学特征：鹅掌楸与北美鹅掌楸（*Liriodendron tulipifera* Linn.）的杂交种。落叶大乔木。高达40m。树皮灰色，一年生枝灰色或灰褐色，具环状托叶痕。单叶互生，叶两侧通常各1裂，向中部凹，形似马褂。花较大，鹅黄色，花形杯状。果实纺锤状。

生物学特性：花期4—5月，果期10月。

分布：多数校区有分布。

景观应用：园林观赏树木。也可作庭院树和行道树。

75. 蜡梅 *Chimonanthus praecox* (Linn.) Link

蜡梅树干（徐正浩摄）

蜡梅叶（徐正浩摄）

蜡梅花（徐正浩摄）

蜡梅果实（徐正浩摄）

蜡梅果期植株（徐正浩摄）

蜡梅景观植株（徐正浩摄）

中文异名：素心蜡梅

英文名：wintersweet, Japanese allspice

分类地位：蜡梅科（Calycanthaceae）蜡梅属（*Chimonanthus* Lindl.）

形态学特征：多年生落叶灌木。高达4m。幼枝四方形，老枝近圆柱形，灰褐色，芽鳞片近圆形，覆瓦状排列。叶纸质至近革质，卵圆形、椭圆形、宽椭圆形至卵状椭圆形，有时长圆状披针形，长5~25cm，宽2~8cm，顶端急尖至渐尖，有时具尾尖，基部急尖至圆形。花着生于二年生枝条叶腋内，径2~4cm。花被片圆形、长圆形、倒卵形、椭圆形或匙形，长5~20mm，宽5~15mm，内部花被片比外部花被片短，基部有爪。雄蕊长3~4mm，花丝比花药长或与花药等长，花药向内弯，药隔顶端短尖，退化雄蕊长2~3mm。心皮基部被疏硬毛，花柱长达子房3倍。果坛状或倒卵状椭圆形，长2~5cm，径1~2.5cm，口部收缩，并具钻状披针形的被毛附生物。

生物学特性：花芳香。花先于叶开放。花期11月至翌年3月，果期4—11月。

分布：中国西南、华中、华北和华东等地有分布。各校区有分布。

景观应用：园林绿化植物。

🌿 76. 刨花润楠 *Machilus pauhoi* Kanehira

中文异名：刨花楠

分类地位：樟科（Lauraceae）润楠属（*Machilus* Nees）

形态学特征：常绿乔木。高6.5~20m，径达30cm。树皮灰褐色，有浅裂。小枝绿带褐色，干时常带黑色。顶芽球形至近卵形，随着新枝萌发，呈竹笋状，鳞片密被棕色或黄棕色小柔毛。叶常集生于小枝梢端，椭圆形或狭椭圆形，间或倒披针形，长7~15cm，宽2~4cm，先端渐尖或尾状渐尖，尖头稍钝，基部楔形，革质，叶面深绿色，叶背浅绿色，中脉在叶面凹下，在叶背明显凸起，侧脉纤细，每边12~17条，密网状，柄长1.2~2cm。聚伞状圆锥花序与叶近等长，花疏生。花梗纤细，长8~12cm。花被裂片卵状披针形，长5~6mm，先端钝。雄蕊无毛。子房无毛，近球形，花柱较子房长。柱头小，头状。果球形，径0.8~1.2cm，熟时黑色。

刨花润楠枝叶（徐正浩摄）

刨花润楠叶（徐正浩摄）

刨花润楠花（徐正浩摄）

刨花润楠花序（徐正浩摄）

刨花润楠孤植植株（徐正浩摄）

生物学特性：花期4—5月，果期6—7月。

分布：中国浙江、福建、江西、湖南、广东、广西等地有分布。华家池校区、紫金港校区有分布。

景观应用：园林庭院观赏树。

🌿 77. 薄叶润楠 *Machilus leptophylla* Hand.-Mazz.

中文异名：华东楠、大叶楠

分类地位：樟科（Lauraceae）润楠属（*Machilus* Nees）

形态学特征：高大常绿乔木。高达28m。树皮灰褐色。枝粗壮，暗褐色，无毛。顶芽近球形。叶互生，或当年生枝上轮生，倒卵状长圆形，长12~25cm，宽3.5~8cm，先端短渐尖，基部楔形，中脉在叶面凹下，在叶背显著凸起，侧脉每边14~20条，略带红色，柄长1~3cm。圆锥花序6~10个，长8~12cm。花长5~7mm，白色，花梗丝状，长3~5mm。花被裂片几等长。能育雄蕊药室顶上有短尖，花丝近线状。退化雄蕊长1.8~2mm。果球形，径0.8~1.2cm，果梗长5~10mm。

生物学特性：花期4月，果期7月。

分布：中国福建、浙江、江苏、湖南、广东、广西、贵州等地有分布。紫金港校区、华家池校区有分布。

景观应用：景观树木。

薄叶润楠枝叶（徐正浩摄）

薄叶润楠叶（徐正浩摄）

薄叶润楠植株（徐正浩摄）

78. 檫木 *Sassafras tzumu* (Hemsl.) Hemsl.

檫木叶（徐正浩摄）

檫木植株（徐正浩摄）

中文异名：檫树

分类地位：樟科（Lauraceae）檫木属（*Sassafras* Trew）

形态学特征：落叶乔木。高可达35m，胸径达2.5m。树皮幼时黄绿色，平滑，老时变灰褐色，呈不规则纵裂。顶芽大，椭圆形，长1.2~1.5cm，径0.8~1cm。枝条粗壮，近圆柱形，多少具棱角，初时带红色，干后变黑色。叶互生，聚集于枝顶，卵形或倒卵形，长9~20cm，宽6~10cm，先端渐尖，基部楔形，全缘或2~3浅裂，裂片先端略钝，叶面绿色，叶背灰绿色，羽状脉或离基3出脉，支脉向叶缘弧状网结，叶柄纤细，长1~6cm。花序顶生，长4~5cm，多花，梗长不及1cm。苞片线形至丝状，长1~8mm。雌雄异株。花黄色。花梗长4.5~6mm。雄花花被筒极短，花被裂片6片，披针形，长3~3.5mm，能育雄蕊9枚，3轮排列，近相等，花药卵圆状长圆形，4室，上方2室较小，退化雄蕊3枚，长1~1.5mm，退化雌蕊明显。雌花退化雄蕊12枚，排成4轮，子房卵珠形，长0.5~1mm，花柱长1~1.2mm，柱头盘状。果近球形，径6~8mm，成熟时蓝黑色而带有白蜡粉。

生物学特性：花先于叶开放。花期3—4月，果期5—9月。

分布：中国华东、华中、华南、西南等地有分布。之江校区有分布。

景观应用：可与其他树种混种。

79. 豹皮樟 *Litsea coreana* Levl. var. *sinensis* (Allen) Yang et P. H. Huang

分类地位：樟科（Lauraceae）木姜子属（*Litsea* Lam.）

形态学特征：常绿灌木或小乔木。高达6m。树皮灰棕色，具灰黄色块状剥落斑块。叶长圆形或披针形，长5~10cm，宽2~3.5cm，先端急尖，基部楔形，全缘，叶面绿色，具光泽，叶背灰绿色，羽状脉，侧脉每边9~10条，网纹不显。雌雄异株。伞形花序腋生，无花梗。花被片6片。雄花具雄蕊9~12枚，花药4室，向内瓣裂。雌花子房近球形，柱头2裂，退化雄蕊丝状。果实球形或近球形，径6~8mm，先端具短尖，果梗长3~5mm。

生物学特性：花期8—9月，果期翌年5月。

分布：中国浙江、江苏、安徽、河南、湖北、江西、福建等地有分布。华家池校区、之江校区有分布。

景观应用：景观树木。

豹皮樟树干（徐正浩摄）

豹皮樟枝叶（徐正浩摄）

豹皮樟叶面（徐正浩摄）

豹皮樟叶背（徐正浩摄）

80. 绣球 *Hydrangea macrophylla* (Thunb.) Ser.

中文异名：八仙花、阴绣球

英文名：bigleaf hydrangea, lacecap hydrangea, mophead hydrangea, penny mac, hortensia

分类地位：虎耳草科（Saxifragaceae）绣球属（*Hydrangea* Linn.）

形态学特征：落叶灌木。高1~4m。茎常于基部发出多数放射枝而形成圆形灌丛，枝圆柱形，紫灰色至淡灰色。叶纸质或近革质，倒卵形或阔椭圆形，长6~15cm，宽4~11.5cm，先端骤尖，具短尖头，基部钝圆形或阔楔形，基部以上边缘具粗齿，侧脉6~8对，柄长1~3.5cm。伞房状聚伞花序近球形，径8~20cm，具短的总花梗。花密集，多数不育。

绣球枝叶（徐正浩摄）

绣球花（徐正浩摄）

绣球白花（徐正浩摄）

绣球植株（徐正浩摄）

绣球景观植株（徐正浩摄）

不育花萼片4片，近圆形或阔卵形，长1.5~2.5cm，宽1~2.5cm，粉红色、淡蓝色或白色。孕性花极少数，具2~4mm长的花梗，萼筒倒圆锥状，长1.5~2mm，花瓣长圆形，长3~3.5mm，雄蕊10枚，子房半下位，花柱3个。蒴果长陀螺状，连花柱长4~4.5mm。

生物学特性：花期6—8月。

分布：中国中部有分布。日本、朝鲜也有分布。各校区有分布。

景观应用：园林观赏植物。

🍃 81. 海桐 *Pittosporum tobira* (Thunb.) Ait.

海桐花（徐正浩摄）

海桐果实（徐正浩摄）

海桐种子（徐正浩摄）

海桐花期植株（徐正浩摄）

海桐景观植株（徐正浩摄）

中文异名：海桐花

英文名：Australian laurel, Japanese pittosporum, mock orange, Japanese cheesewood

分类地位：海桐花科（Pittosporaceae）海桐花属（*Pittosporum* Banks）

形态学特征：常绿灌木或小乔木。高达6m。嫩枝被褐色柔毛，有皮孔。叶聚生于枝顶，倒卵形或倒卵状披针形，长4~9cm，宽1.5~4cm，叶面深绿色，先端圆形或钝，常微凹入或为浅心形，基部窄楔形，侧脉6~8对，柄长达2cm。伞形花序或伞房状伞形花序顶生或近顶生，花梗长1~2cm。苞片披针形，长4~5mm。小苞片长2~3mm。花白色。萼片卵形，长3~4mm。花瓣倒披针形，长1~1.2cm，离生。雄蕊2型，退化雄蕊的花丝长2~3mm，花药近于不育，正常雄蕊的花丝长5~6mm，花药长圆形，长2mm，黄色。子房长卵形，侧膜胎座3个，胚珠多数，2列着生于胎座中段。蒴果圆球形，有棱或呈三角形，径1~1.2cm。种子多数，长3~4mm，多角形，红色。

生物学特性：花芳香。花期4—6月，果期9—12月。

分布：中国西南、东南、华东等地有分布。日本、韩国也有分布。各校区有分布。

景观应用：绿化及观赏树种。

82. 枫香树 *Liquidambar formosana* Hance

中文异名：枫树

英文名：chinese sweet gum, Formosan gum

分类地位：金缕梅科（Hamamelidaceae）枫香树属（*Liquidambar* Linn.）

形态学特征：落叶乔木。高达40m。树皮灰褐色。叶薄革质，轮廓宽卵形，掌状3裂，边缘有锯齿，掌状脉3~5条，柄长3~10cm。花单性同株。雄性短穗状花序常多个排成总状，雄蕊多数，花丝不等长，花药比花丝略短。雌性头状花序有花24~43朵，花序梗长3~6cm，萼齿4~7个，针形，长4~8mm，子房半下位，2室，花柱2个。头状果序圆球形，木质，径3~4cm。果穗由多数蒴果组成。蒴果下半部藏于花序轴内，有宿存花柱及针刺状萼齿。种子多数，褐色，多角形或有窄翅。

生物学特性：花期4—5月，果期7—10月。

分布：中国黄河以南各地有分布。日本也有分布。各校区有分布。

景观应用：林荫树种，可作行道树。

枫香树枝叶（徐正浩摄）

枫香树叶（徐正浩摄）

枫香树果实（徐正浩摄）

枫香树植株（徐正浩摄）

枫香树行道树植株（徐正浩摄）

枫香树树干（徐正浩摄）

枫香树景观植株（徐正浩摄）

🍃 83. 檵木 *Loropetalum chinensis* (R. Br.) Oliv.

中文异名：白花檵木

英文名：Chinese fringe flower

分类地位：金缕梅科（Hamamelidaceae）檵木属（*Loropetalum* R. Brown）

形态学特征：落叶灌木或小乔木。植株高1~2m。多分枝，小枝被黄褐色星状柔毛。叶革质，卵形，长1.5~5cm，宽1~2.5cm，先端锐尖或钝，基部偏斜而圆，全缘，叶背密生星状柔毛，柄长2~5mm。苞片线形，萼筒有星状毛，萼齿卵形。花瓣白色，线形，长1~2cm。雄蕊4枚，花丝极短，退化雄蕊与雄蕊互生，鳞片状。蒴果褐色，近卵形，长0.5~1cm，有星状毛，2瓣裂，每瓣2浅裂。种子长卵形，长4~5mm。

生物学特性：花期5月，果期8月。

分布：中国华中、华南及西南等地有分布。日本、印度也有分布。各校区有分布。

景观应用：常用绿化树种，可作篱笆。

檵木枝叶（徐正浩摄）

檵木植株（徐正浩摄）

檵木花（徐正浩摄）

🍃 84. 红花檵木 *Lorpetalum chinense* (R. Br.) Oliv. var. *rubrum* Yieh

红花檵木枝叶（徐正浩摄）

红花檵木花（徐正浩摄）

红花檵木景观植株（徐正浩摄）

中文异名：红继木、红桎木

分类地位：金缕梅科（Hamamelidaceae）檵木属（*Loropetalum* R. Brown）

形态学特征：常绿灌木或小乔木。嫩枝被暗红色星状毛。叶互生，革质，卵形，全缘，嫩叶淡红色，越冬老叶暗红色。花4~8朵簇生于总状花梗上，呈顶生头状或短穗状花序，花瓣4枚，淡紫红色，带状线形。蒴果木质，倒卵圆形。种子长卵形，黑色，光亮。

生物学特性：花期4—5月，果期9—10月。

分布：各校区有分布。

景观应用：常用绿化树种。

85. 小叶蚊母树 *Distylium buxifolium* (Hance) Merr.

分类地位： 金缕梅科（Hamamelidaceae）蚊母树属（*Distylium* Sieb. et Zucc.）

形态学特征： 常绿灌木。高1~2m。嫩枝秃净，老枝无毛，干后灰褐色，芽体具褐色柔毛。叶薄革质，互生，倒披针形或长圆状倒披针形，长3~5cm，宽0.7~1.5cm，顶端锐尖，基部渐窄，稍下延，全缘或顶端有1~2个小齿突，两面无毛，柄长1~3mm。穗状花序腋生，长1~3cm，花序轴被棕褐色星状毛。每朵花有苞片1~2片，卵形，密被棕褐色星状毛。小苞片披针形。雄花在花序下部，萼齿3~6个，雄蕊6~8枚，花药紫色，花丝深红色。两性花生于花序上部，萼筒极短，萼齿5~6个，雄蕊5~6枚，子房密被棕褐色星状毛。蒴果卵圆形，长6~8mm，顶端锐尖，被褐色星状毛，宿存花柱长1~2mm。种子褐色。

生物学特性： 花期2—5月。果期8—10月。

分布： 中国华东、华中、华南、西南等地有分布。华家池校区、玉泉校区、紫金港校区有分布。

景观应用： 观赏树种。

小叶蚊母树叶（徐正浩摄）

小叶蚊母树枝叶（徐正浩摄）

小叶蚊母树花序（徐正浩摄）

小叶蚊母树果实（徐正浩摄）

小叶蚊母树植株（徐正浩摄）

86. 蚊母树 *Distylium racemosum* Sieb. et Zucc.

分类地位： 金缕梅科（Hamamelidaceae）蚊母树属（*Distylium* Sieb. et Zucc.）

形态学特征： 常绿灌木或小乔木。树皮暗褐色，嫩枝有鳞垢，老枝秃净，干后暗褐色，芽体裸露无鳞状苞片，被鳞垢。叶革质，椭圆形或倒卵状椭圆形，长3~7cm，宽1.5~3.5cm，先端钝或略尖，基部阔楔形，叶面深绿色，发亮，叶背初时有鳞垢，以后变秃净，侧脉5~6对，边缘无锯齿，

蚊母树枝叶（徐正浩摄）

蚊母树花序（徐正浩摄）

蚊母树果实（徐正浩摄）

蚊母树植株（徐正浩摄）

蚊母树景观植株（徐正浩摄）

叶柄长5~10mm，略有鳞垢。总状花序长1.5~2cm。总苞2~3片，卵形，有鳞垢。苞片披针形，长2~3mm。雌雄花同在1个花序上。两性花位于花序顶端，萼筒短，萼齿大小不相等，被鳞垢，雄蕊5~6枚，花丝长1~2mm，花药长3~3.5mm，红色，子房有星状茸毛，花柱长6~7mm。蒴果卵圆形，长1~1.3cm，先端尖，外面有褐色星状茸毛，果梗短，长不及2mm。种子卵圆形，长4~5mm，深褐色，发亮。

生物学特性：花期3—4月，果期7—9月。

分布：中国华东、华南等地有分布。朝鲜等也有分布。多数校区有分布。

景观应用：灌木。

87. 杜仲 *Eucommia ulmoides* Oliv.

分类地位：杜仲科（Eucommiaceae）杜仲属（*Eucommia* Oliv.）

形态学特征：多年生落叶乔木。高达20m，胸径可达50cm。树皮灰褐色，粗糙，嫩枝有黄褐色毛，不久变秃净，老枝有明显的皮孔。芽体卵圆形，红褐色，有鳞片6~8片。叶薄革质，椭圆形、卵形或矩圆形，长6~15cm，宽3.5~6.5cm，先端渐尖，基部圆形或阔楔形，叶面暗绿色，叶背淡绿色，侧脉6~9对，边缘有锯齿，柄长1~2cm。花生于当年枝基部。雄花无花被，花梗长2~3mm。苞片倒卵状匙形，长6~8mm，顶端圆形，边缘有睫毛。雄蕊长0.7~1cm，花丝长0.5~1mm，药隔突出，花粉囊细长，无退化雌蕊。雌花单生，苞片倒卵形，花梗长6~8mm，子房无毛，1室，扁而长，先端2裂，子房柄极短。翅果扁平，长椭圆形，长3~3.5cm，宽1~1.3cm，先端2裂，基部楔形，周围具薄翅。种子扁平，线形，长1.4~1.5cm，宽2~3mm，两端圆形。

生物学特性：花期4月，果期9—10月。

分布：中国西南、华中、华北和华东有分布。紫金港校区有分布。

景观应用：景观树木。

杜仲叶（徐正浩摄）

杜仲果实（徐正浩摄）

杜仲景观植株（徐正浩摄）

杜仲植株（徐正浩摄）

88. 二球悬铃木 *Platanus × acerifolia* (Aiton) Willd.

中文异名： 英国梧桐、法国梧桐

英文名： London plane, London planetree, hybrid plane

分类地位： 悬铃木科（Platanaceae）悬铃木属（*Platanus* Linn.）

形态学特征： 由三球悬铃木（*Platanus orientalis* Linn.）与一球悬铃木（*Platanus occidentalis* Linn.）杂交育成。落叶大乔木。高达30m。树皮光滑，大片块状脱落，嫩枝密生灰黄色茸毛，老枝秃净，红褐色。叶阔卵形，长10~24cm，宽12~25cm，基部截形或微心形，上部掌状5裂，有时7裂或3裂，裂片全缘或有1~2个粗大锯齿，掌状脉3条，稀为5条，柄长3~10cm。花通常4基数。雄花的萼片卵形，被毛，花瓣矩圆形，长为萼片的2倍，雄蕊比花瓣长，盾形药隔有毛。果枝有头状果序1~2个，稀为3个，常下垂，果径2~3cm。

生物学特性： 花期4月，果期9—10月。

分布： 原产于亚洲西南部和欧洲。各校区有分布。

景观应用： 行道树种。

二球悬铃木枝叶（徐正浩摄）

二球悬铃木果实（徐正浩摄）

二球悬铃木果期植株（徐正浩摄）

二球悬铃木景观植株（徐正浩摄）

二球悬铃木居群（徐正浩摄）

89. 粉花绣线菊 *Spiraea japonica* Linn. f.

中文异名： 日本绣线菊

英文名： japanese meadowsweet, Japanese spiraea, Korean spiraea

分类地位： 蔷薇科（Rosaceae）绣线菊属（*Spiraea* Linn.）

形态学特征： 直立灌木。高达1.5m，枝条细长，开展，小枝近圆柱形，冬芽卵形，先端急尖，有数片鳞片。叶片卵形至卵状椭圆形，长2~8cm，宽1~3cm，先端急尖至短渐尖，基部楔形，边缘有缺刻状重锯齿或单锯齿，叶面暗绿色，叶背色浅或有白霜，柄长1~3mm。复

粉花绣线菊枝叶（徐正浩摄）

粉花绣线菊花（徐正浩摄）

粉花绣线菊植株（徐正浩摄）

粉花绣线菊景观植株（徐正浩摄）

粉花绣线菊花期植株（徐正浩摄）

伞房花序生于当年生的直立新枝顶端，花朵密集，花梗长4~6mm。花径4~7mm。花萼外面有稀疏短柔毛，萼筒钟状，萼片三角形，先端急尖。花瓣卵形至圆形，先端圆钝，长2.5~3.5mm，宽2~3mm，粉红色。雄蕊25~30枚，远较花瓣长。花盘圆环形。蓇葖果半开张。

生物学特性：花期6—7月，果期8—9月。

分布：原产于日本及朝鲜。多数校区有分布。

景观应用：观赏灌木。

90. 单瓣李叶绣线菊 *Spiraea prunifolia* var. *simpliciflora* (Nakai) Nakai

英文名：bridal wreath

分类地位：蔷薇科（Rosaceae）绣线菊属（*Spiraea* Linn.）

单瓣李叶绣线菊花序（徐正浩摄）

单瓣李叶绣线菊植株（徐正浩摄）

形态学特征：落叶灌木。高达3m。小枝细长，冬芽小。叶卵形至长圆状披针形，长1.5~3cm，宽0.6~1.2cm，先端急尖，基部楔形，边缘全缘或具粗圆锯齿，柄长1.5~3mm。萼筒钟状，萼片卵状三角形。花径5~6mm。花瓣白色，宽倒子房具短柔毛，花柱短于雄蕊。卵形，长与宽几相等，均为2~4mm。雄蕊20~25枚，长为花瓣的1/3~1/2。花盘圆环形。蕊。蓇葖果开张，宿存萼片直立。

生物学特性：花期3—4月，果期4—7月。

分布：中国华东、华中等地有分布。紫金港校区有分布。

景观应用：景观灌木。

91. 火棘 *Pyracantha fortuneana* (Maxim.) Li

火棘花（徐正浩摄）

火棘果实（徐正浩摄）

英文名：Chinese firethorn

分类地位：蔷薇科（Rosaceae）火棘属（*Pyracantha* Roem.）

形态学特征：常绿灌木。高达3m。侧枝短，先端呈刺状，嫩枝外被锈色短柔毛，老枝暗褐色，芽小，外被短柔毛。叶倒卵形或倒卵状长圆形，长1.5~6cm，宽0.5~2cm，先端圆钝或微凹，有时具短尖头，基部楔形，下延，边缘有钝锯齿，柄短。花集成复伞房花序，径3~4cm，花梗长0.7~1cm。花径0.6~1cm。萼筒钟状，萼片三角卵形，先端钝。花瓣白色，近圆形，长3~4mm，宽2~3mm。雄蕊20枚，花丝长3~4mm，花药黄色。花柱5个，离生，与雄蕊等长，子房上部密生白色柔毛。果实近球形，径3~5mm，橘红色或深红色。

生物学特性：花期3—5月，果期8—11月。

火棘花期植株（徐正浩摄）

火棘果期植株（徐正浩摄）

火棘景观植株（徐正浩摄）

火棘景观应用（徐正浩摄）

分布：中国西南、华南、华东、华中和西北等地有分布。各校区有分布。

景观应用：观赏灌木，常作绿篱。

92. 小丑火棘 *Pyracantha fortuneana* 'Harlequin'

分类地位：蔷薇科（Rosaceae）火棘属（*Pyracantha* Roem.）

形态学特征：火棘的园艺种。与火棘的主要区别在于叶有花纹，冬季叶片变红色。

生物学特性：花期3—5月，果期8—11月。

分布：紫金港校区有分布。

景观应用：观叶兼观果灌木。

小丑火棘枝叶（徐正浩摄）

小丑火棘叶（徐正浩摄）

小丑火棘植株（徐正浩摄）

93. 山楂 *Crataegus pinnatifida* Bunge

英文名：mountain hawthorn, Chinese haw, Chinese hawthorn, Chinese hawberry

分类地位：蔷薇科（Rosaceae）山楂属（*Crataegus* Linn.）

山楂枝叶（徐正浩摄）

山楂叶（徐正浩摄）

山楂叶序（徐正浩摄）

山楂花（徐正浩摄）

山楂果实（徐正浩摄）

山楂花期植株（徐正浩摄）

形态学特征：多年生落叶乔木。高达6m。树皮粗糙，暗灰色或灰褐色，刺长1~2cm，有时无刺，小枝圆柱形，当年生枝紫褐色，疏生皮孔，老枝灰褐色，冬芽三角卵形。叶片宽卵形或三角状卵形，长5~10cm，宽4~7.5cm，先端短渐尖，基部截形至宽楔形，常两侧各有3~5片羽状深裂片，裂片卵状披针形或带形，先端短渐尖，边缘有尖锐稀疏不规则重锯齿，侧脉6~10对，柄长2~6cm。伞房花序具多花，径4~6cm，花梗长4~7mm。花径1~1.5cm。萼筒钟状，长4~5mm，萼片三角状卵形至披针形，先端渐尖，与萼筒近等长。花瓣倒卵形或近圆形，长7~8mm，宽5~6mm，白色。雄蕊20枚，短于花瓣，花药粉红色。花柱3~5个，柱头头状。果实近球形或梨形，径1~1.5cm，深红色。

生物学特性：花期5—6月，果期9—10月。

分布：中国华北、东北和华东等地有分布。朝鲜、韩国和俄罗斯等也有分布。紫金港校区有分布。

景观应用：景观树木。

🌿 94. 石楠 *Photinia serrulata* Lindl.

英文名：Taiwanese photinia, Chinese photinia, Chinese hawthorn

分类地位：蔷薇科（Rosaceae）石楠属（*Photinia* Lindl.）

形态学特征：常绿灌木或小乔木。高4~6m。枝褐灰色，冬芽卵形，鳞片褐色，无毛。叶革质，长椭圆形、长倒卵形或倒卵状椭圆形，长9~22cm，宽3~6.5cm，先端尾尖，基部圆形或宽楔形，边缘有疏生具腺细锯齿，中脉显著，侧脉25~30对，柄粗壮，长2~4cm。复伞房花序顶生，径10~16cm。花梗长3~5mm。花密生，径6~8mm。萼筒杯状，

石楠花（徐正浩摄）

石楠花序（徐正浩摄）

长0.5~1mm，萼片阔三角
形，长0.5~1mm，先端急
尖。花瓣白色，近圆形，
径3~4mm。雄蕊20枚。花
柱2个，有时为3个，基部
合生，柱头头状，子房顶
端有柔毛。果实球形，
径5~6mm，红色，后变褐
紫色，有1粒种子。种子
卵形，长1~2mm，棕色，
平滑。

生物学特性：花期4—5月，
果期10月。

分布：中国华东、华中、华
南、西南、西北等地有分
布。印度南部、印度尼西
亚、菲律宾和日本也有分
布。各校区有分布。

景观应用：观赏树木。

石楠果实（徐正浩摄）

石楠花期植株（徐正浩摄）

石楠果期植株（徐正浩摄）

石楠生境植株（徐正浩摄）

🌿 95. 椤木石楠 *Photinia davidsoniae* Rehd. et Wils.

分类地位：蔷薇科（Rosaceae）石楠属（*Photinia* Lindl.）

形态学特征：常绿乔木。高6~15m。幼枝黄红色，后变紫褐色，有稀疏平贴柔毛，老时灰色，无毛，有时具刺。叶
片革质，长圆形、倒披针形，长5~15cm，宽2~5cm，先端急尖或渐尖，有短尖头，基部楔形，边缘稍反卷，有具腺
的细锯齿，侧脉10~12对，
柄长8~15mm。花多数，密
集成顶生复伞房花序。花径
10~12mm。花梗长5~7mm。
萼筒浅杯状，径2~3mm，萼
片阔三角形，长0.5~1mm，
先端急尖。花瓣圆形，径
3.5~4mm，先端圆钝，基部
有极短爪。雄蕊20枚，较
花瓣短。花柱2个，基部合
生，密被白色长柔毛。果实
球形或卵形，径7~10mm，
黄红色，无毛。种子2~4
粒，卵形，长4~5mm，
褐色。

生物学特性：花期5月，果
期9—10月。

椤木石楠树干（徐正浩摄）

椤木石楠枝叶（徐正浩摄）

椤木石楠果期植株（徐正浩摄）

椤木石楠植株（徐正浩摄）

椤木石楠景观植株（徐正浩摄）

分布：中国华东、华中、华南、西南等地有分布。多数校区有分布。

景观应用：庭院观赏树木。

96. 光叶石楠 *Photinia glabra* (Thunb.) Maxim.

光叶石楠叶（徐正浩摄）

光叶石楠果实（徐正浩摄）

英文名：Japanese photinia

分类地位：蔷薇科（Rosaceae）石楠属（*Photinia* Lindl.）

形态学特征：常绿乔木。高3~5m。老枝灰黑色，皮孔棕黑色，近圆形，散生。叶革质，幼时及老时皆呈红色，椭圆形、长圆形或长圆状倒卵形，长5~9cm，宽2~4cm，先端渐尖，基部楔形，边缘有疏生浅钝细锯齿，侧脉10~18对，柄长1~1.5cm。花多数。顶生复伞房花序径5~10cm。花径7~8mm。萼筒杯状，萼片三角形，长0.5~1mm，先端急尖。花瓣白色，反卷，倒卵形，长2~3mm，先端圆钝，基部有短爪。雄蕊20枚，与花瓣等长或较短。花柱2个，离生或下部合生，柱头头状，子房顶端有柔毛。果实卵形，长3~5mm，红色，无毛。

生物学特性：花期4—5月，果期9—10月。

分布：中国华东、华中、华南、西南等地有分布。缅甸、泰国和日本也有分布。华家池校区有分布。

景观应用：景观树木。

97. 小叶石楠 *Photinia parvifolia* (Pritz.) Schneid.

分类地位：蔷薇科（Rosaceae）石楠属（*Photinia* Lindl.）

形态学特征：落叶灌木或小乔木。高达3m。小枝黄褐色至黑褐色，冬芽红褐色。叶厚纸质，卵形、卵状椭圆形、卵状披针形或菱状椭圆形，长2~5.5cm，宽0.8~2.5cm，先端渐尖至长渐尖，基部楔形至近圆形，边缘具细锐锯齿，柄长1~2mm。伞形花序生于侧枝顶端，常1~2朵花，有时可达6朵。总花梗缺。花梗长2~4cm，纤细。花径6~8mm。萼片5片，宽卵形。花瓣白色，倒卵形，长4~5mm，宽3.5~4.5mm，先端圆钝，具瓣柄。花柱2~3个。果实淡红色，

小叶石楠叶（徐正浩摄）

小叶石楠果实（徐正浩摄）

小叶石楠植株（徐正浩摄）

卵球形，长8~10mm，径5~7mm。

生物学特性：花期4—5月，果期8—10月。

分布：中国华东、华中、华南、西南等地有分布。华家池校区有分布。

景观应用：景观树木。

🍃 98. 红叶石楠　*Photinia × fraseri* 'Red Robin'

中文异名：红罗宾

英文名：fraser photinia, red robin photinia

分类地位：蔷薇科（Rosaceae）石楠属（*Photinia* Lindl.）

形态学特征：由光叶石楠（*Photinia glabra*（Thunb.）Maxim.）和石楠（*Photinia serrulata* Lindl.）杂交育成。常绿小乔木或灌木。乔木高6~15m，灌木高1.5~2m。叶革质，长圆形至倒卵状披针形，长5~15cm，宽2~5cm，先端渐尖，具短尖头，基部楔形，边缘具带腺锯齿，柄长0.5~1.5cm。花多，密。伞房花序顶生。花瓣白色，花径1~1.2cm。果实橙黄色，径7~10mm。

生物学特性：花期5—7月，果期9—10月。

分布：各校区有分布。

景观应用：景观树木。常用作绿篱。

红叶石楠花（徐正浩摄）

红叶石楠花期植株（徐正浩摄）

红叶石楠植株（徐正浩摄）

红叶石楠景观植株（徐正浩摄）

🍃 99. 枇杷　*Eriobotrya japonica* (Thunb.) Lindl.

英文名：loquat

分类地位：蔷薇科（Rosaceae）枇杷属（*Eriobotrya* Lindl.）

形态学特征：常绿小乔木。高可达10m，小枝粗壮，黄褐色，密生锈色或灰棕色茸毛。叶革质，披针形、倒披针形、倒卵形或椭圆长圆形，长12~30cm，宽3~9cm，先端急尖或渐尖，基部楔形或渐狭成叶柄，上部边缘有疏锯齿，基部全缘，叶面光亮，多皱，叶背密生灰棕色茸毛，侧脉11~21对，柄短或几无柄，长6~10mm。圆锥花序顶生，长10~19cm，

枇杷叶（徐正浩摄）

枇杷花（徐正浩摄）

枇杷果实（徐正浩摄）

枇杷景观植株（徐正浩摄）

具多花。花梗长2~8mm。花径12~20mm。萼筒浅杯状，长4~5mm，萼片三角卵形，长2~3mm，先端急尖，萼筒及萼片外面有锈色茸毛。花瓣白色，长圆形或卵形，长5~9mm，宽4~6mm，基部具爪。雄蕊20枚，远短于花瓣，花丝基部扩展。花柱5个，离生，柱头头状，无毛，子房顶端有锈色柔毛，5室，每室有2个胚珠。果实球形或长圆形，径2~5cm，黄色或橘黄色，外有锈色柔毛，不久脱落。种子1~5粒，球形或扁球形，径1~1.5cm。

生物学特性：花期10—12月，果期5—6月。

分布：中国华东、华中、华南、西南、西北等地有分布。各校区有分布。

景观应用：景观树木。

100. 厚叶石斑木 *Rhaphiolepis umbellata* (Thunb) Makino

分类地位：蔷薇科（Rosaceae）石斑木属（*Raphiolepis* Lindl.）

形态学特征：常绿灌木或小乔木。高1~4m。枝粗壮，叉开。叶集生于小枝顶端，厚革质，长椭圆形、卵形或倒卵形，长2.5~7cm，宽1.2~3cm，先端圆钝，锐尖或微凹，基部楔形、宽楔形至圆钝，边缘稍反卷，全缘或疏生锯齿，叶面深绿色，带紫红，具光泽，叶背淡绿色，柄长5~18mm。圆锥花序顶生，直立。萼筒倒圆锥状，萼片三角形至窄卵形。花瓣白色，倒卵形，长1~1.2cm。雄蕊20枚。花柱2个，基部合生。果实黑紫色，被白霜，球形，径7~10mm。

生物学特性：花期4—6月，果期8—11月。

分布：中国浙江有分布。日本也有分布。舟山校区、紫金港校区有分布。

景观应用：景观灌木。

厚叶石斑木叶（徐正浩摄）

厚叶石斑木果实（徐正浩摄）

厚叶石斑木果期植株（徐正浩摄）

厚叶石斑木植株（徐正浩摄）

101. 木瓜 *Chaenomeles sinensis* (Thouin) Koehne

中文异名：光皮木瓜

英文名：Chinese quince

分类地位：蔷薇科（Rosaceae）木瓜属（*Chaenomeles* Lindl.）

形态学特征：灌木或小乔木。高5~10m。树皮成片状脱落，小枝无刺，圆柱形，幼时被柔毛，不久即脱落，紫红色，二年生枝无毛，紫褐色。冬芽半圆形，先端圆钝，无毛，紫褐色。叶椭圆卵形或长椭圆形，长5~8cm，宽3.5~5.5cm，先端急尖，基部宽楔形或圆形，边缘有刺芒状尖锐锯齿，柄长5~10mm。花单生于叶腋，花梗短粗，长5~10mm。花径2.5~3cm。萼筒钟状，萼片三角披针形，长6~10mm。花瓣倒卵形，淡粉红色。雄蕊多数，长不及花瓣的1/2。花柱3~5个，基部合生，被柔毛，柱头头状，有不明显分裂，与雄蕊等长或稍长。果实长椭圆形，长10~15cm，暗黄色，果梗短。

生物学特性：花期4月，果期9—10月。

分布：中国华东、华中、华南、西南、西北等地有分布。玉泉校区、紫金港校区有分布。

景观应用：观赏树木。

木瓜树干（徐正浩摄）

木瓜花（徐正浩摄）

木瓜果实（徐正浩摄）

木瓜花期植株（徐正浩摄）

木瓜果期植株（徐正浩摄）

木瓜景观植株（徐正浩摄）

102. 皱皮木瓜 *Chaenomeles speciosa* (Sweet) Nakai

中文异名：贴梗海棠

英文名：flowering quince, Chinese quince, Japanese quince

分类地位：蔷薇科（Rosaceae）木瓜属（*Chaenomeles* Lindl.）

形态学特征：多年生落叶灌木。高达2m。枝条直立开展，有刺，小枝圆柱形，微

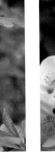

皱皮木瓜枝叶（徐正浩摄）

皱皮木瓜花（徐正浩摄）

皱皮木瓜花期植株（徐正浩摄）

皱皮木瓜景观植株（徐正浩摄）

弯曲，无毛，紫褐色或黑褐色，有疏生浅褐色皮孔。冬芽三角卵形，先端急尖，紫褐色。叶卵形至椭圆形，长3~9cm，宽1.5~5cm，先端急尖，稀圆钝，基部楔形至宽楔形，边缘具有尖锐锯齿，柄长0.6~1cm。花3~5朵簇生于二年生老枝上。花梗短粗，长2~3mm或近于无柄。花径3~5cm。萼筒钟状，萼片直立，半圆形，长3~4mm，宽4~5mm。花瓣倒卵形或近圆形，基部延伸成短爪，长10~15mm，宽8~13mm，猩红色。雄蕊45~50枚，长为花瓣的1/2。花柱5个，基部合生，柱头头状，与雄蕊等长。果实球形或卵球形，径4~6cm，黄色或带黄绿色。

生物学特性：花先于叶开放。花期3—5月，果期9—10月。

分布：中国西南、华南、西北等地有分布。缅甸也有分布。各校区有分布。

景观应用：观赏树木。

103. 日本木瓜 *Chaenomeles japonica* (Thunb.) Spach

中文异名：倭海棠

英文名：Maule's quince

分类地位：蔷薇科（Rosaceae）木瓜属（*Chaenomeles* Lindl.）

形态学特征：多年生矮灌木。高0.8~1.2m。枝条广开，具细刺，小枝粗糙，圆柱形，幼时具茸毛，紫红色，二年生枝条有疣状凸起，黑褐色，无毛。冬芽三角卵形，先端急尖，无毛，紫褐色。叶倒卵形、匙形至宽卵形，长3~5cm，宽2~3cm，先端圆钝，基部楔形或宽楔形，边缘有圆钝锯齿，柄长3~5mm。花3~5朵簇生，花梗短或近于无梗，无毛。花径2.5~4cm。萼筒钟状，萼片卵形，长4~5mm，先端急尖或圆钝，边缘有不明显锯齿。花瓣倒卵形或近圆形，基部延伸成短爪，长1.5~2cm，宽1~1.5cm，砖红色。雄蕊40~60枚，长为花瓣的1/2。花柱5个，基部合生，无毛，柱头头状，有不明显分裂，与雄蕊等长。果实近球形，径3~4mm，黄色。

生物学特性：花期3—6月，果期8—10月。

分布：原产于日本。各校区有分布。

景观应用：观赏灌木。

日本木瓜枝叶（徐正浩摄）

日本木瓜叶（徐正浩摄）

日本木瓜花（徐正浩摄）

日本木瓜花期植株（徐正浩摄）

104. 沙梨 *Pyrus pyrifolia* (Burm. f.) Nakai

中文异名：金株梨、麻安梨

英文名：Asian pear, Chinese pear, Korean pear, Japanese pear, Taiwnese pear, sand pear

分类地位：蔷薇科（Rosaceae）梨属（*Pyrus* Linn.）

形态学特征：多年生落叶乔木。高7~15m。小枝初具黄褐色长柔毛或茸毛，后脱落，二年生枝紫褐色，具稀疏皮孔。冬芽长卵形，顶端圆钝。叶卵状椭圆形或卵形，长7~12cm，宽4~6cm，先端长渐尖，基部圆形或近心形，边缘具刺芒状锯齿，柄长3~5cm。伞房总状花序具5~9朵花。花径2.5~4.5cm。萼片三角状长卵形，长4~6mm，先端渐尖。花瓣白色，卵形，长1.5~2cm，先端啮齿状，具短瓣柄。雄蕊20~35枚，长6~8mm，花药紫色。花柱5个，与雄蕊等长或比雄蕊稍长。果实浅褐色，近球形，顶端微下陷。

生物学特性：花期4月，果期7—9月。

分布：华家池校区有分布。

景观应用：观赏树木和果树。

沙梨枝叶（徐正浩摄）

沙梨花（徐正浩摄）

沙梨果实（徐正浩摄）

105. 湖北海棠 *Malus hupehensis* (Pamp.) Rehd.

英文名：Chinese crab apple, Hupeh crab, tea crabapple

分类地位：蔷薇科（Rosaceae）苹果属（*Malus* Mill.）

形态学特征：多年生乔木。高达8m。小枝最初有短柔毛，不久脱落，老枝紫色至紫褐色。冬芽卵形，先端急尖，鳞片边缘有疏生短柔毛，暗紫色。叶卵形至卵状椭圆形，长5~10cm，宽2.5~4cm，先端渐尖，基部宽楔形，边缘有细锐锯齿，柄长1~3cm。伞房花序具花4~6朵。花梗长3~6cm。花径3.5~4cm。萼筒外面无毛或稍有长柔毛，萼片三角卵形，长4~5mm，略带紫色，与萼筒等长或比萼筒稍短。

湖北海棠花（徐正浩摄）

湖北海棠花梗（徐正浩摄）

湖北海棠果实（徐正浩摄）

湖北海棠花期植株（徐正浩摄）

湖北海棠果期植株（徐正浩摄）

湖北海棠景观植株（徐正浩摄）

花瓣倒卵形，长1~1.5cm，基部具短爪，粉白色或近白色。雄蕊20枚，花丝长短不齐，为花瓣的1/2。花柱3个，基部有长茸毛，较雄蕊稍长。果实椭圆形或近球形，径0.7~1cm，黄绿色稍带红晕。果梗长2~4cm。

生物学特性：花期4—5月，果期8—9月。

分布：中国华东、华中、华北、华南、西南、西北等地有分布。各校区有分布。

景观应用：观花赏果树种。

106. 垂丝海棠 *Malus halliana* Koehne

英文名：hall crabapple

分类地位：蔷薇科（Rosaceae）苹果属（*Malus* Mill.）

形态学特征：多年生乔木。高达5m。树冠开展，小枝细弱，微弯曲，圆柱形，最初有毛，不久脱落，紫色或紫褐色。冬芽卵形，先端渐尖，无毛或仅在鳞片边缘具柔毛，紫色。叶卵形或椭圆形至长椭圆卵形，长3.5~8cm，宽2.5~4.5cm，先端长渐尖，基部楔形至近圆形，边缘有圆钝细锯齿，叶面深绿色，有光泽并常带紫晕，柄长5~25mm。伞房花序，具花4~6朵。花梗细弱，长2~4cm，下垂，有稀疏柔毛，紫色。花径3~3.5cm。萼筒外面无毛，萼片三角卵形，长3~5mm，先端钝，全缘，外面无毛，内面密被茸毛，与萼筒等长或比萼筒稍短。花瓣倒卵形，长1~1.5cm，基部有短爪，粉红色。雄蕊20~25枚，花丝长短不齐。花柱4~5个，较雄蕊长，基部有长茸毛，顶花有时缺少雌蕊。果实梨形或倒卵形，径6~8mm，略带紫色，成熟

垂丝海棠花（徐正浩摄）

垂丝海棠花梗（徐正浩摄）

垂丝海棠果实（徐正浩摄）

垂丝海棠花期植株（徐正浩摄）

垂丝海棠果期植株（徐正浩摄）

垂丝海棠景观植株（徐正浩摄）

迟，萼片脱落。果梗长2~5cm。

生物学特性：花期3—4月，果期10 —12月。

分布：中国华东、华中、西南、西北等地有分布。各校区有分布。

景观应用：庭院观赏花木，也可盆栽观赏。

107. 海棠花 *Malus spectabilis* (Ait.) Borkh.

英文名：Asiatic apple, Chinese crab, Chinese flowering apple

分类地位：蔷薇科（Rosaceae）苹果属（*Malus* Mill.）

形态学特征：多年生乔木。高可达8m。小枝粗壮，圆柱形，幼时具短柔毛，逐渐脱落，老时红褐色或紫褐色，无毛。冬芽卵形，先端渐尖，微被柔毛，紫褐色。叶椭圆形至长椭圆形，长5~8cm，宽2~3cm，先端短渐尖或圆钝，基部宽楔形或近圆形，边缘有紧贴细锯齿，有时部分近于全缘，柄长1.5~2cm。花序近伞形，具花4~6朵。花梗长2~3cm。花径4~5cm。萼筒外面无毛或有白色茸毛，萼片三角卵形，先端急尖。花瓣卵形，长2~2.5cm，宽1.5~2cm，基部有短爪，白色，在芽中呈粉红色。雄蕊20~25枚，花丝长短不等。花柱5个，稀4个，基部有白色茸毛，比雄蕊稍长。果实近球形，径1.5~2cm，黄色，萼片宿存，基部不下陷，梗洼隆起。果梗细长，先端肥厚，长3~4cm。

生物学特性：花期4—5月，果期8—9月。

分布：原产于中国北部地区。各校区有分布。

景观应用：观赏树种。

海棠花树干（徐正浩摄）

海棠花枝叶（徐正浩摄）

海棠花叶（徐正浩摄）

海棠花的花（徐正浩摄）

海棠花花期植株（徐正浩摄）

海棠花景观植株（徐正浩摄）

🍃 108. 西府海棠 *Malus × micromalus* Makino

中文异名：子母海棠、小果海棠、海红
英文名：midget crabapple
分类地位：蔷薇科（Rosaceae）苹果属（*Malus* Mill.）

西府海棠花（徐正浩摄）

西府海棠花序（徐正浩摄）

西府海棠花期植株（徐正浩摄）

西府海棠景观植株（徐正浩摄）

形态学特征：多年生小乔木。高2.5~5m。树枝直立性强。小枝细弱，圆柱形，嫩时被短柔毛，老时脱落，紫红色或暗褐色，具稀疏皮孔。冬芽卵形，先端急尖，无毛或仅边缘有茸毛，暗紫色。叶长椭圆形或椭圆形，长5~10cm，宽2.5~5cm，先端急尖或渐尖，基部楔形，稀近圆形，边缘有尖锐锯齿，柄长2~3.5cm。伞形总状花序，具花4~7朵，集生于小枝顶端，花梗长2~3cm，嫩时被长柔毛，逐渐脱落。萼筒外面密被白色长茸毛，萼片三角卵形、三角披针形至长卵形，先端急尖或渐尖，全缘，长5~8mm，内面被白色茸毛，外面茸毛较稀疏，萼片与萼筒等长或比萼筒稍长。花瓣近圆形或长椭圆形，长1~1.5cm，基部有短爪，粉红色。雄蕊约20枚，花丝长短不等，比花瓣稍短。花柱5个，基部具茸毛，与雄蕊等长。果实近球形，径1~1.5cm，红色，萼洼与梗洼均下陷。

生物学特性：花期4—5月，果期8—9月。

分布：多数校区有分布。

景观应用：庭院观赏花木。

🍃 109. 棣棠花 *Kerria japonica* (Linn.) DC.

中文异名：棣棠
英文名：Japanese rose
分类地位：蔷薇科（Rosaceae）棣棠花属（*Kerria* DC.）

形态学特征：多年生落叶灌。高1~2m。小枝绿色，圆柱形，无毛，常拱垂，嫩枝有棱角。叶互生，三角状卵形或卵圆形，顶端长渐

棣棠花叶（徐正浩摄）

棣棠花的花（徐正浩摄）

尖，基部圆形、截形或微心形，边缘有尖锐重锯齿，两面绿色，柄长5~10mm。单花，着生于当年生侧枝顶端，花

径2.5~6cm。萼片卵状椭圆形，顶端急尖，有小尖头，全缘，果时宿存。花瓣黄色，宽椭圆形，顶端下凹，比萼片长1~4倍。瘦果倒卵形至半球形，褐色或黑褐色，表面无毛，有皱褶。

生物学特性：花期4—6月，果期6—8月。

棣棠花花期植株（徐正浩摄）

棣棠花景观植株（徐正浩摄）

分布：中国华东、华中、西南、西北等地有分布。日本也有分布。各校区有分布。

景观应用：观赏灌木。

110. 重瓣棣棠花 *Kerria japonica* 'Pleniflora'

分类地位：蔷薇科（Rosaceae）棣棠花属（*Kerria* DC.）

形态学特征：棣棠花的栽培变种。与棣棠花的主要区别在于花重瓣。

生物学特性：花期4—6月，果期6—8月。

分布：各校区有分布。

景观应用：观赏灌木。

重瓣棣棠花枝叶（徐正浩摄）

重瓣棣棠花的花（徐正浩摄）

重瓣棣棠花花期植株（徐正浩摄）

111. 金樱子 *Rosa laevigata* Michx.

中文异名：油饼果子、唐樱笋、和尚头、山鸡头子、山石榴、刺梨子

英文名：Cherokee rose

分类地位：蔷薇科（Rosaceae）蔷薇属（*Rosa* Linn.）

形态学特征：常绿攀缘灌木。高可达5m。小枝粗壮，散生扁弯皮刺，无毛，幼时被腺毛，老时逐渐脱落减少。小叶革质，通常3片，稀5片，连叶柄长5~10cm。小叶片椭圆状卵

金樱子花（徐正浩摄）

金樱子果实（徐正浩摄）

形、倒卵形或披针状卵形，长2~6cm，宽1.2~3.5cm，先端急尖或圆钝，边缘有锐锯齿，叶面亮绿色，无毛，叶背黄绿色，小叶柄和叶轴有皮刺和腺毛。花单生于叶腋，径5~7cm。花梗长1.8~2.5cm。萼片卵状披针形，先端呈叶状，边缘羽状浅裂或全缘，常有刺毛和腺毛，比花瓣稍短。花瓣白色，宽倒卵形，先端微凹。雄蕊多数。心皮多数，花柱离生，比雄蕊短。果梨形、倒卵形，紫褐色，外面密被刺毛，果梗长2.5~3cm，萼片宿存。

生物学特性：花期4—6月，果期7—11月。

分布：中国华东、华中、华南、西南、西北等地有分布。之江校区、紫金港校区有分布。

景观应用：绿化灌木。

金樱子枝叶（徐正浩摄）

🍃 112. 月季花 *Rosa chinensis* Jacq.

月季花叶（徐正浩摄）

月季花粉红花（徐正浩摄）

月季花红花（徐正浩摄）

月季花花期植株（徐正浩摄）

中文异名：月月花、月月红、玫瑰、月季

英文名：China rose, Chinese rose

分类地位：蔷薇科(Rosaceae)蔷薇属（*Rosa* Linn.）

形态学特征：常绿或半常绿直立灌木。高1~2m。小枝粗壮，圆柱形，近无毛，有短粗的钩状皮刺或无刺。小叶3~5片，稀7片，连叶柄长5~11cm。小叶片宽卵形至卵状长圆形，长2.5~6cm，宽1~3cm，先端长渐尖或渐尖，基部近圆形或宽楔形，边缘有锐锯齿，叶面暗绿色，常带光泽，叶背颜色较浅，顶生小叶片有柄，侧生小叶片近无柄。花几朵集生，稀单生，径4~5cm。花梗长2.5~6cm。萼片卵形，先端尾状渐尖，有时呈叶状，边缘常有羽状裂片。花瓣重瓣至半重瓣，红色、粉红色至白色，倒卵形，先端有凹缺，基部楔形。花柱离生，伸出萼筒口外，几与雄蕊等长。果卵球形或梨形，长1~2cm，红色，萼片脱落。

生物学特性：花期4—9月，果期6—11月。

分布：原产于中国。各校区有分布。

月季花居群（徐正浩摄）

景观应用：观赏灌木。

🌿 113. 丰花月季 *Rosa hybrida* 'Floribunda'

中文异名：聚花月季

分类地位：蔷薇科（Rosaceae）蔷薇属（*Rosa* Linn.）

形态学特征：由杂种香水月季与小姊妹月季（*Rosa polyantha*）杂交改良的品种。具成团成簇开放的中型花朵，花色丰富。

生物学特性：花期长，春末至秋季均开花。

分布：多数校区有分布。

景观应用：观赏灌木。可栽植于花坛、道路、公园，观赏期长。

丰花月季花（徐正浩摄）

丰花月季植株（徐正浩摄）

丰花月季景观植株（徐正浩摄）

丰花月季景观应用（徐正浩摄）

🌿 114. 藤本月季 *Rosa hybrida* 'Climbing Roses'

中文异名：藤蔓月季、爬藤月季、爬蔓月季、藤和平

分类地位：蔷薇科（Rosaceae）蔷薇属（*Rosa* Linn.）

形态学特征：枝条长，蔓性或攀缘。

生物学特性：性喜阳光，光照不足时茎蔓细长弱软，花色变浅，花量减少。

分布：紫金港校区有分布。

景观应用：观赏灌木。

藤本月季花期植株（徐正浩摄）

🌿 115. 野蔷薇 *Rosa multiflora* Thunb.

中文异名：多花蔷薇

英文名：multiflora rose, baby rose, Japanese rose, many-flowered rose, seven-sisters rose

分类地位：蔷薇科（Rosaceae）蔷薇属（*Rosa* Linn.）

形态学特征：落叶攀缘灌木。长1~2m。小枝圆柱形。小叶5~9片，近花序小叶有时3片，连叶柄长5~10cm。小叶片倒卵形、长圆形或卵形，长1.5~5cm，宽8~28mm，先端急尖或圆钝，基部近圆形或楔形，边缘

野蔷薇枝叶（徐正浩摄）

野蔷薇果实（徐正浩摄）

野蔷薇花期植株（徐正浩摄）

野蔷薇果期植株（徐正浩摄）

有尖锐单锯齿。花多朵，排成圆锥状花序。花梗长1.5~2.5cm。花径1.5~2cm。萼片披针形，有时中部具2片线形裂片。花瓣白色，宽倒卵形，先端微凹，基部楔形。花柱结合成束，无毛，比雄蕊稍长。果近球形，径6~8mm，红褐色或紫褐色，有光泽，无毛，萼片脱落。

生物学特性：花期5—7月，果期10月。

分布：中国黄河以南各地有分布。朝鲜、韩国和日本也有分布。之江校区、紫金港校区有分布。

景观应用：绿化灌木。

116. 桃 *Prunus persica* (Linn.) Batsch

桃树枝（徐正浩摄）

桃枝叶（徐正浩摄）

桃花（徐正浩摄）

桃果实（徐正浩摄）

桃果期植株（徐正浩摄）

中文异名：桃子

英文名：peach, nectarine

分类地位：蔷薇科（Rosaceae）李属（*Prunus* Linn.）

形态学特征：多年生乔木。高3~8m。树冠宽广而平展，树皮暗红褐色，老时粗糙呈鳞片状。小枝细长，有光泽，绿色，向阳处转变成红色，具大量小皮孔。冬芽圆锥形，顶端钝，外被短柔毛，常2~3个簇生，中间为叶芽，两侧为花芽。叶片长圆状披针形、椭圆状披针形或倒卵状披针形，长7~15cm，宽2~3.5cm，先端渐尖，基部宽楔形，边缘具细锯齿或粗锯齿，柄粗壮，长1~2cm。花单生，径2.5~3.5cm。花梗几无。萼筒钟形，萼片卵形至长圆形，顶端圆钝。花瓣长椭圆形至宽倒卵形，粉红色。雄蕊20~30枚，花药绯红色。花柱几与雄蕊等长或比雄蕊稍短，子房被短柔毛。果实形状和大小均有变异，卵形、宽椭圆形或扁圆形，径3~10cm，色泽淡绿白色至橙黄色，向阳面常具红晕，果梗短而深入果洼。核大，椭圆形或近圆形，两侧扁平，顶端渐尖，表面具纵、横沟纹和孔穴。

生物学特性：花先于叶开放。花期3—4月，果期8—9月。

分布：原产于中国。各校区有分布。

景观应用：景观树木。

117. 紫叶桃花　*Prunus persica* 'Atropurpurea'

中文异名：紫叶碧桃、红叶碧桃

分类地位：蔷薇科（Rosaceae）李属（*Prunus* Linn.）

形态学特征：桃的栽培变种。与桃的主要区别为嫩叶紫红色，后渐变为近绿色。花具单瓣、重瓣，花色粉红或大红。

生物学特性：花期3—4月，果期6—7月。

分布：各校区有分布。

景观应用：观赏树木。

紫叶桃花枝叶（徐正浩摄）

紫叶桃花叶（徐正浩摄）

紫叶桃花单瓣花（徐正浩摄）

紫叶桃花重瓣花（徐正浩摄）　　紫叶桃花重瓣花植株（徐正浩摄）　　紫叶桃花植株（徐正浩摄）

118. 寿星桃　*Prunus persica* 'Densa'

分类地位：蔷薇科（Rosaceae）李属（*Prunus* Linn.）

形态学特征：桃的栽培变种。与桃的主要区别在于植株矮小，枝条节间短，花芽密集。花具单瓣或半重瓣，花红色或白色，结实或不结实。

生物学特性：花期3—4月。

寿星桃叶（徐正浩摄）

寿星桃花（徐正浩摄）

分布：多数校区有分布。
景观应用：观赏树木。

寿星桃植株（徐正浩摄）

119. 千瓣白桃　*Prunus persica* 'Albo-plena'

中文异名：白花碧桃、白碧桃
分类地位：蔷薇科（Rosaceae）李属（*Prunus* Linn.）

形态学特征：桃的栽培变种。与桃的主要区别在于花大，白色，重瓣或半重瓣。
生物学特性：花期3—4月。
分布：紫金港校区有分布。
景观应用：观赏树木。

千瓣白桃花（徐正浩摄）　　　　千瓣白桃植株（徐正浩摄）

120. 千瓣红桃　*Prunus persica* 'Dianthiflora'

分类地位：蔷薇科（Rosaceae）李属（*Prunus* Linn.）
形态学特征：桃的栽培变种。与桃的主要区别在于花色粉红，不同枝条上花色深浅不一，重瓣或半重瓣。
生物学特性：花期3—4月。
分布：紫金港校区有分布。
景观应用：观赏树木。

千瓣红桃枝叶（徐正浩摄）

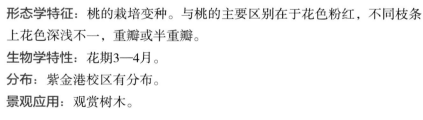

千瓣红桃植株（徐正浩摄）　　　　千瓣红桃花（徐正浩摄）

121. 碧桃 *Prunus persica* 'Duplex'

分类地位：蔷薇科（Rosaceae）李属（*Prunus* Linn.）

形态学特征：桃的栽培变种。与桃的主要区别在于花较小，重瓣或半重瓣，粉红色。

生物学特性：花期3—4月。

分布：紫金港校区有分布。

景观应用：观赏树木。

碧桃花（徐正浩摄）

碧桃景观植株（徐正浩摄）

122. 红花碧桃 *Prunus persica* 'Rubro-plena'

中文异名：红碧桃

分类地位：蔷薇科（Rosaceae）李属（*Prunus* Linn.）

形态学特征：桃的栽培变种。与桃的主要区别在于花半重瓣或近于重瓣，红色。

生物学特性：花期3—4月。

分布：紫金港校区有分布。

景观应用：观赏树木。

红花碧桃植株（徐正浩摄）

红花碧桃枝叶（徐正浩摄）

红花碧桃花（徐正浩摄）

123. 撒金碧桃 *Prunus persica* 'Versicolor'

中文异名：花碧桃

分类地位：蔷薇科（Rosaceae）李属（*Prunus* Linn.）

形态学特征：桃的栽培变种。与桃的主要区别在于花半重瓣，白色，有时一枝上的花兼有红色和白色，或白花而有红色条纹。

生物学特性：花期3—4月。

分布：紫金港校区有分布。

撒金碧桃枝叶（徐正浩摄）

撒金碧桃叶（徐正浩摄）

浙大校园树木

景观应用：观赏树木。

撒金碧桃花（徐正浩摄）　　　　　撒金碧桃花期植株（徐正浩摄）

🍃 124. 绛桃　*Prunus persica* 'Camelliaeflora'

绛桃花（徐正浩摄）

分类地位：蔷薇科（Rosaceae）李属（*Prunus* Linn.）

形态学特征：桃的栽培变种。与桃的主要区别在于花半重瓣，深红色，花大，密生。

生物学特性：花期3—4月。

分布：紫金港校区有分布。

景观应用：观赏价值很高。

绛桃花期植株（徐正浩摄）　　　　　绛桃景观植株（徐正浩摄）

🍃 125. 绯桃　*Prunus persica* 'Magnifica'

分类地位：蔷薇科（Rosaceae）李属（*Prunus* Linn.）

形态学特征：桃的栽培变种。与桃的主要区别在于花重瓣，基部变白色，鲜红色或亮红色。

生物学特性：花期3—4月。

分布：紫金港校区有分布。

景观应用：观赏价值很高。

绯桃花（徐正浩摄）　　　　　　　绯桃植株（徐正浩摄）

182

126. 杏 *Prunus armeniaca* Linn.

中文异名：归勒斯、杏花、杏树

英文名：ansu apricot, Siberian apricot, Tibetan apricot

分类地位：蔷薇科（Rosaceae）李属（*Prunus* Linn.）

形态学特征：多年生乔木。高5~10m。树冠圆形、扁圆形或长圆形，树皮灰褐色，纵裂，多年生枝浅褐色，皮孔大而横生，一年生枝浅红褐色，有光泽，具多数小皮孔。叶片宽卵形或卵圆形，长5~9cm，宽4~8cm，先端急尖至短渐尖，基部圆形至近心形，叶边有圆钝锯齿，柄长2~3.5cm。花单生，径

杏树干（徐正浩摄）

杏花（徐正浩摄）

杏果实（徐正浩摄）

杏果期植株（徐正浩摄）

2~3cm。花梗短，长1~3mm。花萼紫绿色，萼筒圆筒形，萼片卵形至卵状长圆形，先端急尖或圆钝，花后反折。花瓣圆形至倒卵形，白色或带红色，具短爪。雄蕊20~50枚，稍短于花瓣。子房被短柔毛，花柱比雄蕊稍长或几与雄蕊等长，下部具柔毛。果球形，径2.5~5cm，白色、黄色至黄红色，常具红晕。核卵形或椭圆形，两侧扁平，顶端圆钝，基部对称。

生物学特性：花先于叶开放。花期3—4月，果期6—7月。

分布：原产于亚洲西部。华家池校区有分布。

景观应用：景观树木。

127. 梅 *Prunus mume* Sieb. et Zucc.

中文异名：垂枝梅、乌梅、酸梅、干枝梅、春梅、白梅花、野梅花、西梅、日本杏

英文名：Chinese plum, Japanese apricot

分类地位：蔷薇科（Rosaceae）李属（*Prunus* Linn.）

形态学特征：多年生小乔木。高4~10m。树皮浅灰色或带绿色，平滑，小枝绿色，光滑无毛。叶片卵形或椭圆形，长4~8cm，宽2.5~5cm，先端尾尖，基部宽楔形至圆形，叶边常具小锐锯齿，灰绿色，柄长1~2cm。花单生，有时2朵同生于1个芽内，径2~2.5cm。花梗

梅枝（徐正浩摄）

梅枝叶（徐正浩摄）

红梅花（徐正浩摄）

白梅花（徐正浩摄）

梅果实（徐正浩摄）

梅果期植株（徐正浩摄）

梅植株（徐正浩摄）

梅景观植株（徐正浩摄）

短，长1~3mm。花萼常红褐色。萼筒宽钟形。萼片卵形或近圆形，先端圆钝。花瓣倒卵形，白色至粉红色。雄蕊短或稍长于花瓣。子房密被柔毛，花柱短或稍长于雄蕊。果实近球形，径2~3cm，黄色或绿白色。核椭圆形，顶端圆形而有小凸尖头，基部渐狭成楔形，两侧微扁，腹棱稍钝。

生物学特性：花有浓香味。花先于叶开放。花期冬春季，果期5—6月。

分布：原产于朝鲜、韩国和日本。各校区有分布。

景观应用：观赏树木。

128. 紫叶李 *Prunus cerasifera* 'Atropurpurea'

紫叶李枝叶（徐正浩摄）

紫叶李花（徐正浩摄）

紫叶李果实（徐正浩摄）

紫叶李花期植株（徐正浩摄）

中文异名：红叶李

分类地位：蔷薇科（Rosaceae）李属（*Prunus* Linn.）

形态学特征：灌木或小乔木。高可达8m。多分枝，枝条细长，开展，暗灰色，有时有棘刺，小枝暗红色，冬芽卵圆形，先端急尖，紫红色。叶片椭圆形、卵形或倒卵形，长2~6cm，宽2~5cm，先端急尖，基部楔形或近圆形，边缘有圆钝锯齿，有时混有重锯齿，叶面深绿色，叶背颜色较淡，侧脉5~8对，柄长6~12mm。花1朵。花梗长1~2cm。花径2~2.5cm。萼筒钟状，萼

片长卵形。花瓣白色，长
圆形或匙形，边缘波状，
基部楔形，着生在萼筒边
缘。雄蕊25~30枚，花丝长
短不等，紧密地排成不规
则2轮，比花瓣稍短。雌蕊1
枚，心皮被长柔毛，柱头盘
状，花柱比雄蕊稍长。核果
近球形或椭圆形，长宽几相
等，径2~3cm。

紫叶李景观植株（徐正浩摄）

紫叶李居群（徐正浩摄）

生物学特性：花期4月，果期8月。

分布：原产于亚洲西南部。各校区有分布。

景观应用：观赏树木。

🌿 129. 迎春樱桃 *Prunus discoidea* Yu et Li

中文异名：迎春樱

分类地位：蔷薇科（Rosaceae）李属（*Prunus* Linn.）

形态学特征：小乔木。高
2~3.5m。树皮灰白色，小枝
紫褐色，嫩枝被疏柔毛或脱
落无毛，冬芽卵球形。叶片
倒卵状长圆形或长椭圆形，
长4~8cm，宽1.5~3.5cm，先
端骤尾尖或尾尖，基部楔
形，边缘具缺刻急尖锯齿，
叶面暗绿色，叶背淡绿色，
侧脉8~10对，柄长5~7mm。
伞形花序有花2朵。总梗长
3~10mm。花梗长1~1.5cm。
萼筒管形钟状，长4~5mm，
宽2~3mm。萼片长圆形，长

迎春樱桃花（徐正浩摄）

迎春樱桃果实（徐正浩摄）

迎春樱桃花期植株（徐正浩摄）

迎春樱桃植株（徐正浩摄）

2~3mm，先端圆钝或有小尖头。花瓣粉红色，长椭圆形，先端2裂。雄蕊32~40枚。花柱无毛，柱头扩大。核果红
色，熟时径0.8~1.2cm。

生物学特性：花先于叶开放，稀花叶同开。花期3—4月，果期5月。

分布：中国浙江、江西、安徽等地有分布。华家池校区有分布。

景观应用：景观树木。

🌿 130. 樱桃 *Prunus pseudocerasus* (Lindl.) G. Don

中文异名：樱珠、莺桃、唐实樱、乌皮樱桃

樱桃枝叶（徐正浩摄）

樱桃叶（徐正浩摄）

樱桃花序（徐正浩摄）

樱桃果实（徐正浩摄）

樱桃果期植株（徐正浩摄）

英文名：bastard cherry

分类地位：蔷薇科（Rosaceae）李属（*Prunus* Linn.）

形态学特征：多年生乔木。高2~6m。树皮灰白色，小枝灰褐色，嫩枝绿色，冬芽卵形。叶片卵形或长圆状卵形，长5~12cm，宽3~5cm，先端渐尖或尾状渐尖，基部圆形，边有尖锐重锯齿，叶面暗绿色，叶背淡绿色，侧脉9~11对，柄长0.7~1.5cm。花序伞房状或近伞形，具3~6朵花。花梗长0.8~2cm。萼筒钟状，长3~6mm，宽2~3mm。花瓣白色，卵圆形，先端下凹或2裂。雄蕊30~35枚。花柱与雄蕊近等长。核果近球形，红色，径1~1.5cm。

生物学特性：花先于叶开放。花期3—4月，果期5—6月。

分布：中国辽宁、河北、陕西、甘肃、山东、河南、江苏、浙江、江西、四川等地有分布。多数校区有分布。

景观应用：景观树木。

131. 东京樱花 *Prunus × yedoensis* Matsum.

中文异名：东京樱花

英文名：Yoshino cherry

分类地位：蔷薇科（Rosaceae）李属（*Prunus* Linn.）

形态学特征：以*Prunus speciose*（Koidz.）Ingram为父本，以*Punus pendula* f. *ascendens* 'Rosea' 为母本的杂交种。多年生乔木。高4~16m。树皮灰色，小枝淡紫褐色，无毛，嫩枝绿色，被疏柔毛。冬芽卵圆形，无毛。叶片椭圆卵形或倒卵形，长5~12cm，宽2.5~7cm，先端渐尖或骤尾尖，基部圆形，稀楔形，边有尖锐重锯齿，叶面深绿色，叶背淡绿色，侧脉7~10对，柄长1.3~1.5cm。花序伞形总状，总梗极短，具3~4朵花。花径3~3.5cm。花梗长2~2.5cm。萼筒管状，长7~8mm，宽2~3mm。萼片三

东京樱花的花（徐正浩摄）

东京樱花植株（徐正浩摄）

角状长卵形，长3~5mm，先端渐尖，边缘有腺齿。花瓣白色或粉红色，椭圆卵形，先端下凹，全缘2裂。雄蕊30~35枚，短于花瓣。花柱基部有疏柔毛。核果近球形，径0.7~1cm，黑色，核表面略具棱纹。

生物学特性：花先于叶开放。花期4月，果期5月。

分布：原产于日本。紫金港校区有分布。

景观应用：观赏树木。

东京樱花景观植株（徐正浩摄）

132. 山樱 *Prunus serrulata* Lindl.

中文异名：野生福岛樱

英文名：Japanese cherry, hill cherry, oriental cherry, East Asian cherry

分类地位：蔷薇科（Rosaceae）李属（*Prunus* Linn.）

形态学特征：多年生乔木。高3~8m。树皮灰褐色或灰黑色，小枝灰白色或淡褐色，冬芽卵圆形。叶片卵状椭圆形或倒卵状椭圆形，长5~9cm，宽2.5~5cm，先端渐尖，基部圆形，边缘有渐尖单锯齿及重锯齿，叶面深绿色，叶背淡绿色，侧脉6~8对，柄长1~1.5cm。花序伞房总状或近伞形，具2~3朵花。总梗长5~10mm。花梗长1.5~2.5cm。萼筒管状，长5~6mm，宽2~3mm。花瓣白色，稀粉红色，倒卵形，先端下凹。雄蕊约38枚。花柱无毛。核果球形或卵球形，紫黑色，径8~10mm。

山樱枝叶（徐正浩摄）

山樱花（徐正浩摄）

山樱植株（徐正浩摄）

山樱景观植株（徐正浩摄）

生物学特性：花期4—5月，果期6—7月。

分布：中国黑龙江、河北、山东、江苏、浙江、安徽、江西、湖南、贵州等地有分布。日本、朝鲜也有分布。华家池校区、紫金港校区有分布。

景观应用：观赏价值很高。

133. 日本晚樱 *Prunus serrulata* (Lindl.) G. Don ex London var. *lannesiana* (Carr.) Makino

分类地位：蔷薇科（Rosaceae）李属（*Prunus* Linn.）

日本晚樱枝叶（徐正浩摄）

日本晚樱花（徐正浩摄）

形态学特征：山樱花的变种，与山樱花的不同主要在于嫩叶带淡紫褐色，叶片边缘有刺芒状的重锯齿。花重瓣，粉红色，萼筒钟状。

生物学特性：花叶同时开放。花期4月。

分布：原产于日本。多数校区有分布。

景观应用：观赏树木。

日本晚樱植株（徐正浩摄）

日本晚樱景观植株（徐正浩摄）

134. 山槐 *Albizia kalkora* (Roxb.) Prain

中文异名：山合欢、马缨花、白夜合

分类地位：豆科（Fabaceae）合欢属（*Albizia* Durazz.）

形态学特征：落叶小乔木或灌木。高3~8m。枝条暗褐色，被短柔毛，有显著皮孔。2回羽状复叶，羽片2~4对，小叶5~14对，长圆形或长圆状卵形，长1.8~4.5cm，宽7~20mm，先端圆钝而有细尖头，基部不等侧，中脉稍偏于上侧。头状花序2~7个生于叶腋，或于枝顶排成圆锥花序。花初白色，后变黄，具明显的小花梗。花萼管状，长2~3mm，5齿裂。花冠长6~8mm，中部以下连合，呈管状，裂片披针形。雄蕊长2.5~3.5cm，基部连合，呈管状。荚果带状，长7~17cm，宽1.5~3cm，深棕色，嫩荚密被短柔毛，老时无毛。种子倒卵形。

生物学特性：花期5—6月，果期8—10月。

分布：中国华北、西北、华东、华南及西南等地有分布。越南、缅甸、印度也有分布。紫金港校区、华家池校区有分布。

景观应用：观赏树种。

山槐树枝（徐正浩摄）

山槐枝叶（徐正浩摄）

山槐羽状复叶（徐正浩摄）

山槐景观植株（徐正浩摄）

135. 合欢 *Albizia julibrissin* Durazz.

中文异名：马缨花、绒花树

英文名：Persian silk tree, pink silk tree

分类地位：豆科（Fabaceae）合欢属（*Albizia* Durazz.）

形态学特征：落叶乔木。高可达16m。树冠开展，小枝有棱角，嫩枝、花序和叶轴被茸毛或短柔毛。2回羽状复叶，羽片4~12对，小叶10~30对。小叶线形至长圆形，长6~12mm，宽1~4mm，向上偏斜，先端有小尖头，中脉紧靠上边缘。头状花序在枝顶排成圆锥花序。花粉红色。花萼管状，长2~3mm。花冠长6~8mm，裂片三角形，长1~1.5mm。花丝长2~2.5cm。荚果带状，长9~15cm，宽1.5~2.5cm，嫩荚有柔毛，老荚无毛。

生物学特性：花期6—7月，果期8—10月。

分布：中国东北至华南及西南地区有分布。东亚其他国家、中亚、非洲和北美洲也有分布。多数校区有分布。

景观应用：行道树和观赏树。

合欢叶（徐正浩摄）

合欢花（徐正浩摄）

合欢果实（徐正浩摄）

合欢孤植植株（徐正浩摄）

合欢景观植株（徐正浩摄）

136. 楹树 *Albizia chinensis* (Osbeck) Merr.

分类地位：豆科（Fabaceae）合欢属（*Albizia* Durazz.）

形态学特征：落叶乔木。高达30m。小枝被黄色柔毛。2回羽状复叶，羽片6~12对。小叶20~40对，无柄，长椭圆形，长6~10mm，宽2~3mm，先端渐尖，基部近

楹树花（徐正浩摄）

楹树花序（徐正浩摄）

楹树果实（徐正浩摄）

楹树花期植株（徐正浩摄）

楹树植株（徐正浩摄）

楹树景观植株（徐正浩摄）

截平，具缘毛，叶背被长柔毛，中脉紧靠上边缘。头状花序有花10~20朵，生于长短不同、密被柔毛的总花梗上，再排成顶生的圆锥花序。花绿白色或淡黄色，密被黄褐色茸毛。花萼漏斗状，长2~3mm，有5个短齿。花冠长为花萼的2倍，裂片卵状三角形。雄蕊长20~25mm。子房被黄褐色柔毛。荚果扁平，长10~15cm，宽1~2cm，幼时稍被柔毛，成熟时无毛。

生物学特性：花期3—5月，果期6—12月。

分布：中国西南、华南和东南有分布。南亚至东南亚等地也有分布。玉泉校区、紫金港校区有分布。

景观应用：行道树和庭荫树。

137. 紫荆 *Cercis chinensis* Bunge

中文异名：老茎生花、满条红

英文名：Chinese redbud

分类地位：豆科（Fabaceae）紫荆属（*Cercis* Linn.）

紫荆花（徐正浩摄）

紫荆果期植株（徐正浩摄）

紫荆花期植株（徐正浩摄）

紫荆果实（徐正浩摄）

形态学特征：丛生或单生灌木。高2~5m，树皮和小枝灰白色。叶纸质，近圆形或三角状圆形，长5~10cm，宽6~15cm，先端急尖，基部浅至深心形，两面通常无毛，嫩叶绿色，仅叶柄略带紫色，叶缘膜质透明。花紫红色或粉红色，2~10朵成束，簇生于老枝和主干上，尤以主干上花束较多，花长1~1.5cm。花梗长3~9mm。龙骨瓣基部具深紫色斑纹。子房嫩绿色，花蕾时光亮无毛，后期则密被短柔毛，有胚珠6~7个。荚果扁狭长形，绿色，长4~8cm，宽

1~1.2cm，翅宽1~1.5mm，先端急尖或短渐尖，喙细而弯曲，基部长渐尖，两侧缝线对称或近对称。果颈长2~4mm。种子2~6粒，阔长圆形，长5~6mm，宽3~4mm，黑褐色，光亮。

生物学特性：花通常先于叶开放，但嫩枝或幼株上的花则与叶同时开放。花期3—4月，果期8—10月。

分布：中国西南、华南、华北、华中、华东和东北有分布。各校区有分布。

景观应用：观赏灌木。

138. 伞房决明 *Senna corymbosa* (Lam.) H. S. Irwin et Barneby

英文名：Argentine senna, Argentina senna, buttercup bush, flowering senna, Texas flowery senna, tree senna

分类地位：豆科（Fabaceae）番泻决明属（*Senna* Mill.）

形态学特征：直立常绿灌木。高1~2m，无毛。叶长5~12cm，具小叶3~4对。小叶卵形至卵状披针形，长5~8cm，宽2.5~3.5cm，顶端渐尖，基部楔形或狭楔形，有时偏斜，叶背粉白色，侧脉纤细，两面稍凸起，全缘，叶柄长2~3mm。总状花序生于枝条上部的叶腋或顶生，多少呈伞房式。总花梗长4~5cm。萼片不等长，内生的长8~10mm。花瓣黄色，宽阔，钝头，长12~18mm。能育雄蕊4枚，花丝长短不一。荚果长5~7cm，果瓣稍带革质，呈圆柱形，2瓣开裂，具多粒种子。

生物学特性：花期5—7月，果期10—11月。

分布：中国华东等地有分布。多数校区有分布。

景观应用：庭院和公路绿化灌木。

伞房决明枝叶（徐正浩摄）

伞房决明花（徐正浩摄）

伞房决明花期植株（徐正浩摄）

伞房决明果期植株（徐正浩摄）

伞房决明植株（徐正浩摄）

伞房决明景观植株（徐正浩摄）

139. 皂荚 *Gleditsia sinensis* Lam.

中文异名：皂荚树

英文名：Chinese honey locust, Chinese honeylocust, soap bean, soap pod

分类地位：豆科（Fabaceae）皂荚属（*Gleditsia* Linn.）

形态学特征：落叶乔木或小乔木。高达30m。枝灰色至深褐色，刺粗壮，圆柱形，常分枝，多呈圆锥状，长达

皂荚树枝（徐正浩摄）

皂荚枝叶（徐正浩摄）

皂荚叶（徐正浩摄）

皂荚花（徐正浩摄）

皂荚果实（徐正浩摄）

皂荚植株（徐正浩摄）

12~15cm。叶为1回羽状复叶，长10~25cm，小叶2~9对。小叶纸质，卵状披针形至长圆形，长2~12cm，宽1~6cm，先端急尖或渐尖，顶端圆钝，具小尖头，基部圆形或楔形，有时稍歪斜，边缘具细锯齿，叶面被短柔毛，叶背中脉上稍被柔毛，网脉明显，两面凸起，小叶柄长1~5mm。花杂性，黄白色，组成总状花序。花序腋生或顶生，长5~14cm。雄花径9~10mm，花梗长2~10mm，萼片4片，三角状披针形，长2~3mm，花瓣4片，长圆形，长4~5mm，雄蕊8枚，退化雌蕊长2~2.5mm。两性花径10~12mm，花梗长2~5mm，萼片长4~5mm，花瓣长5~6mm，雄蕊8枚，子房缝线上及基部被毛，柱头2浅裂，胚珠多数。荚果带状，

长10~35cm，宽2~4cm，劲直或扭曲，两面鼓起。种子长圆形或椭圆形，长10~12mm，宽8~9mm，棕色，光亮。

生物学特性：花期3—5月，果期5—12月。

分布：除西北和东北外，中国大部分地区有分布。紫金港校区有分布。

景观应用：观赏树木。

🍃 140. 云实 *Caesalpinia decapetala* (Roth) Alston

中文异名：水皂角、马豆

英文名：shoofly, Mauritius, Mysore thorn, cat's claw

分类地位：豆科（Fabaceae）云实属（*Caesalpinia* Linn.）

云实枝叶（徐正浩摄）

云实叶（徐正浩摄）

形态学特征：多年生藤本。树皮暗红色，枝、叶轴和花序均被柔毛和钩刺。2回羽状复叶长20~30cm，羽片3~10对，对生，具柄，基部有刺1对，小叶8~12对。小叶膜质，长圆形，长10~25mm，宽6~12mm，两

端近圆钝，两面均被短柔毛，老时渐无毛。总状花序顶生，直立，长15~30cm，具多花。总花梗多刺。花梗长3~4cm，在花萼下具关节。萼片5片，长圆形。花瓣黄色，膜质，圆形或倒卵形，长10~12mm。雄蕊与花瓣近等长，花丝基部扁平。

云实果期植株（徐正浩摄）

云实原生态植株（徐正浩摄）

子房无毛。荚果长圆状舌形，长6~12cm，宽2.5~3cm，脆革质，栗褐色。种子椭圆状，长8~12mm，宽4~6mm，种皮棕色。

生物学特性：花果期4—10月。

分布：除东北等地外，中国大部分地区有分布。东亚其他国家、东南亚和南亚也有分布。紫金港校区有分布。

景观应用：可作绿篱。

141. 槐 *Sophora japonica* Linn.

中文异名：国槐、豆槐、槐花树、槐花木、槐树

英文名：Japanese pagoda tree

分类地位：豆科（Fabaceae）槐属（*Sophora* Linn.）

形态学特征：多年生乔木。高达25m。树皮灰褐色，具纵裂纹，当年生枝绿色，无毛。羽状复叶长达25cm，叶轴初被疏柔毛，后秃净，小叶4~7对。小叶对生或近互生，纸质，卵状披针形或卵状长圆形，长2.5~6cm，宽1.5~3cm，先端渐尖，具小尖头，基部宽楔形或近圆形，稍偏斜，叶背灰白色。圆锥花序顶生，常呈金字塔形，长达30cm。花梗比花萼短。小苞片2片。花萼浅钟状，长3~4mm，萼齿5个，近等大，圆形或钝三角形。花冠白色或淡黄色，旗瓣近圆形，长和宽均为8~12mm，具短柄，有

槐枝叶（徐正浩摄）

槐叶（徐正浩摄）

槐果实（徐正浩摄）

槐果期植株（徐正浩摄）

槐植株（徐正浩摄）

槐景观植株（徐正浩摄）

紫色脉纹，先端微缺，基部浅心形，翼瓣卵状长圆形，长8~10mm，宽3~4mm，先端浑圆，基部斜截形，无皱褶，龙骨瓣阔卵状长圆形，与翼瓣等长，宽达5~6mm。雄蕊分离，宿存。子房近无毛。荚果串珠状，长2.5~5cm，径8~10mm，种子间缢缩不明显，具种子1~6粒。种子卵球形，淡黄绿色，干后黑褐色。

生物学特性：花期7—8月，果期8—10月。

分布：原产于中国。朝鲜有野生，日本、越南也有分布。各校区有分布。

景观应用：行道树。

142. 龙爪槐 *Sophora japonica* Linn. f. *pendula* Hort.

龙爪槐枝叶（徐正浩摄）

龙爪槐叶（徐正浩摄）

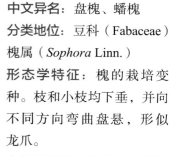

中文异名：盘槐、蟠槐

分类地位：豆科（Fabaceae）槐属（*Sophora* Linn.）

形态学特征：槐的栽培变种。枝和小枝均下垂，并向不同方向弯曲盘悬，形似龙爪。

生物学特性：花芳香。花期7—8月，果期8—10月。

分布：原产于中国。各校区有分布。

景观应用：行道树和景观树木。

龙爪槐花（徐正浩摄）

龙爪槐果实（徐正浩摄）

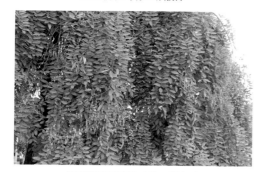

龙爪槐果期植株（徐正浩摄）

龙爪槐景观植株（徐正浩摄）

143. 刺槐 *Robinia pseudoacacia* Linn.

中文异名：洋槐

英文名：black locust, false acacia

分类地位：豆科（Fabaceae）刺槐属（*Robinia* Linn.）

形态学特征：落叶乔木。高10~25m。树皮灰褐色至黑褐色，浅裂至深纵裂，稀光滑，小枝灰褐色，幼时有棱脊，具托叶刺，长1~2cm，冬芽小，被毛。羽状复叶长10~40cm，叶轴上面具沟槽，小叶2~12对。小叶对生，椭圆形、长椭圆形或卵形，长2~5cm，宽1.5~2.2cm，先端圆，微凹，具小尖头，基部圆形至阔楔形，全缘，叶面绿色，叶背灰绿色，小叶柄长1~3mm。总状花序腋生，长10~20cm，下垂，花多数。花梗长7~8mm。花萼斜钟状，长7~9mm，萼齿5个，三角形至卵状三角形。花冠白色，各瓣均具瓣柄，旗瓣近圆形，长12~16mm，宽15~19mm，先端凹缺，基部圆，反折，内有黄斑，翼瓣斜倒卵形，与旗瓣几等长，长14~16mm，基部一侧具圆耳，龙骨瓣镰状，三角形，与翼瓣等长或比翼瓣稍短，前缘合生，先端钝尖。雄蕊二体，对旗瓣的1枚分离。子房线形，长1~1.2cm，无

刺槐枝（徐正浩摄）

刺槐叶（徐正浩摄）

刺槐果期植株（徐正浩摄）

刺槐植株（徐正浩摄）

毛，柄长2~3mm。花柱钻形，长6~8mm，上弯，顶端具毛。柱头顶生。荚果褐色，或具红褐色斑纹，线状长圆形，长5~12cm，宽1~1.5cm，扁平，先端上弯，具尖头，种子2~15粒。种子褐色至黑褐色，微具光泽，有时具斑纹，近肾形，长5~6mm，宽2~3mm，种脐圆形，偏于一端。

生物学特性：花芳香。花期4—6月，果期8—9月。

分布：原产于北美洲东部。紫金港校区、玉泉校区、华家池校区有分布。

景观应用：行道树。

144. 红花刺槐 *Robinia pseudoacacia* Linn. var. *decaisneana* (Carr.) Voss

中文异名：香花槐

分类地位：豆科（Fabaceae）刺槐属（*Robinia* Linn.）

形态学特征：刺槐的变种。与刺槐的区别在于花冠粉红色。

生物学特性：花期4—6月，果期8—9月。

分布：原产于北美洲及西班牙等。紫金港校区、华家池校区有分布。

景观应用：观赏树木。

红花刺槐树干（徐正浩摄）

红花刺槐果实（徐正浩摄）

红花刺槐植株（徐正浩摄）

145. 黄檀 *Dalbergia hupeana* Hance

黄檀树干（徐正浩摄）

黄檀叶面（徐正浩摄）

黄檀叶背（徐正浩摄）

黄檀景观植株（徐正浩摄）

黄檀植株（徐正浩摄）

黄檀原生态植株（徐正浩摄）

中文异名：檀树

分类地位：豆科（Fabaceae）黄檀属（*Dalbergia* Linn. f.）

形态学特征：多年生乔木。高10~20m。树皮暗灰色，呈薄片状剥落，幼枝淡绿色，无毛。羽状复叶长15~25cm，小叶3~5对。小叶近革质，椭圆形至长圆状椭圆形，长3.5~6cm，宽2.5~4cm，先端钝或稍凹入，基部圆形或阔楔形，两面无毛，细脉隆起，叶面有光泽。圆锥花序顶生或生于最上部的叶腋，连总花梗长15~20cm，径10~20cm。花密集，长6~7mm。花梗长3~5mm。花萼钟状，长2~3mm。萼齿5个。花冠白色或淡紫色，长于花萼。花瓣具柄，旗瓣圆形，先端微缺，翼瓣倒卵形，龙骨瓣关月形，与翼瓣内侧均具耳。雄蕊10枚。子房具短柄。胚珠2~3个。花柱纤细，柱头小，头状。荚果长圆形或阔舌状，长4~7cm，宽13~15mm，顶端急尖，基部渐狭成果颈，有1~3粒种子。种子肾形，长7~14mm，宽5~9mm。

生物学特性：花期5—7月。

分布：中国华南、华中和华东等地有分布。紫金港校区、之江校区有分布。

景观应用：园林树种。

146. 紫藤 *Wisteria sinensis* (Sims) Sweet

中文异名：紫藤萝

英文名：Chinese wisteria

分类地位：豆科（Fabaceae）紫藤属（*Wisteria* Nutt.）

形态学特征：落叶藤本。茎左旋，枝粗壮，嫩枝被白色柔毛，后秃净，冬芽卵形。奇数羽状复叶长15~25cm，小叶3~6对。小叶纸质，卵状椭圆形至卵状披针形，上部小叶较大，基部1对最小，长5~8cm，宽2~4cm，先端渐尖至尾尖，基部钝圆或楔形，或歪斜，小叶柄长3~4mm。总状花序长15~30cm，径8~10cm，花序轴被白色柔毛。苞片披针形。花长2~2.5cm。花梗细，长2~3cm。花萼杯状，具5个齿。花冠紫色，旗瓣圆形，先端略凹陷，花开后反折，翼瓣长圆形，基部圆，龙骨瓣较翼瓣短，阔镰形。子房线形，密被茸毛。花柱无毛，上弯。胚珠6~8个。荚果倒披针形，长10~15cm，宽1.5~2cm，密被茸毛，悬垂于枝上不脱落，种子1~3粒。种子褐色，具光泽，圆形，宽1~1.5cm，扁平。

生物学特性：花芳香。花期4月中旬至5月上旬，果期5—8月。

分布：中国大部分地区有分布。各校区有分布。

景观应用：庭院棚架和绿地观赏植物。

紫藤茎叶（徐正浩摄）

紫藤花（徐正浩摄）

紫藤果实（徐正浩摄）

紫藤花期植株（徐正浩摄）

紫藤景观植株（徐正浩摄）

紫藤景观应用（徐正浩摄）

147. 美丽胡枝子　*Lespedeza formosa* (Vog.) Koehne

分类地位：豆科（Fabaceae）胡枝子属（*Lespedeza* Michx.）

形态学特征：直立灌木。高1~2m。多分枝，枝伸展，被疏柔毛。羽状小叶3片，柄长1~5cm。小叶椭圆形、长圆状椭圆形或卵形，稀倒卵形，两端稍尖或稍钝，长2.5~6cm，宽1~3cm，叶面绿色，稍被短柔毛，叶背淡绿色，贴生短柔毛。总状花序单一，腋生，比叶长，或构成顶生的圆锥花序。总花梗长可达10cm。苞片卵状渐尖，长1.5~2mm，密被茸毛。花梗短，被毛。花萼钟状，长5~7mm，5深裂，裂片长圆状披针形，长为萼筒的2~4倍，外面密被短柔毛。花冠

美丽胡枝子枝叶（徐正浩摄）

美丽胡枝子叶（徐正浩摄）

美丽胡枝子花序（徐正浩摄）　　　　　　美丽胡枝子花期植株（徐正浩摄）

红紫色，长10~15mm。旗瓣近圆形或稍长，先端圆，基部具明显的耳和瓣柄，翼瓣倒卵状长圆形，短于旗瓣和龙骨瓣，长7~8mm，基部有耳和细长瓣柄，龙骨瓣比旗瓣稍长，在花盛开时明显长于旗瓣，基部有耳和细长瓣柄。荚果倒卵形或倒卵状长圆形，长6~8mm，宽3~4mm，表面具网纹且被疏柔毛。

生物学特性：花期7—9月，果期9—10月。

分布：中国华南、华东等地有分布。之江校区、华家池校区有分布。

景观应用：观赏灌木。

148. 胡枝子　*Lespedeza bicolor* Turcz.

英文名：shrubby bushclover, shrub lespedeza, bicolor lespedeza

分类地位：豆科（Fabaceae）胡枝子属（*Lespedeza* Michx.）

形态学特征：直立灌木。高1~3m。多分枝，小枝黄色或暗褐色，有条棱，被疏短毛，芽卵形，长2~3mm，具数枚黄褐色鳞片。羽状复叶具3片小叶，柄长2~9cm。小叶质薄，卵形、倒卵形或卵状长圆形，长1.5~6cm，宽1~3.5cm，先端钝圆或微凹，稀稍尖，具短刺尖，基部近圆形或宽楔形，全缘，叶面绿色，无毛，叶背色淡，被疏柔毛，老时渐无毛。总状花序腋生，比叶长，常构成较疏松的大型圆锥花序。总花梗长4~10cm。小苞片2片，卵形，长不到1cm。花梗短，长1~2mm。花萼长3~5mm，5浅裂。花冠红紫色，长8~10mm，旗瓣倒卵形，先端微凹，翼瓣较短，

胡枝子枝叶（徐正浩摄）　　　　　　胡枝子叶（徐正浩摄）

胡枝子花（徐正浩摄）　　　　　　胡枝子花期植株（徐正浩摄）

近长圆形，基部具耳和瓣柄，龙骨瓣与旗瓣近等长，先端钝，基部具较长的瓣柄。子房被毛。荚果斜倒卵形，稍扁，长8~10mm，宽3~5mm，表面具网纹，密被短柔毛。

生物学特性：花期7—9月，果期9—10月。

分布：中国大部分地区有分布。俄罗斯、蒙古、朝鲜、韩国和日本也有分布。华家池校区、之江校区有分布。

景观应用：观赏灌木。

149. 多花胡枝子 *Lespedeza floribunda* Bunge

分类地位： 豆科（Fabaceae）胡枝子属（*Lespedeza* Michx.）

形态学特征： 常绿小灌木。高30~80cm，茎常近基部分枝，枝具棱，被灰白色茸毛。羽状复叶具3片小叶。小叶具柄，倒卵形、宽倒卵形或长圆形，长1~1.5cm，宽6~9mm，先端微凹、钝圆或近截形，具小刺尖，基部楔形，侧生2片小叶较小。总状花序腋生。总花梗显著超出叶。花多数。花萼长4~5mm，5裂。花冠紫色、紫红色或蓝紫色，旗瓣椭圆形，长6~8mm，先端圆形，基部具柄，翼瓣稍短，龙骨瓣长于旗瓣，钝头。荚果宽卵形，长5~7mm，具网状脉。

生物学特性： 花期7—9月，果期9—10月。

分布： 中国华东、华中、西北、西南等地有分布。之江校区、华家池校区有分布。

景观应用： 观赏植物。

多花胡枝子花（徐正浩摄）

多花胡枝子花序（徐正浩摄）

多花胡枝子叶（徐正浩摄）

多花胡枝子植株（徐正浩摄）

150. 常春油麻藤 *Mucuna sempervirens* Hemsl.

中文异名： 常绿油麻藤

分类地位： 豆科（Fabaceae）黧豆属（*Mucuna* Adans.）

形态学特征： 常绿木质藤本。长可达25m，老茎径超过30cm。树皮有皱纹，幼茎有纵棱和皮孔。羽状复叶具3片小叶，叶长21~39cm，柄长7~16cm。小叶纸质或革质，顶生小叶椭圆形、长圆形或卵状椭圆形，长8~15cm，宽3.5~6cm，先端渐尖，基部稍楔形，侧脉4~5对，两面明显，叶背凸起，小叶柄长4~8mm，膨大。总状花序生于老茎上，长10~36cm。苞片狭倒卵形，长宽各12~15mm。花梗长1~2.5cm，具短硬毛。

常春油麻藤叶（徐正浩摄）

常春油麻藤枝叶（徐正浩摄）

萼筒杯形，长8~12mm，宽18~25mm。花冠深紫色，长5~6.5cm，旗瓣长3.2~4cm，圆形，翼瓣长4.8~6cm，宽1.8~2cm，龙骨瓣长6~7cm，基部瓣柄长5~7mm。雄蕊管长3~4cm。花柱下部和子房被毛。果木质，带形，长30~60cm，宽3~3.5cm，厚1~1.3cm，种子间缢缩，念珠状。

生物学特性：花期4—5月，果期8—10月。

分布：中国西南、华南、华中和华东等地有分布。南亚和日本也有分布。紫金港校区有分布。

景观应用：观赏藤本，庭院棚架常用绿化树种。

常春油麻藤植株（徐正浩摄）

151. 台湾胡椒木 *Zanthoxylum piperitum* (Linn.) DC.

中文异名：胡椒木

英文名：Japanese pepper, Korean pepper

分类地位：芸香科（Rutaceae）花椒属（*Zanthoxylum* Linn.）

形态学特征：常绿灌木。奇数羽状复叶，叶基具2个短刺，叶轴狭翼状。小叶革质，对生，倒卵形，长0.8~1.2cm，宽3~6mm，叶面浓绿，具光泽，叶背灰绿。雌雄异株。雄花黄色，雌花红橙色。子房3~4个。果实椭圆形，红褐色。

生物学特性：花期4—5月，果期9—11月。

分布：原产于日本。多数校区有分布。

景观应用：灌木。也常作盆栽。

台湾胡椒木植株（徐正浩摄）

152. 金橘 *Citrus japonica* Thunberg

中文异名：金桔

英文名：Marumi kumquat, round kumquat

分类地位：芸香科（Rutaceae）柑橘属（*Citrus* Linn.）

金橘枝叶（徐正浩摄）

金橘叶（徐正浩摄）

金橘花（徐正浩摄）

金橘果实（徐正浩摄）

形态学特征：常绿灌木。树高3m以内。枝有刺。叶质厚，浓绿，卵状披针形或长椭圆形，长5~11cm，宽2~4cm，顶端略尖或钝，基部宽楔形或近于圆形，柄长1~1.2cm，翼叶窄。花单生或2~3朵簇生。花梗长3~5mm。花萼4~5片。花瓣5片，长6~8mm。雄蕊20~25枚。子房椭圆形，花柱细长，常为子房长的1.5倍，柱头稍增大。果椭圆形或卵状椭圆形，长2~3.5cm，橙黄至橙红色，有种子2~5

粒。种子卵形，端尖。

生物学特性：花期3—5月，果期10—12月。

分布：中国华南地区有分布。各校区有分布。

景观应用：盆栽观赏。

金橘果期植株（徐正浩摄）

金橘景观植株（徐正浩摄）

153. 枳 *Citrus trifoliata* Linn.

中文异名：枸橘

英文名：Japanese bitter orange, hardy orange, Chinese bitter orange, trifoliate orange

分类地位：芸香科（Rutaceae）柑橘属（*Citrus* Linn.）

形态学特征：落叶小乔木。高1~5m。树冠伞形或圆头形，枝绿色，嫩枝扁，有纵棱，刺长达4cm，刺尖干枯状，红褐色，基部扁平。叶柄有狭长的翼叶，常指状3出叶，小叶等长或中间的1片较大，长2~5cm，宽1~3cm。对称或两侧不对称，叶缘具细钝裂齿或全缘。花单朵或成对腋生，具完全花及不完全花。不完全花雄蕊发育，雌蕊退化。完全花径3.5~8cm，花梗短，萼片5片，长5~7mm，花瓣白色，带黄色或紫色，瓣5片，匙形，长1.5~3cm，宽2.5~4mm。雄蕊20枚，离生，花丝不等长。子房6~8室，花柱短，柱头头状。果近圆球形，径3~5cm，种子20~50粒。种子阔卵形，乳白或乳黄色，长9~12mm。

生物学特性：花先于叶开放，也有先叶后花者。花期5—6月，果期10—11月。

分布：中国各地广泛栽培。多数校区有分布。

景观应用：孤植。也作绿篱。

枳枝叶（徐正浩摄）

枳叶（徐正浩摄）

枳花（徐正浩摄）

枳果实（徐正浩摄）

枳果期植株（徐正浩摄）

枳孤植植株（徐正浩摄）

154. 佛手 *Citrus medica* Linn. var. *digitata* Risso

佛手枝叶（徐正浩摄）

佛手叶（徐正浩摄）

佛手花（徐正浩摄）

佛手果实（徐正浩摄）

中文异名：十指柑、五指柑、五指香橼、蜜萝柑、飞穰、佛手柑

英文名：fingered citron, buddha's hand citron

分类地位：芸香科（Rutaceae）柑橘属（*Citrus* Linn.）

形态学特征：香橼（*Citrus medica* Linn.）的栽培变种。叶片先端钝，有时微凹，果实长形，指状，果指数为心皮数。

生物学特性：花期4—10月，果期7—10月。

分布：多数校区有分布。

景观应用：常作盆栽观赏。

155. 柚 *Citrus maxima* (Burm.) Merr.

中文异名：柚子、文旦、抛

英文名：pomelo, pummelo, shaddock

分类地位：芸香科（Rutaceae）柑橘属（*Citrus* Linn.）

形态学特征：常绿乔木。嫩枝、叶背、花梗、花萼及子房被柔毛，嫩叶常暗紫红色，嫩枝扁且有棱。叶质厚，浓绿，阔卵形或椭圆形，连翼叶长9~16cm，宽4~8cm，顶端钝圆，有时短尖，基部圆，翼叶长2~4cm，宽0.5~3cm。花序总状，常兼有腋生单花。花蕾淡紫红色，稀乳白色。花萼不规则3~5浅裂。花瓣5片，长1.5~2cm，宽3~6mm。雄蕊25~35枚，有时部分雄蕊不育。花柱粗长，柱头较子房大。果圆球形、扁圆形、梨形或阔圆锥状，径10cm以上，淡黄色或黄绿色。种子形状不规则，常矩形。

生物学特性：花期4—5月，果期9—12月。

分布：中国华南等地有分布。各校区有分布。

景观应用：景观树木。

柚枝叶（徐正浩摄）

柚叶（徐正浩摄）

柚花（徐正浩摄）

柚果实（徐正浩摄）

柚果期植株（徐正浩摄）

柚景观植株（徐正浩摄）

156. 柑橘 *Citrus reticulata* Blanco

中文异名：桔子、橘子

英文名：mandarin orange

分类地位：芸香科（Rutaceae）柑橘属（*Citrus* Linn.）

形态学特征：常绿小乔木或灌木。分枝多，枝扩展或略下垂，刺较少。叶片披针形，椭圆形或阔卵形，长5.5~8cm，宽2.5~4cm，先端常凹，缘具钝锯齿。花单生或2~3朵簇生。花萼不规则3~5浅裂。花瓣5片，白色，开展。雄蕊20~25枚。花柱细长，柱头头状。果常扁圆形至近圆球形，径10~15cm，淡黄色、朱红色或深红色。种子常卵形，顶部狭尖，基部浑圆。

生物学特性：花期4—5月，果期10—12月。

分布：广泛栽于中国秦岭南坡以南地区。各校区有分布。

景观应用：庭院观赏树木。

柑橘花（徐正浩摄）

柑橘果实（徐正浩摄）

柑橘花期植株（徐正浩摄）

柑橘居群（徐正浩摄）

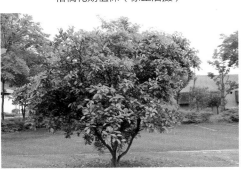

柑橘孤植植株（徐正浩摄）

157. 臭椿 *Ailanthus altissima* (Mill.) Swingle

中文异名：樗

英文名：tree of heaven, ailanthus

分类地位：苦木科（Simaroubaceae）臭椿属（*Ailanthus* Desf.）

形态学特征：落叶乔木。高达20m。树皮平滑而有直纹，嫩枝有髓，幼时被黄色或黄褐色柔毛，后脱落。奇数羽

臭椿树干（徐正浩摄）

臭椿枝叶（徐正浩摄）

臭椿叶面（徐正浩摄）

臭椿叶背（徐正浩摄）

臭椿景观应用（徐正浩摄）

臭椿植株（徐正浩摄）

状复叶长40~60cm，柄长7~13cm，有小叶13~27片。小叶对生或近对生，纸质，卵状披针形，长7~13cm，宽2.5~4cm，先端长渐尖，基部偏斜，截形或稍圆，两侧各具1个或2个粗锯齿，叶面深绿色，叶背灰绿色。圆锥花序长10~30cm。花淡绿色。花梗长1~2.5mm。萼片5片，覆瓦状排列，裂片长0.5~1mm。花瓣5片，长2~2.5mm。雄蕊10枚，花丝基部密被硬粗毛，雄花中的花丝长于花瓣，雌花中的花丝短于花瓣。花药长圆形，长0.5~1mm。心皮5个，花柱连合，柱头5裂。翅果长椭圆形，长3~4.5cm，宽1~1.2cm。种子扁圆形。

生物学特性：叶揉碎后具臭味。花期4—5月，果期8—10月。

分布：中国东北和华中等地有分布。紫金港校区、玉泉校区、华家池校区、之江校区有分布。

景观应用：园林景观树木。

158. 棟 *Melia azedarach* Linn.

棟叶（徐正浩摄）

棟花（徐正浩摄）

中文异名：棟树、苦棟树、苦棟

英文名：chinaberry tree, Pride of India, bead tree, Cape lilac, syringa berrytree, Persian lilac, Indian lilac

分类地位：棟科（Meliaceae）棟属（*Melia* Linn.）

形态学特征：落叶乔木。高

达10m。树皮灰褐色，纵裂，分枝广展，小枝有叶痕。2~3回奇数羽状复叶，长20~40cm。小叶对生，卵形、椭圆形至披针形，顶生1片略大，长3~7cm，宽2~3cm，先端短渐尖，基部楔形或宽楔形，多少偏斜，边缘有钝锯齿，侧脉每边12~16条。圆锥花序与叶等长。花萼5深裂。花瓣5片，淡紫色，倒卵状匙形，长0.8~1cm。雄蕊10枚，花丝深紫色，管状。子房近球形，5~6室，每室胚珠2个，花柱细长，柱头头状，顶端具5个齿。核果球形至椭圆形，长1~2cm，宽8~15mm。种子椭圆形。

棟树干（徐正浩摄）

棟果实（徐正浩摄）

棟花期植株（徐正浩摄）

棟景观植株（徐正浩摄）

生物学特性：花芳香。花期5—6月，果期10—12月。

分布：中国河北以南地区有分布。澳大利亚和太平洋岛屿也有分布。紫金港校区有分布。

景观应用：景观树木

159. 米仔兰 *Aglaia odorata* Lour.

中文异名：米兰、树兰

分类地位：棟科（Meliaceae）米兰属（*Aglaia* Lour.）

形态学特征：常绿灌木或小乔木。高2~5m。枝多，密集，小枝绿色，老枝带褐色。奇数羽状复叶互生，长5~12cm，小叶3~5片。小叶对生，叶轴具狭翅。小叶近革质，倒卵形至长圆状倒卵形，长2~7cm，宽1~3.5cm，先端圆钝，基部狭楔形，下延，全缘。圆锥花序腋生。花杂性，异株，径2~3mm。花萼5裂。花瓣黄色，5裂，长圆形至近圆形。雄蕊5枚，花丝管状，比花瓣短。子房卵形。浆果卵形或近球形。种子具肉质假种皮。

米仔兰花序（徐正浩摄）

米仔兰居群（徐正浩摄）

生物学特性：花芳香。花期5—11月。

分布：中国广东、广西等地有分布。东南亚也有分布。各校区有分布。

景观应用：常作盆栽观赏。

160. 香椿 *Toona sinensis* (A. Juss.) Roem.

香椿树干（徐正浩摄）

香椿枝叶（徐正浩摄）

中文异名：椿

英文名：Chinese mahogany, Chinese toon, red toon

分类地位：棟科（Meliaceae）香椿属（*Toona* Roem.）

形态学特征：落叶乔木。高达25m。树皮粗糙，深褐色，片状脱落。偶数羽状复叶，长30~50cm或更长，

香椿偶数羽状复叶（徐正浩摄）

具长柄。小叶纸质，16~20片，对生或互生，卵状披针形或卵状长椭圆形，长9~15cm，宽2.5~4cm，先端尾尖，基部一侧圆形，另一侧楔形，不对称，边全缘或有疏离的小锯齿，两面均无毛，无斑点，背面常呈粉绿色，侧脉每边18~24条，平展，与中脉几成直角，背面略凸起，小叶柄长5~10mm。圆锥花序与叶等长或更长。小聚伞花序生于短的小枝上，多花。花长4~5mm，具短花梗。花萼5齿裂或浅波状。花瓣5片，白色，长圆形，先端钝，长4~5mm，宽2~3mm。雄蕊10枚，5枚能育，5枚退化。花盘无毛，近念珠状。子房圆锥形，有5条细沟纹，无毛，每室

有胚珠8个，花柱比子房长，柱头盘状。蒴果狭椭圆形，长2~3.5cm，深褐色。种子基部钝，上端有膜质的长翅，下端无翅。

生物学特性：花期5—6月，果期9—11月。

分布：中国华北、华东、华中和西南等地有分布。南亚和东南亚也有分布。华家池校区、玉泉校区、西溪校区、紫金港校区、之江校区有分布。

景观应用：景观树木。

161. 算盘子 *Glochidion puberum* (Linn.) Hutch.

中文异名：算盘珠、红毛馒头果、野南瓜

分类地位：大戟科（Euphorbiaceae）算盘子属（*Glochidion* T. R. et G. Forst.）

算盘子叶（徐正浩摄）

算盘子叶序（徐正浩摄）

形态学特征：直立灌木。高1~5m。多分枝，小枝灰褐色，小枝、叶背、萼片外面、子房和果实均密被短柔毛。叶片纸质或近革质，长圆形、长卵形或倒卵状长圆形，长3~8cm，宽1~2.5cm，顶端钝、急尖、短渐尖或圆，基部楔形至钝，叶面灰

绿色，仅中脉被疏短柔毛或几无毛，叶背粉绿色，侧脉每边5~7条，在叶背凸起，网脉明显，柄长1~3mm。花小，雌雄同株或异株，2~5朵簇生于叶腋内。雄花束常着生于小枝下部，雌花束在上部，有时雌花和雄花同生于一叶腋内。雄花的花梗长4~15mm，萼片6片，狭长圆形或长圆状倒卵形，长2.5~3.5mm，雄蕊3枚，合生呈圆柱状。雌花的花梗长0.5~1mm，萼片6片，子房圆球状，5~10室，每室有2个胚珠，花柱合生，呈环

算盘子花序（徐正浩摄）

算盘子果实（徐正浩摄）

算盘子花果期植株（徐正浩摄）

算盘子景观植株（徐正浩摄）

状，长宽与子房几相等，与子房接连处缢缩。蒴果扁球状，径8~15mm，边缘有8~10条纵沟，成熟时带红色，顶端具有环状而稍伸长的宿存花柱。种子近肾形，具3条棱，长3~4mm，红褐色。

生物学特性：花期4—6月，果期7—11月。

分布：中国华东、华中、华南、西南、西北等地有分布。日本也有分布。多数校区有分布。

景观应用：景观树木。

162. 山麻杆 *Alchornea davidii* Franch.

中文异名：荷包麻

分类地位：大戟科（Euphorbiaceae）山麻杆属（*Alchornea* Sw.）

形态学特征：落叶灌木。高1~5m。嫩枝被灰白色短茸毛，一年生小枝具微柔毛。叶薄纸质，阔卵形或近圆形，长8~15cm，宽7~14cm，顶端渐尖，基部心形、浅心形或近截平，边缘具粗锯齿或具细齿，叶面沿叶脉具短柔毛，叶背被短柔毛，基出脉3条，柄长2~10cm。雌雄异株。雄花序穗状，长1.5~3.5cm，花序梗几无，雄花5~6朵簇生于苞腋，花梗长1~2mm，无毛，基部具关节。雌花序总状，顶生，长4~8cm，具花

山麻杆植株（徐正浩摄）

山麻杆景观植株（徐正浩摄）

山麻杆枝叶（徐正浩摄）

山麻杆花序（徐正浩摄）

山麻杆果期植株（徐正浩摄）

4~7朵，各部均被短柔毛，苞片三角形，长3.5mm，花梗短。雄花萼花蕾时球形，无毛，径1~2mm，萼片3~4片，雄蕊6~8枚。雌花萼片5片，长三角形，长2.5~3mm，子房球形，花柱3个，线状，长10~12mm，合生部分长1.5~2mm。蒴果近球形，具3条圆棱，径1~1.2cm，密生柔毛。种子卵状三角形，长5~6mm，种皮淡褐色或灰色。

生物学特性：花期3—5月，果期6—8月。

分布：中国华南、西南及陕西等地有分布。紫金港校区有分布。

景观应用：园林观叶树种。

163. 乌桕 *Sapium sebiferum* (Linn.) Roxb.

中文异名：木子树、桕子树、腊子树

英文名：Chinese tallow, Chinese tallow tree, Florida aspen, chicken tree, gray popcorn tree, candleberry tree

分类地位：大戟科（Euphorbiaceae）乌桕属（Sapium）

形态学特征：乔木。高可达15m。各部均无毛而具乳状汁液，树皮暗灰色，有纵裂纹，枝广展，具皮孔。叶互生，纸质，叶片菱形、菱状卵形，稀菱状倒卵形，长3~8cm，宽3~9cm，先端骤紧缩，具尖头，基部阔楔形或钝，全缘，中脉两面微凸起，侧脉6~10对，网状脉明显，柄长2.5~6cm。花单性，雌雄同株，聚集成顶生总状花序，长6~12cm，雌花通常生于花序轴最下部，雄花生于花序轴上部或有时整个花序全为雄花。雄花的花梗长1~3mm，苞片阔卵形，长和宽近相等，均为1~2mm，顶端略尖，每一苞片内具10~15朵花，小苞片3片，不等大，边缘撕裂状，花萼杯状，3浅裂，雄蕊2枚，伸出于花萼之外，花丝分离，与球状花药近等长。雌花的花梗粗壮，长3~3.5mm，苞片3深裂，裂片渐尖，每一苞片内仅1朵雌花，间有1朵雌

乌桕枝叶（徐正浩摄）

乌桕果实（徐正浩摄）

乌桕花期植株（徐正浩摄）

乌桕果期植株（徐正浩摄）

花和数朵雄花同聚生于苞腋内，花萼3深裂，裂片卵形至卵状披针形，子房卵球形，平滑，3室，花柱3个，基部合生，柱头外卷。蒴果梨状球形，熟时黑色，直径1~1.5cm。种子扁球形，黑色，长6~8mm，宽6~7mm。

生物学特性：花期4—8月，果期8—10月。

分布：中国黄河以南各地有分布，北达陕西、甘肃。越南、日本、印度也有分布。各校区有分布。

景观应用：秋色叶树种。

164. 铁海棠　*Euphorbia milii* Des Moul.

中文异名：虎刺梅、虎刺、麒麟刺

英文名：crown of thorns, Christ plant, Christ thorn

分类地位：大戟科（Euphorbiaceae）大戟属（*Euphorbia* Linn.）

形态学特征：蔓生灌木。茎多分枝，长60~100cm，径5~10mm，具纵棱，密生硬而尖的锥状刺，刺长1~2cm，径0.5~1mm，常3~5列排列于棱脊上，呈旋转状。叶互生，通常集中于嫩枝上，倒卵形或长圆状匙形，长1.5~5 cm，宽0.8~2cm，先端圆，具小尖头，基部渐狭，全缘，无柄或近无柄。二歧聚伞花序，生于枝上部叶腋，柄长4~7cm，每花序基部具6~10mm长的柄。苞叶2片，肾圆形，长8~10mm。总苞钟状，高3~4mm，径3.5~4 mm，边缘5裂。雄花数朵，苞片丝状，先端具柔毛。雌花1朵，常不伸出总苞外，子房光滑无毛，常包于总苞内，花柱3个，中部以下合生，柱头2裂。蒴果三棱状卵形，长3~3.5mm，径3~4mm，平滑无毛，熟时分裂为3个分果瓣。种子卵柱状，长2~2.5mm，径1~2mm，灰褐色，具微小疣点。

生物学特性：花果期全年。

分布：原产于非洲马达加斯加。各校区有分布。

景观应用：盆栽观赏植物。

铁海棠花（徐正浩摄）

铁海棠花期植株（徐正浩摄）

铁海棠植株（徐正浩摄）

165. 虎皮楠　*Daphniphyllum oldhami* (Hemsl.) Rosenth.

中文异名：南宁虎皮楠、四川虎皮楠

分类地位：虎皮楠科（Daphniphyllaceae）虎皮楠属（*Daphniphyllum* Bl.）

形态学特征：常绿乔木、小乔木或灌木。高5~10m。小枝纤细，暗褐色。叶纸质，披针形、倒卵状披针形、长圆形或长圆状披针形，长9~14cm，宽2.5~4cm，先端急尖、渐尖或短尾尖，基部楔形或钝，边缘反卷，

虎皮楠枝叶（徐正浩摄）

虎皮楠树干（徐正浩摄）

叶背常被白粉，侧脉8~15对，两面凸起，柄长2~3.5cm，上面具槽。雄花序长2~4cm，花梗长3~5mm，花萼小，不整齐4~6裂，三角状卵形，长0.5~1mm，具细齿，雄蕊7~10枚，花药卵形，长1~2mm，花丝极短。雌花序长4~6cm，花梗长4~7mm，萼片4~6片，披针形，具齿，子房长卵形，长1~1.5mm，柱头2个，叉开。果椭圆或倒卵圆形，长5~8mm，径4~6mm，暗褐至黑色。

生物学特性：花期3—5月，果期8—11月。

分布：中国长江以南各地有分布。朝鲜和日本也有分布。华家池校区、之江校区有分布。

景观应用：绿化和观赏树种。

166. 交让木 *Daphniphyllum macropodum* Miq.

交让木叶（徐正浩摄）

交让木花芽（徐正浩摄）

英文名：daphniphyllum

分类地位：虎皮楠科（Daphniphyllaceae）虎皮楠属（*Daphniphyllum* Bl.）

形态学特征：常绿灌木或小乔木。高3~10m。小枝粗壮，暗褐色，具圆形大叶痕。叶革质，长圆形至倒披针形，长14~25cm，

交让木植株（徐正浩摄）

宽3~6.5cm，先端渐尖，顶端具细尖头，基部楔形至阔楔形，叶面具光泽，叶背淡绿色，有时略被白粉，侧脉纤细而密，12~18对，柄长3~6cm，紫红色。雄花序长5~7cm，雄花的花梗长3~5mm，花萼不育，雄蕊8~10枚，花药长为宽的2倍，长1~2mm，花丝短，长0.5~1mm，背部扁压，具短尖头。雌花序长4.5~8cm，花梗长3~5mm，花萼不育，子房基部具不育雄蕊10枚，子房卵形，长1~2mm，多少被白粉，花柱极短，柱头2个。果椭圆形，长8~10mm，径5~6mm，先端具宿存柱头，基部圆形，暗褐色。

生物学特性：花期3—5月，果期8—10月。

分布：中国华东、华中、华南、西南等地有分布。日本和朝鲜也有分布。华家池校区、之江校区有分布。

景观应用：景观树木。

167. 匙叶黄杨 *Buxus harlandii* Hance

匙叶黄杨叶（徐正浩摄）

匙叶黄杨植株（徐正浩摄）

英文名：harland's box

分类地位：黄杨科（Buxaceae）黄杨属（*Buxus* Linn.）

形态学特征：常绿小灌木。高0.5~1m。枝近圆柱形，小枝近四棱形，纤细，径0.5~1.5mm，被微短柔毛，节间长1~2cm。叶薄革质，匙形，稀狭长圆形，

长2~4cm，宽5~9mm，先端稍狭，顶圆或钝，或有浅凹口，基部楔形，叶面光亮，几无柄。花序腋生兼顶生，头状，花密集，花序轴长3~4mm。雄花8~10朵，花梗长0.5~1.5mm，萼片阔卵形或阔椭圆形，长1~2mm，雄蕊连花药长4mm，不育雌蕊具极短柄，末端膨大，高0.5~1.5mm，为萼片长度的1/2。雌花萼片阔卵形，长1~2mm，边缘干膜质，子房无毛，花柱直立，下部扁阔，柱头倒心形。蒴果近球形，长5~7mm，宿存花柱长2~3mm。

生物学特性：花期5月，果期10月。

分布：中国华南、西南、华中、华东、西北等地有分布。多数校区有分布。

景观应用：观赏灌木。

168. 黄杨　*Buxus sinica* (Rehd. et Wils.) M. Cheng

英文名：Chinese box

分类地位：黄杨科（Buxaceae）黄杨属（*Buxus* Linn.）

形态学特征：常绿灌木或小乔木。高1~6m。枝圆柱形，有纵棱，灰白色，小枝四棱形，被短柔毛或外方相对两侧面无毛，节间长0.5~2cm。叶革质，阔椭圆形、阔倒卵形、卵状椭圆形或长圆形，长1.5~3.5cm，宽0.8~2cm，先端圆或钝，常有小凹口，不尖锐，基部圆、急尖或楔形，中脉凸出，侧脉明显，叶背中脉平坦或稍凸出，柄长1~2mm。花序腋生，头状，花密集，花序轴长3~4mm。苞片阔卵形，长2~2.5mm。雄花约10朵，无花梗，外萼片卵状椭圆形，内萼片近圆形，长2.5~3mm，无毛，雄蕊连花药长4mm，不育雌蕊有棒状柄，末端膨大，高1.5~2mm。雌花萼片长2~3mm，子房较花柱稍长，花柱粗扁，柱头倒心形，下延达花柱中部。蒴果近球形，长6~10 mm，宿存花柱长2~3mm。

生物学特性：花期3月，果期5—6月。

分布：中国华中、西南、华南、华东及陕西、甘肃等地有分布。多数校区有分布。

景观应用：景观树木。

黄杨果实（徐正浩摄）

黄杨景观植株（徐正浩摄）

169. 雀舌黄杨　*Buxus bodinieri* Lévl.

分类地位：黄杨科（Buxaceae）黄杨属（*Buxus* Linn.）

形态学特征：常绿灌木。高3~4m。枝圆柱形，小枝四棱形，被短柔毛，后变无毛。叶薄革质，通常匙形，也有狭卵形或倒卵形，大多数中部以上最宽，长2~4cm，宽8~18mm，先端圆或钝，具浅凹口或小尖凸头，基部狭长楔形，有时急尖，叶面绿色，光亮，叶背苍灰色，中脉两面凸出，柄长1~2mm。花序腋生，头状，长5~6mm，花密集，花序

雀舌黄杨花（徐正浩摄）

雀舌黄杨植株（徐正浩摄）

轴长2~2.5mm，苞片卵形，背面无毛，或有短柔毛。雄花10朵，花梗长仅0.4mm，萼片卵圆形，长2~3mm，雄蕊连花药长6mm，不育雌蕊有柱状柄，末端膨大，高2~3mm，和萼片近等长，或稍超出。雌花外萼片长1.5~2mm，内萼片长2~3mm，子房长2~2.5mm，花柱长1~1.5mm，略扁，柱头倒心形。蒴果卵形，长3~5mm，宿存花柱直立，长3~4mm。

生物学特性：花期2月，果期5—8月。

分布：中国华南、西南、华中、华东及甘肃、陕西等地有分布。多数校区有分布。

景观应用：观赏灌木。

🍃 170. 小叶黄杨 *Buxus microphylla* Siebold et Zucc.

中文异名：山黄杨、千年矮、黄杨木

英文名：Japanese box, littleleaf box

分类地位：黄杨科（Buxaceae）黄杨属（*Buxus* Linn.）

小叶黄杨枝叶（徐正浩摄）

形态学特征：常绿灌木或小乔木。高1~3m。常生长低矮，枝条密集，节间长3~6mm，小枝四棱形。叶薄革质，阔椭圆形或阔卵形，长7~10mm，宽5~7mm，叶面鲜绿色，无光或光亮，侧脉明显凸出。花序腋生，头状，花密集，花序轴长3~4mm，苞片阔卵形，长2~2.5mm。雄花10朵，无花梗，外萼片卵状椭圆形，内萼片近圆形，长2.5~3mm，雄蕊连花药长4mm，不育雌蕊有棒状柄，末端膨大。雌花萼片长2~3mm，子房较花柱稍长，无毛，花柱粗扁，柱头倒心形。蒴果卵状球形，长6~7mm，无毛。

生物学特性：花期3—4月，果期8—9月。

分布：中国安徽黄山、浙江龙塘山、江西庐山、湖北神农架及兴山有分布。日本、朝鲜也有分布。华家池校区有栽培。

景观应用：庭院观赏或作绿篱、盆栽观赏。

🍃 171. 南酸枣 *Choerospondias axillaris* (Roxb.) Burtt et Hill.

南酸枣树干（徐正浩摄）

南酸枣果期植株（徐正浩摄）

南酸枣植株（徐正浩摄）

分类地位：漆树科（Anacardiaceae）南酸枣属（*Choerospondias* Burtt et Hill）

形态学特征：乔木。高8~20m。树皮灰褐色，片状剥落，小枝粗壮，暗紫褐色，无毛，具皮孔。奇数羽状复叶长25~40cm，有小叶3~6对，叶柄纤细，基部略膨大。小叶膜质至纸质，卵形、卵状披针形或卵状长圆形，长4~12cm，宽2~4.5cm，先端长渐

尖，基部多少偏斜，阔楔形或近圆形，全缘，或幼株叶边缘具粗锯齿，侧脉8~10对，小叶柄长2~5mm。雄花序长4~10cm，苞片小，花萼裂片三角状卵形或阔三角形，先端钝圆，长0.5~1mm，花瓣长圆形，长2.5~3mm，雄蕊10枚，与花瓣近等长，花丝线形，长1~2mm，花药长圆形，长0.5~1mm，花盘无毛，无不育雌蕊。雌花单生于上部叶腋，较大，子房卵圆形，长1~2mm，无毛，5室，花柱长0.5~1mm。核果椭圆形或倒卵状椭圆形，成熟时黄色，长2.5~3cm，径2~3cm。果核长2~2.5cm，径1.2~1.5cm。

生物学特性：花期4—5月，果期10月。

分布：中国西南、华南、华中、华东等地有分布。南亚和日本也有分布。紫金港校区有分布。

景观应用：庭荫树和行道树。

172. 盐肤木 *Rhus chinensis* Mill.

中文异名：五倍子树

英文名：Chinese sumac, nutgall tree

分类地位：漆树科（Anacardiaceae）盐肤木属（*Rhus* (Tourn.) Linn. emend. Moench）

形态学特征：落叶小乔木或灌木。高2~10m。小枝棕褐色，被锈色柔毛，具圆形小皮孔。奇数羽状复叶，具小叶2~6对，叶轴具宽叶状翅。小叶多形，卵形、椭圆状卵形或长圆形，长6~12cm，宽3~7cm，先端急尖，基部圆形，顶生小叶基部楔形，边缘具粗锯齿或圆齿，叶面暗绿色，叶背粉绿色，被白粉，小叶无柄。圆锥花序宽大，多分枝，雄花序长30~40cm，雌花序较短，苞片披针形，长0.5~1mm，小苞片极小，

盐肤木叶（徐正浩摄）

盐肤木植株（徐正浩摄）

盐肤木花序（徐正浩摄）

盐肤木果实（徐正浩摄）

花白色，花梗长1~1.5mm。雄花萼裂片长卵形，长1~1.5mm，花瓣倒卵状长圆形，长1~2mm，雄蕊伸出，花丝线形，长1~2mm，花药卵形，长0.5~0.7mm，子房不育。雌花萼裂片较短，长0.5~0.6mm，花瓣椭圆状卵形，长1.2~1.6mm，雄蕊极短，子房卵形，长1~1.5mm，花柱3个，柱头头状。核果球形，略扁压，径4~5mm，成熟时红色。果核径3~4mm。

生物学特性：花期8—9月，果期10月。

分布：除东北、内蒙古和新疆外，中国大部分地区有分布。南亚、东南亚和北亚也有分布。之江校区、玉泉校区、华家池校区、紫金港校区有分布。

盐肤木景观应用（徐正浩摄）

景观应用：景观树木。

🌱 173. 野漆 *Toxicodendron succedaneum* (Linn.) O. Kuntze

野漆枝叶（徐正浩摄）

野漆花序（徐正浩摄）

野漆果实（徐正浩摄）

野漆植株（徐正浩摄）

野漆景观植株（徐正浩摄）

中文异名：野漆树

英文名：wax tree, Japanese wax tree

分类地位：漆树科（Anacardiaceae)漆属(*Toxicodendron*（Tourn.） Mill.)

形态学特征：落叶乔木或小乔木。高达10m。小枝粗壮，顶芽大，紫褐色。奇数羽状复叶互生，常集生于小枝顶端，长25~35cm，具4~7对小叶，柄长6~9cm。小叶对生或近对生，坚纸质至薄革质，长圆状椭圆形、阔披针形或卵状披针形，长5~16cm，宽2~5.5cm，先端渐尖或长渐尖，基部多少偏斜，圆形或阔楔形，全缘，两面无毛，叶背常具白粉，侧脉15~22对，弧形上升，小叶柄长2~5mm。圆锥花序长7~15cm，为叶长的1/2，多分枝。花黄绿色，径1~2mm，花梗长1~2mm，花萼无毛，裂片阔卵形，先端钝，长0.5~1.5mm，花瓣长圆形，先端钝，长1.5~2mm。雄蕊伸出，花丝线形。长1~2mm，花药卵形，长0.5~1.5mm。子房球形，径0.6~0.8mm。花柱1个，短，柱头3裂。核果大，偏斜，径7~10mm，扁压。果核坚硬，扁压。

生物学特性：花期5—6月，果期8—10月。

分布：中国华北至长江以南各地有分布。东亚其他国家、东南亚和南亚也有分布。紫金港校区、之江校区有分布。

景观应用：绿化树木。

🌱 174. 冬青 *Ilex chinensis* Sims

英文名：Chinese holly

分类地位：冬青科（Aquifoliaceae）冬青属（*Ilex* Linn.）

冬青果实（徐正浩摄）

冬青果期植株（徐正浩摄）

形态学特征：常绿乔木。高达12m。树皮灰黑色，当年生小枝浅灰色，圆柱形，具细棱，二年生至多年生枝具不明显的小皮孔。叶片薄革质至革质，椭圆形或披针形，长5~12cm，宽

2~4cm，先端渐尖，基部楔形或钝，边缘具圆齿，或有时在幼叶为锯齿，叶面绿色，有光泽，叶背淡绿色，主脉背面隆起，侧脉6~9对，柄长8~10mm。雄花序具3~4回分枝，总花梗长7~14mm，花梗长1~2mm，每分枝具花7~24朵，花淡紫色或紫红色，4~5基数，花萼浅杯状，裂片阔卵状三角形，花冠辐状，径4~5mm，花瓣卵形，长2~2.5mm，宽1~2mm，雄蕊短于花瓣，长1~1.5mm，花药椭圆形，退化子房圆锥状，长不足1mm。雌花序具1~2回分

冬青树干（徐正浩摄）

冬青景观植株（徐正浩摄）

之江校区原生态冬青（徐正浩摄）

枝，具花3~7朵，总花梗长3~10mm，扁，花梗长6~10mm，花萼和花瓣同雄花，退化雄蕊长约为花瓣的1/2，子房卵球形，柱头具不明显的4~5裂。果长球形，成熟时红色，长10~12mm，径6~8mm。分核4~5个，狭披针形，长9~11mm，宽2~2.5mm。

生物学特性：花期4—6月，果期11—12月。

分布：中国长江流域以南、西南及陕西等地有分布。日本也有分布。各校区有分布。

景观应用：庭院观赏和城市绿化树种。

175. 枸骨 *Ilex cornuta* Lindl. et Paxt.

中文异名：枸骨冬青

英文名：horned holly

分类地位：冬青科（Aquifoliaceae）冬青属（*Ilex* Linn.）

形态学特征：常绿灌木或小乔木。高0.6~3m。幼枝具纵脊及沟，沟内被微柔毛或变无毛，二年生枝褐色，三年生枝灰白色，具纵裂缝及隆起的叶痕，无皮孔。叶片厚革质，2型，四角状长圆形或卵形，长4~9cm，宽2~4cm，先端具3个尖硬刺齿，中央刺齿常反曲，基部圆形或近截形，

枸骨叶（徐正浩摄）

枸骨花（徐正浩摄）

枸骨果实（徐正浩摄）

枸骨植株（徐正浩摄）

两侧各具1~2个刺齿，叶面深绿色，具光泽，叶背淡绿色，侧脉5对或6对，柄长4~8mm。花序簇生于二年生枝的叶腋内，苞片卵形，先端钝或具短尖头，花淡黄色，4基数。雄花的花梗长5~6mm，花萼盘状，径2~2.5mm，花冠辐状，径5~7mm，花瓣长圆状卵形，长3~4mm，反折，基部合生，雄蕊与花瓣近等长或比花瓣稍长，花药长圆状卵形，长0.5~1mm，退化子房近球形，先端钝或圆形。雌花的花梗长8~9mm，果期长13~14mm，花萼与花瓣似雄花，退化雄蕊长为花瓣的4/5，略长于子房，子房长圆状卵球形，长3~4mm，径1.5~2mm，柱头盘状，4浅裂。果球形，径8~10mm，熟时鲜红色。分核4个，轮廓倒卵形或椭圆形，长7~8mm，背部宽4~5mm。

生物学特性：花期4—5月，果期9—11月。

分布：中国华中、华东等地有分布。朝鲜、韩国也有分布。各校区有分布。

景观应用：庭院观赏和城市绿化树种。

🌿 176. 无刺枸骨 *Ilex cornuta* Lindl. var. *fortunei* S. Y. Hu

分类地位：冬青科（Aquifoliaceae）冬青属（*Ilex* Linn.）

形态学特征：主干不明显，基部以上开叉分枝。叶硬革质，互生，椭圆形或卵形，长2~4cm，宽1.5~3cm，全缘，先端聚尖，叶面绿色，具光泽。伞形花序，花黄白色。果近球形，径0.6~0.8cm，熟时红色。

生物学特性：花期5—6月，果期8—11月。

分布：中国华南、华中、华东等地有分布。朝鲜、韩国也有分布。各校区有分布。

景观应用：优良的观赏树种。

无刺枸骨叶（徐正浩摄）

无刺枸骨花（徐正浩摄）

无刺枸骨果实（徐正浩摄）

无刺枸骨孤植植株（徐正浩摄）

无刺枸骨景观植株（徐正浩摄）

🌿 177. 全缘冬青 *Ilex integra* Thunb.

英文名：mochi tree

分类地位：冬青科（Aquifoliaceae）冬青属（*Ilex* Linn.）

形态学特征：常绿小乔木。高5.5m。树皮灰白色，小枝粗壮，茶褐色，具纵皱褶及椭圆形凸起的皮孔，略粗糙，当年生幼枝具纵棱沟，顶芽卵状圆锥形，腋芽卵圆形，无毛。叶生于一年生至二年生枝，厚革质，倒卵形或倒卵状椭圆形，稀倒披针形，长3.5~6cm，宽1.5~2.8cm，先端钝圆，具短的宽钝头，基部楔形，全缘，叶面深绿色，叶背淡绿色，两面无毛，主脉在叶面平或微凹，背面隆起，侧脉6~8对，柄长10~15mm，上面具纵槽。聚伞花序簇生于当年生枝的叶腋内，每分枝具1~3朵花，基部芽鳞革质，卵圆形。雄花序聚伞花序具3朵花，总花梗短，花梗长3~5mm，花4基数，花萼盘状，径2~3mm，4深裂，裂片卵形，长1~1.5mm，花冠辐状，径5~7mm，花瓣长圆状椭圆形，长3~3.5mm，宽

全缘冬青枝叶（徐正浩摄）

全缘冬青叶（徐正浩摄）

1.5~2mm，雄蕊与花瓣近等长，花药卵状长圆形，退化子房半圆形，顶端微凹。果1~3个簇生于当年生枝的叶腋内，果梗长7~8mm。果球形，径10~12mm，成熟时红色，宿存花萼平展，宿存柱头盘状，中央微凹，4裂。分核4个，宽椭圆形，长5~7mm。

生物学特性：花期4月，果期7—10月。

分布：中国浙江沿海地区有分布。朝鲜、日本也有分布。华家池校区有分布。

景观应用：景观树木。

全缘冬青植株（徐正浩摄）

178. 短梗冬青 *Ilex buergeri* Miq.

中文异名：华东冬青

分类地位：冬青科（Aquifoliaceae）冬青属（*Ilex* Linn.）

形态学特征：常绿乔木或灌木。高7~15m，胸径30cm。树皮光滑，黑褐色，小枝圆柱形，具纵棱脊和槽，密被短柔毛，顶芽近卵形，芽鳞密被短柔毛。叶生于一年生至二年生枝上，叶片革质，卵形、长圆形或卵状披针形，长4~8cm，宽1.7~2.5cm，先端渐尖，基部圆形，钝或阔楔形，边缘稍反卷，具疏而不规则的浅锯齿，叶面深绿色，叶背淡绿色，侧脉每边7~8条，柄长4~8mm，上面具槽。花序簇生于去年生枝的叶腋内，每束具4~10朵花，苞片卵形，长1~1.5mm，花梗短，长2~3mm。雄花的花萼盘状，径1~2mm，4裂，花冠径6~7mm，淡黄绿色，花瓣4片，长圆状倒卵形，长2~3mm，雄蕊4枚，较花瓣长，花药长圆形，退化子房圆锥形，径0.5~1mm，顶端4裂。雌花的花萼似雄花的，花瓣分离，与子房等长或比子房稍短，退化雄蕊与花瓣等长或比花瓣稍短，子房卵球形，长2~2.5mm，径1.5~2mm，柱头盘状。果球形或近球形，径4.5~6mm，成熟时红色，表面具小瘤点，果柄很短，长0.5~1mm。分核4个，近圆形，长2~3mm。

短梗冬青叶（徐正浩摄）

生物学特性：花期4—6月，果期10—11月。

分布：中国华中、东南沿海地区有分布。日本也有分布。之江校区有分布。

景观应用：行道树、庭院树和风景林。

短梗冬青花（徐正浩摄）

短梗冬青植株（徐正浩摄）

179. 大叶冬青 *Ilex latifolia* Thunb.

大叶冬青树干（徐正浩摄）

大叶冬青枝叶（徐正浩摄）

大叶冬青叶面（徐正浩摄）

大叶冬青叶背（徐正浩摄）

大叶冬青花（徐正浩摄）

大叶冬青孤植植株（徐正浩摄）

大叶冬青果实（徐正浩摄）

中文异名：苦丁茶

英文名：tarajo holly, tarajo

分类地位：冬青科（Aquifoliaceae）冬青属（*Ilex* Linn.）

形态学特征：常绿大乔木。高达20m，胸径60cm。树皮灰黑色，分枝粗壮，具纵棱及槽，黄褐色或褐色。叶生于一年生至三年生枝上，厚革质，长圆形或卵状长圆形，长8~20cm，宽4~9cm，先端钝或短渐尖，基部圆形或阔楔形，边缘具疏锯齿，中脉在叶面凹陷，在叶背隆起，侧脉每边12~17条，柄长1.5~2.5cm。由聚伞花序组成的假圆锥花序生于二年生枝的叶腋内，无总梗，主轴长1~2cm。花淡黄绿色，4基数。雄花假圆锥花序的每个分枝具3~9朵花，呈聚伞花序状，苞片卵形或披针形，长5~7mm，宽3~5mm，花梗长6~8mm，花萼近杯状，径3~3.5mm，4浅裂，花冠辐状，径7~9mm，花瓣卵状长圆形，长3~3.5mm，宽2~2.5mm，基部合生，雄蕊与花瓣等长，花药卵状长圆形，不育子房近球形，柱头稍4裂。雌花序的每个分枝具1~3朵花，总花梗长1~2mm，花萼盘状，径2~3mm，花冠直立，径3~5mm，花瓣4片，退化雄蕊长为花瓣的1/3，败育花药小，卵形，子房卵球形，柱头盘状，4裂。果球形，径5~7mm，成熟时红色，宿存柱头薄盘状。分核4个，轮廓长圆状椭圆形，长3~5mm，宽2~2.5mm。

生物学特性：花期4—5月，果期8—10月。

分布：中国华东、华中、西南等地有分布。日本也有分布。各校区有分布。

景观应用：庭院观赏树种和园林绿化树木。

180. 龟背冬青　*Ilex crenata* Thunb. cv. *convexa* Makino

中文异名：龟甲冬青、豆瓣冬青

英文名：Japanese holly

分类地位：冬青科（Aquifoliaceae）冬青属（*Ilex* Linn.）

形态学特征：钝齿冬青（*Ilex crenata* Thunb.）的栽培变种。常绿小灌木。多分枝。叶小，密，叶面拱起，椭圆形至长倒卵形，长1~3cm，宽4~1.2mm，先端圆钝，基部楔形，边缘具圆齿，侧脉3~5对，网脉不显，柄长2~3mm。雄花1~7朵组成聚伞花序，花4基数，花瓣白色。雌花单生，或2~3朵组成聚伞花序。果球形，径6~8mm，熟后黑色。分核4个，长4~5mm。

生物学特性：花期4—5月，果期9—11月。

分布：中国长江下游至华南、华东、华北部分地区有分布。各校区有分布。

景观应用：可作绿篱，也作盆栽。

龟背冬青叶（徐正浩摄）

龟背冬青幼果（徐正浩摄）

龟背冬青植株（徐正浩摄）

龟背冬青景观植株（徐正浩摄）

181. 卫矛　*Euonymus alatus* (Thunb.) Sieb.

中文异名：鬼见羽、鬼箭羽

英文名：winged spindle, winged euonymus, burning bush

分类地位：卫矛科（Celastraceae）卫矛属（*Euonymus* Linn.）

形态学特征：灌木。高1~3m。小枝常具2~4列宽阔木栓翅，冬芽圆形，长1~2mm，芽鳞边缘具不整齐细坚齿。叶卵状椭圆形、狭长椭圆形，长2~8cm，宽1~3cm，边缘具细锯齿，柄长1~3mm。聚伞花序1~3朵，花序梗长0.7~1cm，小花梗长3~5mm，花白绿色，径6~8mm，萼片半圆形，花瓣4片，近圆形，雄蕊着生于花盘边缘处，花丝极短。

卫矛枝叶（徐正浩摄）

卫矛叶（徐正浩摄）

蒴果1~4深裂，裂瓣椭圆状，长7~8mm。种子椭圆状或阔椭圆状，长5~6mm，种皮褐色或浅棕色，假种皮橙红色。

生物学特性：花期4—6月，果期9—10月。

分布：除东北、新疆、青海、西藏、广东、海南外，中国广泛分布。朝鲜、韩国、日本及欧洲、北美洲也有分布。华家池校区有分布。

景观应用：庭院观赏树木。

卫矛果实和种子（徐正浩摄）

🍃 182. 冬青卫矛 *Euonymus japonicus* Thunb.

中文异名：大叶黄杨

英文名：evergreen spindle, Japanese spindle

分类地位：卫矛科（Celastraceae）卫矛属（*Euonymus* Linn.）

形态学特征：灌木。高达3m。小枝有4条棱，具细微皱突。叶革质，倒卵形或椭圆形，长3~5cm，宽2~3cm，先端圆阔或急尖，基部楔形，边缘具浅细钝齿，柄长0.8~1cm。聚伞花序5~12朵花，花序梗长2~5cm，2~3次分枝，小花梗长3~5mm，花白绿色，径5~7mm，花瓣近卵圆形，长宽各1~2mm，雄蕊花药长圆状，花丝长2~4mm，子房每室2个胚珠。

冬青卫矛枝叶（徐正浩摄）

蒴果近球状，径6~8mm，淡红色。种子每室1粒，椭圆状，长5~6mm，径3~4mm，假种皮橘红色。

生物学特性：花期6—7月，果熟期9—10月。

分布：中国西北、华北、长江流域及其以南地区有分布。日本有分布。各校区有分布。

景观应用：作为绿篱或庭院观赏植物。

冬青卫矛叶（徐正浩摄）

冬青卫矛种子（徐正浩摄）

冬青卫矛果期植株（徐正浩摄）

冬青卫矛景观植株（徐正浩摄）

🍃 183. 金边冬青卫矛 *Euonymus japonicus* 'Aureo-marginata'

分类地位：卫矛科（Celastraceae）卫矛属（*Euonymus* Linn.）

形态学特征：冬青卫矛的栽培变种。常绿灌木或小乔木。与原变种的主要区别是叶缘金黄色。

生物学特性：花期5—6月，果期9—10月。

分布：温带、亚热带地区有分布。各校区有分布。

景观应用：庭院、路边常见
绿篱树种。

金边冬青卫矛叶（徐正浩摄）

金边冬青卫矛花（徐正浩摄）

金边冬青卫矛植株（徐正浩摄）

金边冬青卫矛景观植株（徐正浩摄）

184. 扶芳藤　*Euonymus fortunei* (Turcz.) Hand.-Mazz.

英文名：spindle, Fortune's spindle, winter creeper, wintercreeper
分类地位：卫矛科（Celastraceae）卫矛属（*Euonymus* Linn.）

形态学特征：常绿藤本灌木。高1~2.5m。小枝略具方棱。叶薄革质，椭圆形、长方椭圆形或长倒卵形，宽窄变异较大，可窄至近披针形，长3.5~8cm，宽1.5~4cm，先端钝或急尖，基部楔形，边缘齿浅不明显，侧脉细微，和小脉全不

扶芳藤枝叶（徐正浩摄）

扶芳藤植株（徐正浩摄）

明显，柄长3~6mm。聚伞花序3~4次分枝，花序梗长1.5~3cm。小聚伞花密集，花4~7朵，分枝中央单花，小花梗长3~5mm，花白绿色，4基数，径5~6mm，花丝细长，长2~3mm，花药圆心形，子房三角锥状，具4条棱，花柱长0.5~1mm。蒴果粉红色，近球状，径6~12mm。种子矩状椭圆形，棕褐色，假种皮鲜红色。

生物学特性：花期6月，果期10月。

分布：中国大部分地区有分布。亚洲其他国家、非洲、欧洲、美洲和大洋洲也有分布。各校区有分布。

景观应用：茎叶具活血散瘀之效。

扶芳藤景观植株（徐正浩摄）

185. 西南卫矛 *Euonymus hamiltonianus* Wall. ex Roxb.

分类地位：卫矛科（Celastraceae）卫矛属（*Euonymus* Linn.）

形态学特征：小乔木。高5~6m。枝条无栓翅，小枝近圆形，具棱槽。叶较大，卵状椭圆形、矩状椭圆形或椭圆披针形，长7~12cm，宽7cm，柄长可达5cm。蒴果大，径1~1.5cm。

生物学特性：花期5—6月，果期9—10月。

西南卫矛果实和种子（徐正浩摄）

西南卫矛植株（徐正浩摄）

分布：中国西南、华中、华东、华南、西北等地有分布。东亚其他国家、北亚、南亚也有分布。华家池校区有分布。

景观应用：景观树木。

186. 三角槭 *Acer buergerianum* Miq.

中文异名：三角枫

英文名：trident maple

分类地位：槭树科（Aceraceae）槭属（*Acer* Linn.）

形态学特征：落叶乔木。高5~15m。树皮褐色或深褐色，粗糙，当年生枝紫色或紫绿色，多年生枝淡灰色或灰褐色，稀被蜡粉。冬芽小，褐色，长卵圆形，鳞片内侧被长柔毛。叶纸质，基部近于圆形或楔形，长6~10cm，通常3浅裂，中央裂片三角状卵形，急尖、锐尖或短渐尖，侧裂片短钝尖或甚小，裂片边缘通常全缘，叶面深绿色，叶背黄绿色或淡绿色，被白粉，初生脉3条，侧脉通常在两面都不显著，柄长2.5~5cm。花多数，常呈顶生伞房花序，径2~3cm，总花梗长1.5~2cm，萼片5片，黄绿色，花瓣5片，淡黄色，狭披针形或匙状披针形，先端钝圆，长1.5~2mm，雄蕊8枚，与萼片等长或比萼片微短。子房密被淡黄色长柔毛，花柱无毛，短，2裂，柱头平展或略反卷。翅果黄褐色，小坚果凸起，径5~6mm，翅与小坚果共长2~2.5cm，宽9~10mm，中部最宽，基部狭窄，张开成锐角或近于直立。

生物学特性：花期4月，果期8月

分布：中国西南、华南、华中和华东等地有分布。日本

三角槭树干（徐正浩摄）

三角槭枝叶（徐正浩摄）

三角槭叶（徐正浩摄）

三角槭花（徐正浩摄）

三角槭植株（徐正浩摄）

也有分布。多数校区有分布。

景观应用：庭荫树和行道树。

187. 鸡爪槭 *Acer palmatum* Thunb.

中文异名：七角枫

英文名：palmate maple, Japanese maple, smooth Japanese maple

分类地位：槭树科（Aceraceae）槭属（*Acer* Linn.）

形态学特征：落叶小乔木。树皮深灰色，当年生枝紫色或淡紫绿色，多年生枝淡灰紫色或深紫色。叶纸质，轮廓圆形，径7~10cm，基部心形或近于心形，稀截形，5~9掌状分裂，常7裂，裂片长卵圆形或披针形，先端锐尖或长锐尖，边缘具紧贴的尖锐锯齿，裂片间的凹缺钝尖或锐尖，深达叶片直径的1/2或1/3，叶面深绿色，叶背淡绿色，主脉在叶面微显著，在叶背凸起，柄长4~6cm。花杂性。雄花与两性花同株。伞房花序总花梗长2~3cm，萼片5片，卵状披针形，先端锐尖，长2~3mm。花瓣5片，椭圆形或倒卵形，先端钝圆，长1.5~2mm。雄蕊8枚，较花瓣略短而藏于其内。子房无毛，花柱长，2裂，柱头扁平，花梗长

鸡爪槭叶（徐正浩摄）

鸡爪槭果实（徐正浩摄）

鸡爪槭花期植株（徐正浩摄）

鸡爪槭果期植株（徐正浩摄）

0.7~1cm。翅果嫩时紫红色，成熟时淡棕黄色。小坚果球形，径5~7mm，脉纹显著。翅与小坚果共长2~2.5cm，宽0.6~1cm，张开成钝角。

生物学特性：叶发出后，才开花。花期5月，果期9月。

分布：中国华东、华中、西南等地有分布。朝鲜、韩国和日本也有分布。各校区有分布。

景观应用：常用绿化树种。

鸡爪槭植株（徐正浩摄）

188. 小鸡爪槭 *Acer palmatum* Thunb. var. *thunbergii* Pax

中文异名：篌衣槭

分类地位：槭树科（Aceraceae）槭属（*Acer* Linn.）

形态学特征：鸡爪槭的变种。与鸡爪槭的区别在于叶较小，径3~4cm，7深裂，裂片狭窄，边缘具锐尖重锯齿，小坚果卵圆形，翅

小鸡爪槭叶（徐正浩摄）

小鸡爪槭植株（徐正浩摄）

小鸡爪槭花期植株（徐正浩摄）

短小。

生物学特性：花期5月，果期9月。

分布：中国华东、华中等地有分布。日本也有分布。各校区有分布。

景观应用：绿化树种。

189. 红枫　*Acer palmatum* 'Atropurpureum'

红枫枝叶（徐正浩摄）

中文异名：红鸡爪槭、红颜枫

分类地位：槭树科（Aceraceae）槭属（*Acer* Linn.）

形态学特征：鸡爪槭的栽培变种。其主要特征为枝条、叶偏紫红色。

生物学特性：花期5月，果期9月。

分布：中国华东、华中等地有分布。朝鲜、韩国和日本也有分布。各校区有分布。

景观应用：观叶树木，也常作盆栽。

红枫花（徐正浩摄）

红枫果期植株（徐正浩摄）

红枫植株（徐正浩摄）

红枫景观植株（徐正浩摄）

190. 羽毛槭　*Acer palmatum* 'Dissectum'

羽毛槭枝叶（徐正浩摄）

羽毛槭叶（徐正浩摄）

中文异名：羽毛枫、细叶鸡爪槭

分类地位：槭树科(Aceraceae)槭属（*Acer* Linn.）

形态学特征：鸡爪槭的栽培变种。其主要特征为叶片细裂，枝条略下垂。

生物学特性：花期4—5月，

果期10月。

分布：各校区有分布。

景观应用：庭院、盆栽观赏树种。

羽毛槭景观植株（徐正浩摄）

羽毛槭景观应用（徐正浩摄）

191. 红细叶鸡爪槭 *Acer palmatum* 'Ornatum'

中文异名：深红细叶鸡爪槭

分类地位：槭树科(Aceraceae)槭属（*Acer* Linn.）

形态学特征：鸡爪槭的栽培变种。外形同细叶鸡爪槭，但叶片呈紫红色。

生物学特性：花期4—5月，果期10月。

分布：多数校区有分布。

景观应用：庭院、盆栽观赏树种。

红细叶鸡爪槭叶（徐正浩摄）

红细叶鸡爪槭植株（徐正浩摄）

192. 无患子 *Sapindus mukorossi* Gaertn.

中文异名：洗手果、油罗树、目浪树、黄目树、苦患树、油患子、木患子

英文名：Chinese soapberry, washnut

分类地位：无患子科（Sapindaceae）无患子属（*Sapindus* Linn.）

形态学特征：落叶大乔木。高15~25m。树皮灰褐色或黑褐色，嫩枝绿色，无毛。叶连柄长25~45cm或更长，叶轴稍扁，上面两侧有直槽，小叶5~8对，常近对生。小叶薄纸质，长椭圆状披针形或稍呈镰形，长7~15cm，宽2~5cm，顶端短尖或短渐尖，基部楔形，稍不对称，侧脉纤细而密，15~17对，近平行，小叶柄长3~5mm。花序顶生，圆锥

无患子花序（徐正浩摄）

无患子果实（徐正浩摄）

无患子花期植株（徐正浩摄）

无患子果期植株（徐正浩摄）

形。花小，辐射对称，花梗短。萼片卵形或长圆状卵形，长1~2mm。花瓣5片，披针形，有长爪，长2~2.5mm，雄蕊8枚，伸出，花丝长3~3.5mm，子房无毛。果近球形，径2~2.5cm，橙黄色，干时变黑。

生物学特性：花期5~6月，果期7—8月。

分布：中国西南、华南、华中和华东等地有分布。东亚其他国家、东南亚和南亚也有分布。各校区有分布。

景观应用：行道树和绿化树种。

无患子景观植株（徐正浩摄）

193. 复羽叶栾树 *Koelreuteria bipinnata* Laxm.

复羽叶栾树叶（徐正浩摄）

复羽叶栾树花（徐正浩摄）

复羽叶栾树果实（徐正浩摄）

复羽叶栾树景观植株（徐正浩摄）

英文名：Chinese flame tree, Chinese golden rain tree, Bougainvillea golden rain tree

分类地位：无患子科（Sapindaceae）栾树属（*Koelreuteria* Laxm.）

形态学特征：乔木。高20~30m。皮孔圆形至椭圆形，枝具小疣点。叶平展，2回羽状复叶，长45~70cm，小叶9~17片。小叶互生，很少对生，纸质或近革质，斜卵形，长3.5~7cm，宽2~3.5cm，顶端短尖至短渐尖，基部阔楔形或圆形，略偏斜，边缘有内弯的小锯齿，小叶柄长2~3mm或近无柄。圆锥花序大型，长35~70cm，分枝广展。萼5裂达中部，花瓣4片，长圆状披针形，瓣片长6~9mm，宽1.5~3mm，顶端钝或短尖，瓣爪长1.5~3mm，被长柔毛，雄蕊8枚，长4~7mm，子房三棱状长圆形。蒴果椭圆形或近球形，具3条棱，淡紫红色，老熟时褐色，长4~7cm，宽3.5~5cm，顶端钝或圆，果瓣椭圆形至近圆形，外面具网状脉纹。种子近球形，径5~6mm。

生物学特性：花期7—9月，果期8—10月。

分布：中国西南、华南、华中等地有分布。多数校区有分布。

景观应用：园林观赏树种。

194. 全缘叶栾树 *Koelreuteria bipinnata* 'Integrifoliola'

中文异名：黄山栾树

分类地位：无患子科（Sapindaceae）栾树属（*Koelreuteria* Laxm.）

形态学特征：复羽叶栾树的栽培变种。与复羽叶栾树的主要区别是小叶常全缘，有时叶的一侧上部边缘有锯齿。

生物学特性：花期8—9月，果期10—11月。

分布：中国华东、华中、西南、华南等地有分布。多数校区有分布。

景观应用：庭荫树、行道树和风景树。

全缘叶栾树羽状复叶（徐正浩摄）

全缘叶栾树树干（徐正浩摄）

全缘叶栾树花（徐正浩摄）

全缘叶栾树花序（徐正浩摄）

全缘叶栾树果实（徐正浩摄）

全缘叶栾树景观植株（徐正浩摄）

全缘叶栾树花果期植株（徐正浩摄）

全缘叶栾树果期植株（徐正浩摄）

195. 枣 *Ziziphus jujuba* Mill.

中文异名：枣子树、红枣树、枣树

英文名：jujube, red date, Chinese date, Korean date, Indian date

分类地位：鼠李科（Rhamnaceae）枣属（*Ziziphus* Mill.）

形态学特征：落叶小乔木。高10~20m。树皮褐色或灰褐色，有长枝，短枝和新枝比长枝光滑，紫红色或灰褐色，呈之字形曲折，具2个托叶刺，长刺可达3cm，粗直，短刺下弯，长4~6mm，

枣枝叶（徐正浩摄）

枣花（徐正浩摄）

枣果实（徐正浩摄）

枣花期植株（徐正浩摄）

枣果期植株（徐正浩摄）

枣植株（徐正浩摄）

当年生小枝绿色，下垂，单生或2~7个簇生于短枝上。叶纸质，卵形、卵状椭圆形或卵状矩圆形，长3~7cm，宽1.5~4cm，顶端钝或圆形，具小尖头，基部稍不对称，近圆形，边缘具圆齿状锯齿，叶面深绿色，叶背浅绿色，基生3出脉，柄长1~6mm，或在长枝上的可达1cm，托叶刺纤细，后期常脱落。花两性，黄绿色，5基数。总花梗短。花单生，或2~8朵组成腋生聚伞花序。花梗长2~3mm。萼片卵状三角形。花瓣倒卵圆形，基部有爪，与雄蕊等长。花盘厚，肉质，圆形，5裂。子房下部藏于花盘内，与花盘合生，2室，每室有1个胚珠，花柱2个，中裂。核果矩圆形或长卵圆形，长2~3.5cm，径1.5~2cm，成熟时红色，后变红紫色，具1粒或2粒种子，果梗长2~5mm。种子扁椭圆形，长0.7~1cm，宽6~8mm。

生物学特性：花期5—7月，果期8—9月。

分布：原产于中国东北、华东、华中、华南、西南、华北、西北等地。多数校区有分布。

景观应用：景观树木。

196. 山葡萄 *Vitis amurensis* Rupr.

分类地位：葡萄科（Vitaceae）葡萄属（*Vitis* Linn.）

形态学特征：木质藤本。茎长达15m。小枝圆柱形，无毛，嫩枝疏被蛛丝状茸毛，卷须2~3个分枝。叶阔卵圆形，长6~12cm，宽4~10cm，3浅裂、中裂或不裂，先端急尖或渐尖，叶基部心形，基部裂缺凹成圆形或钝角，边缘具锯齿，齿端急尖，基生脉5出，侧脉5~6对，柄长4~12cm。圆锥花序疏散，与叶对生，具分枝。花梗长2~6mm。萼碟形。花瓣4~5片。雄蕊4~5枚。花丝丝状，花药黄色。雌蕊1枚，子房锥形，花柱明显，柱头微扩大。果实径0.8~1.5cm。种子倒卵圆形，顶端微凹，基部有短喙。

生物学特性：花期5—6月，果期7—9月。

山葡萄花序（徐正浩摄）

分布：中国东北、华北、华东等地有分布。紫金港校区有分布。

景观应用：绿化树种。

山葡萄果实（徐正浩摄）

山葡萄果期植株（徐正浩摄）

197. 葡萄 *Vitis vinifera* Linn.

中文异名：全球红

英文名：common grape vine

分类地位：葡萄科（Vitaceae）葡萄属（*Vitis* Linn.）

形态学特征：木质藤本。茎长3~4m。小枝圆柱形，有纵棱纹，卷须2叉分枝。叶卵圆形，3~5浅裂或中裂，长7~18cm，宽6~16cm，中裂片顶端急尖，裂片常靠合，基部常缢缩，边缘锯齿状，叶面绿色，叶背浅绿色，基生脉5出，侧脉4~5对，柄长4~9cm。圆锥花序密集或疏散，多花，与叶对生，长10~20cm，花序梗长2~4cm。花梗长1.5~2.5mm。萼浅碟形，边缘呈波状。花瓣5片，雄蕊5枚，花丝丝状，长0.6~1mm，花药黄色，卵圆形，长0.4~0.8mm。花盘发达，5浅裂。雌蕊1枚。子房卵圆形，花柱短，柱头扩大。果实球形或椭圆形，径1.5~2cm。种子倒卵椭圆形，顶端近圆形，基部有短喙，种脐在种子背面中部呈椭圆形。

生物学特性：花期4—5月，果期8—9月。

分布：原产于亚洲西部。华家池校区、紫金港校区有分布。

景观应用：温带果树。也用于庭院绿化。

葡萄叶（徐正浩摄）　　　　　　葡萄果实（徐正浩摄）　　　　　　葡萄植株（徐正浩摄）

198. 华东葡萄 *Vitis pseudoreticulata* W. T. Wang

分类地位：葡萄科（Vitaceae）葡萄属（*Vitis* Linn.）

形态学特征：木质藤本。茎长2~3m。小枝圆柱形，具显著纵棱纹，卷须2叉分枝。叶卵圆形或肾状卵圆形，长6~12cm，宽5~10cm，顶端急尖或短渐尖，稀圆形，基部心形，边

华东葡萄茎叶（徐正浩摄）

华东葡萄果实（徐正浩摄）

缘多锯齿，齿端尖锐，基生脉5条，侧脉3~5对，柄长3~6cm。圆锥花序疏散，与叶对生。杂性异株。花梗长1~1.5mm。萼碟形，萼齿不显。花瓣5片。雄蕊5枚。花丝丝状，花药黄色。花盘发达。雌蕊1枚，子房锥形，花柱不明显扩大。果实熟时紫黑色，径0.8~1cm。种子倒卵圆形，顶端微凹，基部有短喙，种脐在种子背面中部呈椭圆形，腹面中棱脊微凸起。

生物学特性：花期4—6月，果期6—10月。

分布：中国华南、华中和华东等地有分布。朝鲜、韩国也有分布。之江

华东葡萄植株（徐正浩摄）

校区、玉泉校区、华家池校区有分布。

景观应用：绿化藤本。

199. 中华杜英 *Elaeocarpus chinensis* (Gardn. et Chanp.) Hook. f. ex Benth.

中华杜英叶（徐正浩摄）

中华杜英植株（徐正浩摄）

中文异名：华杜英

分类地位：杜英科（Elaeocarpaceae）杜英属（*Elaeocarpus* Linn.）

形态学特征：常绿小乔木。高3~7m。嫩枝有柔毛，老枝秃净，干后黑褐色。叶薄革质，卵状披针形或披针形，长5~8cm，宽2~3cm，先端渐尖，基部圆形，叶面绿色有光泽，叶背有细小黑腺点，侧脉4~6对，网脉不明显，边缘有波状小钝齿，柄纤细，长1.5~2cm。总状花序生于无叶的去年枝条上，长3~4cm。花梗长2~3mm。花两性或单性。两性花萼片4片，披针形，长2~3mm，花瓣5片，长圆形，长2~3mm，不分裂，雄蕊8~10枚，长1.5~2mm，花丝极短，花药顶端无附属物，子房2室，胚珠4个，生于子房上部。雄花的萼片与花瓣和两性花的相同，雄蕊8~10枚，无退化子房。核果椭圆形，长不到1cm。

生物学特性：花期5—6月。

分布：中国西南、华南、华东、华北等地有分布。越南也有分布。多数校区有分布。

景观应用：绿化及观赏树种。

200. 山杜英 *Elaeocarpus sylvestris* (Lour.) Poir.

英文名：woodland elaeocarpus

分类地位：杜英科（Elaeocarpaceae）杜英属（*Elaeocarpus* Linn.）

山杜英枝叶（徐正浩摄）

山杜英叶（徐正浩摄）

形态学特征：小乔木。高达10m。小枝纤细，常秃净无毛，老枝干后暗褐色。叶纸质，倒卵形或倒披针形，长4~8cm，宽2~4cm，两面均无毛，干后黑褐色，不发亮，先端钝或略尖，基部窄楔形，下延，侧脉5~6对，网脉不显，边缘有钝锯齿或波状钝齿，柄长1~1.5cm。

山杜英植株（徐正浩摄）

总状花序生于枝顶叶腋内，长4~6cm。花序轴纤细。花梗长3~4mm。萼片5片，披针形，长3~4mm。花瓣倒卵形，上半部撕裂，裂片10~12片。雄蕊13~15枚，长2~3mm，花药有微毛，顶端无毛丛，缺附属物。花盘5裂，圆球形，完全分开，被白色毛。子房被毛，2~3室，花柱长1.5~2mm。核果细小，椭圆形，长1~1.2cm。

生物学特性：花期4—5月。

分布：中国西南、华南和华东等地有分布。越南也有分布。多数校区有分布。

景观应用：绿化树种。

201. 秃瓣杜英 *Elaeocarpus glabripetalus* Merr.

分类地位：杜英科（Elaeocarpaceae）杜英属（*Elaeocarpus* Linn.）

形态学特征：乔木。高6~12m。嫩枝秃净无毛，多少有棱，干后红褐色，老枝圆柱形，暗褐色。叶纸质或膜质，倒披针形，长8~12cm，宽3~4cm，先端锐尖，尖头钝，基部变窄而下延，叶面干后黄绿色，发亮，叶背浅绿色，多少发亮，侧脉7~8对，在叶背凸起，网脉疏，边缘有小钝齿，柄长4~7mm，偶有长达1cm。总状花序常生于无叶的去年枝上，长5~10cm，纤细，花序轴有微毛。花梗

秃瓣杜英叶（徐正浩摄）

秃瓣杜英花（徐正浩摄）

秃瓣杜英果实（徐正浩摄）

秃瓣杜英花期植株（徐正浩摄）

长5~6mm。萼片5片，披针形，长3~5mm，宽1~1.5mm，外面有微毛。花瓣5片，白色，长5~6mm，先端较宽，撕裂为14~18条，基部窄，外面无毛。雄蕊20~30枚，长3.5mm，花丝极短，花药顶端无附属物，仅有毛丛。花盘5裂，被毛。子房2~3室，被毛，花柱长3~5mm，有微毛。核果椭圆形，长1~1.5cm，内果皮薄骨质，表面有浅沟纹。

生物学特性：生长于海拔400~750m的常绿林里。花期7月。

分布：中国西南、华南、华中和华东等地有分布。各校区有分布。

景观应用：园林绿化及行道树种。

202. 朱槿 *Hibiscus rosa-sinensis* Linn.

中文异名：扶桑、佛桑

英文名：Chinese hibiscus, China rose, Hawaiian hibiscus, shoeblackplant

分类地位：锦葵科（Malvaceae）木槿属（Hibiscus Linn.）

形态学特征：常绿灌木。高1~3m。小枝圆柱形，疏被星状柔毛。叶阔卵形或狭卵形，长4~9cm，宽2~5cm，先端渐尖，基部圆形或楔形，边缘具粗齿或缺刻，两面除背面沿脉上有少许疏毛外均无毛，柄长5~20mm，上面被长柔毛。花单生于上部叶腋，常下垂，花梗长3~7cm。小苞片6~7片，线形，长8~15mm。萼钟形，长1.5~2cm，裂片5片，卵形至披针形。花冠漏斗形，径6~10cm，玫瑰红色或淡红、淡黄等色。花瓣倒卵形，先端圆。雄蕊柱长4~8cm。花柱枝5个。蒴果卵形，长2~2.5cm，具喙。

生物学特性：花期全年，以夏秋开花为主。

分布：中国西南和华南等地有分布。各校区有分布。

朱槿花期植株（徐正浩摄）

景观应用：观赏树木。

🍃 203. 木芙蓉 *Hibiscus mutabilis* Linn.

中文异名：芙蓉花

英文名：Confederate rose, Dixie rosemallow, cotton rosemallow

分类地位：锦葵科（Malvaceae）木槿属（*Hibiscus* Linn.）

形态学特征：落叶灌木或小乔木。高2~5m。小枝、叶柄、花梗和花萼均密被星状毛与直毛相混的细绵毛。叶宽卵形至卵圆形或心形，径10~15cm，常5~7裂，裂片三角形，先端渐尖，具钝圆锯齿，主脉7~11条，柄长5~20cm。花单生于枝端叶腋，花梗长5~8cm。萼钟形，长2.5~3cm，裂片5片，卵形，渐尖头。花初开时白色或淡红色，后变深红色，径6~8cm。花瓣近圆形，径4~5cm。雄蕊柱长2.5~3cm。花柱枝5个。蒴果扁球形，径2~2.5cm，果瓣5个。种子肾形。

生物学特性：花期8—10月，果期10—11月。

分布：原产于中国湖南。各校区有分布。

景观应用：庭院、坡地、盆景观赏花木。

木芙蓉叶（徐正浩摄）

木芙蓉花（徐正浩摄）

木芙蓉花期植株（徐正浩摄）

🍃 204. 重瓣木芙蓉 *Hibiscus mutabilis* 'Plenus'

重瓣木芙蓉枝叶（徐正浩摄）

分类地位：锦葵科（Malvaceae）木槿属（*Hibiscus* Linn.）

形态学特征：木芙蓉的栽培种。与木芙蓉的不同主要是花重瓣。

生物学特性：花期8—10月，果期10—11月。

分布：各校区有分布。

景观应用：景观树木。

重瓣木芙蓉花（徐正浩摄）

重瓣木芙蓉花期植株（徐正浩摄）

重瓣木芙蓉景观植株（徐正浩摄）

205. 木槿　*Hibiscus syriacus* Linn.

中文异名：木棉、朝开暮落花

英文名：rose of Sharon, Syrian ketmia, rose mallow

分类地位：锦葵科（Malvaceae）木槿属（*Hibiscus* Linn.）

形态学特征：落叶灌木。高3~4m。小枝密被黄色星状茸毛。叶菱形至三角状卵形，长3~10cm，宽2~4cm，具深浅不同的3裂或不裂，先端钝，基部楔形，边缘具不整齐齿缺，柄长5~25mm。花单生于枝端叶腋，花梗长4~14mm。花萼钟形，长14~20mm，裂片5片，三角形。花淡紫色，径5~6cm。花瓣倒卵形，长3.5~4.5cm。雄蕊柱长2.5~3cm。花柱枝无毛。蒴果卵圆形，径10~12mm，密被黄色星状茸毛。种子肾形，淡褐色。

生物学特性：花期7—9月，果期11月。

分布：原产于中国中部各地。各校区有分布。

景观应用：庭院观赏树木。常植作绿篱。

木槿叶（徐正浩摄）

木槿花（徐正浩摄）

木槿花期植株（徐正浩摄）

木槿景观植株（徐正浩摄）

206. 牡丹木槿　*Hibiscus syriacus* 'Paeoniflorus'

分类地位：锦葵科（Malvaceae）木槿属（*Hibiscus* Linn.）

形态学特征：木槿的栽培变种。与木槿的主要区别在于花重瓣，花色粉红或淡紫色，花径7~9cm。

生物学特性：花期7—9月。

分布：多数校区有栽培。

景观应用：景观树木。

牡丹木槿叶（徐正浩摄）

牡丹木槿花（徐正浩摄）

207. 梧桐　*Firmiana simplex* (Linn.) W. Wight

英文名：Chinese parasol tree

分类地位：锦葵科（Malvaceae）梧桐属（*Firmiana* Marsili.）

形态学特征：落叶乔木。高10~20m。树皮青绿色，平滑。叶心形，掌状3~5裂，径15~30cm，裂片三角形，顶端

梧桐树干（徐正浩摄）

梧桐果期植株（徐正浩摄）

梧桐植株（徐正浩摄）

梧桐果实（徐正浩摄）

梧桐果序（徐正浩摄）

梧桐景观植株（徐正浩摄）

渐尖，基部心形，基生脉7条，叶柄与叶片等长。圆锥花序顶生，长20~50cm，下部分枝长达12cm。花淡黄绿色。萼5深裂，几达基部，萼片条形，向外卷曲，长7~9mm。花梗与花几等长。雄花的雌雄蕊柄与萼等长，下半部较粗，花药15个不规则地聚集在雌雄蕊柄的顶端，退化子房梨形，小。雌花的子房圆球形，被毛。蓇葖果膜质，有柄，成熟前开裂成叶状，长6~11cm，宽1.5~2.5cm，每蓇葖果有种子2~4粒。种子圆球形，表面有皱纹，径5~7mm。

生物学特性：花期6月，果期11月。

分布：中国南北各地有分布。日本及欧洲、北美洲也有分布。多数校区有分布。

景观应用：庭院观赏树木或行道树。

🍃 208. 中华猕猴桃 *Actinidia chinensis* Planch.

中华猕猴桃花（徐正浩摄）

中文异名：藤梨

英文名：kiwifruit

分类地位：猕猴桃科（Actinidiaceae）猕猴桃属（*Actinidia* Lindl.）

形态学特征：大型落叶藤本。幼枝被灰白色茸毛或褐色长硬毛。叶纸质，倒阔卵形至倒卵形或阔卵形至近圆形，长6~17cm，宽7~15cm，顶端截平形，凹陷或具急尖至短渐尖，基部钝圆形、截平形至浅心形，边缘具小齿，侧脉5~8对，柄长3~10cm。聚伞花序具1~3朵花，花序梗长7~15mm，花梗长9~15mm。花径1.8~3.5cm。萼片3~7片。花瓣5片，阔倒卵形，有短距，长10~20mm，宽6~17mm。雄蕊多数，花丝狭条形，长5~10mm，花药黄色，长圆形，长1.5~2mm，基部叉开或不叉开。子房球形，径3~5mm，花柱狭条形。果黄

中华猕猴桃花期植株（徐正浩摄）

中华猕猴桃景观植株（徐正浩摄）

褐色，近球形、圆柱形、倒卵形或椭圆形，长4~6cm，被茸毛、长硬毛或刺毛状长硬毛，成熟时秃净或不秃净。种子纵径2~2.5mm。

生物学特性： 花初放时白色，开放后变淡黄色，有香气。花期4—5月，果期8—10月。

分布： 中国长江流域以南各地有分布。紫金港校区有分布。

景观应用： 观赏藤本植物。

🍃 209. 浙江红山茶　*Camellia chekiangoleosa* Hu

中文异名： 浙江红花油茶

分类地位： 山茶科（Theaceae）山茶属（*Camellia* Linn.）

形态学特征： 常绿小乔木。高6m。嫩枝无毛。叶革质，椭圆形或倒卵状椭圆形，长8~12cm，宽2.5~5.5cm，先端短尖或急尖，基部楔形或近于圆形，叶面深绿色，发亮，叶背浅绿色，侧脉7~8对，边缘3/4有锯齿，柄长1~1.5cm。花红色，顶生或腋生单花，径8~12cm，无梗。苞片及萼片14~16片，宿存，近圆形，长6~23mm，外侧有银白色绢毛。花瓣7片，最外2片倒卵形，长3~4cm，宽2.5~3.5cm，外侧靠先端有白绢毛，内侧5片阔倒卵形，长5~7cm，宽

4~5cm，先端2裂。雄蕊排成3轮，花药黄色。子房无毛，花柱长1.5~2cm，先端3~5裂。蒴果卵球形，宽5~7cm，先端有短喙，下面有宿存萼片及苞片，果瓣3~5个，厚0.7~1cm，中轴具3~5条棱，长1.5~3cm。种子每室3~8粒，长1.5~2cm。

生物学特性： 花期10月至翌年4月，果期9月。

分布： 中国福建、江西、湖南、浙江等地有分布。多数校区有栽培。

景观应用： 观赏灌木。

浙江红山茶枝叶（徐正浩摄）

浙江红山茶景观植株（徐正浩摄）

浙江红山茶花（徐正浩摄）

浙江红山茶花期植株（徐正浩摄）

🍃 210. 山茶　*Camellia japonica* Linn.

中文异名： 茶花、红山茶

英文名： common camellia, Japanese camellia, rose of winter

分类地位：山茶科（Theaceae）山茶属（*Camellia* Linn.）

形态学特征：常绿灌木或小乔木。高9m。嫩枝无毛。叶革质，椭圆形，长5~10cm，宽2.5~5cm，先端略尖，或急短尖而有钝尖头，基部阔楔形，叶面深绿色，叶背浅绿色，无毛，侧脉7~8对，在叶面和叶背均能见，边缘有相隔2~3.5cm的细锯齿，柄长8~15mm。花顶生，红色，无梗。苞片及萼片8~10片，组成长2.5~3cm的杯状苞被，半圆形至圆形，长4~20mm。花瓣6~7片。雄蕊3轮，长2.5~3cm，外轮花丝基部连生，花丝管长1~1.5cm，内轮雄蕊离生，稍短。子房无毛，花柱长2~2.5cm，先端3裂。蒴果圆球形，径2.5~3cm，2~3室，每室有种子1~2粒，3瓣裂开，果瓣厚木质。

山茶粉红花（徐正浩摄）

山茶白花（徐正浩摄）

山茶红花（徐正浩摄）

山茶植株（徐正浩摄）

生物学特性：花期1—3月，果期9—10月。

分布：中国华东等地有分布。朝鲜、韩国和日本也有分布。各校区有分布。

景观应用：观赏树木。

山茶孤植植株（徐正浩摄）

山茶景观应用（徐正浩摄）

211. 茶 *Camellia sinensis* (Linn.) O. Ktze.

中文异名：茶树

英文名：tea plant, tea shrub, tea trea

分类地位：山茶科（Theaceae）山茶属（*Camellia* Linn.）

形态学特征：常绿灌木或小乔木。高0.5~2m。嫩枝无毛。叶革质，长圆形或椭圆形，长4~12cm，宽2~5cm，先端钝或锐尖，基部楔形，叶面发亮，叶背无毛或初时有柔毛，侧脉5~7对，边缘有锯齿，柄长3~8mm，无

茶茎叶（徐正浩摄）

茶果实（徐正浩摄）

毛。花1~3朵腋生，白色，花梗长4~6mm。苞片2片。萼片5片，阔卵形至圆形，长3~4mm。花瓣5~6片，阔卵形，长1~1.6cm，基部略连合。雄蕊长8~13mm，基部1~2mm连生。子房密生白毛。花柱无毛，先端3裂，

茶枝叶（徐正浩摄）

茶花（徐正浩摄）

裂片长2~4mm。蒴果3球形或1~2球形，高1.1~1.5cm。每球有种子1~2粒。

生物学特性：花期10月至翌年2月，果期翌年10—11月。

分布：中国秦岭—淮河以南各地有分布。多数校区有分布。

景观应用：观赏树木。叶可制茶。

212. 油茶　*Camellia oleifera* Abel.

中文异名：野油茶、山油茶

英文名：oil seed camellia, tea oil camellia

分类地位：山茶科（Theaceae）山茶属（*Camellia* Linn.）

形态学特征：常绿灌木或中乔木。高2~6m。嫩枝有粗毛。叶革质，椭圆形、长圆形或倒卵形，长5~7cm，宽2~4cm，先端尖而有钝头，有时渐尖或钝，基部楔形，叶面深绿色，发亮，叶背浅绿色，边缘有细锯齿，有时具钝齿，柄长4~8mm。花顶生，几无柄，苞片与萼片8~10片，阔卵形，长3~12mm。花瓣白色，5~7片，倒卵形，长2.5~3cm，宽1~2cm，先端凹入或2裂，基部狭窄，近于离生。雄蕊长1~1.5cm，花药黄色，背部着生。子房有黄色长毛，3~5室，花柱长0.6~1cm，先端不同程度3裂。蒴果球形或卵圆形，径2~4cm，3室或1室，3瓣或2瓣裂开，每室有种子1粒或2粒。

油茶叶（徐正浩摄）

油茶花（徐正浩摄）

生物学特性：花期10—12月，果期翌年10—11月。

分布：中国西南、华南、华中和华东等地有分布。缅甸北部、老挝北部和越南北部也有分布。华家池校区、西溪校区、玉泉校区、紫金港校区有分布。

油茶果实（徐正浩摄）

油茶果期植株（徐正浩摄）

景观应用：观赏树木。

213. 茶梅　*Camellia sasanqua* Thunb.

中文异名：茶梅花

英文名：sasanqua camellia

分类地位：山茶科（Theaceae）山茶属（*Camellia* Linn.）

形态学特征：常绿小乔木。嫩枝有毛。叶革质，椭圆形，长3~5cm，宽2~3cm，先端短尖，基部楔形，有时略圆，叶面干后深绿色，发亮，叶背褐绿色，侧脉5~6对，边缘有细锯齿，柄长4~6mm。花大小不一，径4~7cm。苞片及萼片6~7片，被柔毛。花瓣6~7片，阔倒卵形，近离生，大小不一，最大的长5cm，宽6cm，红色。雄蕊离生，长1.5~2cm。子房被茸毛，花柱长1~1.3cm，3深裂几达基部。蒴果球形，宽1.5~2cm，1~3室，果3瓣裂。种子褐色，无毛。

生物学特性：花期1—3月，果期8—11月。

分布：原产于日本西部等。各校区有分布。

景观应用：庭院观赏或栽作绿篱。

茶梅枝叶（徐正浩摄）

茶梅叶（徐正浩摄）

茶梅红花（徐正浩摄）

茶梅白花（徐正浩摄）

茶梅果实（徐正浩摄）

茶梅景观植株（徐正浩摄）

214. 单体红山茶 *Camellia uraku* Kitam.

中文异名：美人茶

分类地位：山茶科（Theaceae）山茶属（*Camellia* Linn.）

形态学特征：常绿小乔木。高1.5~6m，嫩枝无毛。叶革质，椭圆形或长圆形，长6~9cm，宽3~4cm，先端短急尖，基部楔形，有时近于圆形，叶面发亮，无毛，侧脉6~7对，边缘有略钝的细锯齿，柄长7~8mm。花粉红色或白色，顶生，无柄，花瓣7片，花径4~6cm。苞片及萼片8~9片，阔倒卵圆形，长4~15mm，有微毛。雄蕊3~4轮，长1.5~2cm，外轮花丝

单体红山茶枝叶（徐正浩摄）

单体红山茶植株（徐正浩摄）

连成短管，无毛。子房有毛，3室，花柱长2cm，先端3浅裂。

生物学特性：花期12月至翌年4月，果期10月。

分布：原产于日本。多数校区有分布。

景观应用：观赏树木。

单体红山茶叶（徐正浩摄）

单体红山茶花（徐正浩摄）

215. 长尾毛蕊茶 *Camellia caudata* Wall.

中文异名：尾尖山茶

分类地位：山茶科（Theaceae）山茶属（*Camellia* Linn.）

形态学特征：常绿灌木至小乔木。高达7m。嫩枝纤细，密被灰色柔毛。叶革质或纸质，长圆形、披针形或椭圆形，长5~9cm，宽1~2cm，先端尾状渐尖，尾长1~2cm，基部楔形，叶面干后深绿色，侧脉6~9对，边缘有细锯齿，柄长2~4mm。花腋生及顶生，柄长3~4mm。苞片3~5片，卵形，长1~2mm。萼杯状，萼片5片，近圆形，长2~3mm。花瓣5片，长10~14mm，雄蕊长10~13mm，花丝管长6~8mm，分离花丝有灰色长茸毛，内轮离生雄蕊的花丝有毛。子房有茸毛，花柱长8~13mm，有灰毛，先端3浅裂。蒴果圆球形，径1.2~1.5cm，果瓣薄，被毛，有宿存苞片及萼片，1室。

生物学特性：花期10月至翌年3月。

分布：中国华东、华南等地有分布。越南、缅甸、印度、不丹和尼泊尔也有分布。华家池校区、紫金港校区有分布。

景观应用：观赏树木。

长尾毛蕊茶叶（徐正浩摄）

长尾毛蕊茶植株（徐正浩摄）

216. 木荷 *Schima superba* Gardn. et Champ.

中文异名：荷树、荷木

分类地位：山茶科（Theaceae）木荷属（*Schima* Reinw.）

形态学特征：大乔木。高25m。嫩枝通常无毛。叶革质或薄革质，椭圆形，长7~12cm，宽4~6.5cm，先端尖锐，有时略钝，基部楔形，侧脉7~9对，边缘有钝齿，柄长1~2cm。花生于枝顶叶腋，常多朵排成总状花序。花径2~3cm，白色，花柄长1~2.5cm。苞片2片，贴近萼片，长4~6mm。萼片半圆形，长2~3mm。花瓣长1—1.5cm。子房有毛。蒴果径

木荷枝叶（徐正浩摄）

木荷叶（徐正浩摄）

木荷树干（徐正浩摄）

木荷景观植株（徐正浩摄）

1.5~2cm。

生物学特性：花期6—8月，果期翌年10—11月。

分布：中国西南、华南、华中和华东等地有分布。琉球群岛也有分布。紫金港校区、华家池校区有分布。

景观应用：园林绿化树种。

🌿 217. 厚皮香 *Ternstroemia gymnanthera* (Wight et Arn.) Beddome

英文名：Japanese cleyera

分类地位：五列木科（Pentaphylacaceae）厚皮香属（*Ternstroemia* Mutis ex L. f.）

形态学特征：灌木或小乔木。高1.5~10m，胸径30~40cm。全株无毛，树皮灰褐色，平滑，嫩枝浅红褐色或灰褐色，小枝灰褐色。叶革质或薄革质，通常聚生于枝端，呈假轮生状，椭圆形、椭圆状倒卵形至长圆状倒卵形，长5.5~9cm，宽2~3.5cm，顶端短渐尖或急窄缩成短尖，尖头钝，基部楔形，边全缘，叶面深绿色或绿色，具光泽，叶背浅绿色，侧脉5~6对，柄长7~13mm。花两性或单性，花径1~1.4cm。花梗长0.6~1cm。两性花小苞片2片，三角形或三角状卵形，长1.5~2mm。萼片5片，卵圆形或长卵圆形，长4~5mm，宽3~4mm。花瓣5片，淡黄白色，倒卵形，长6~7mm，宽4~5mm，顶端圆，常微凹。雄蕊50枚，长4~5mm，长短不一，花药长圆形，远较花丝长。子房卵圆形，2室，胚珠每室2个，花柱短，顶端2浅裂。果实圆球形，长8~10mm，径7~10mm，果梗长1~1.2cm。

厚皮香枝叶（徐正浩摄）

厚皮香叶（徐正浩摄）

厚皮香植株（徐正浩摄）

厚皮香景观应用（徐正浩摄）

种子肾形，每室1粒。

生物学特性：花期5—7月，果期8—10月。

分布：中国西南、华南、华中和华东等地有分布。南亚和东南亚也有分布。各校区有分布。

景观应用：景观树木。

🍃 218. 金丝桃　*Hypericum monogynum* Linn.

中文异名：金丝莲

分类地位：藤黄科（Guttiferae）金丝桃属（*Hypericum* Linn.）

形态学特征：半常绿灌木。高0.5~1.5m。丛状或开张，茎红色，幼时具2~4条纵线棱，两侧扁压，后为圆柱形，皮层橙褐色。叶对生，无柄或具长达1.5mm的短柄。叶片倒披针形或椭圆形至长圆形，长2~11cm，宽1~4cm，先端锐尖至圆形，常具细小尖突，基部楔形至圆形或上部者有时截形至心形，边缘平坦，叶面绿色，叶背淡绿色。花序具1~30朵花。花梗长0.8~5cm。花径3~6.5cm。花瓣金黄色至柠檬黄色，开张，三角状倒卵形，长2~3.4cm，宽1~2cm，长约为萼片的2.5~4.5倍。雄蕊5束，每束有雄蕊25~35枚，花药黄色至暗橙色。子房卵圆形或卵圆状圆锥形至近球形，长2.5~5mm，宽2.5~3mm。花柱长1.2~2cm，长约为子房的3.5~5倍，柱头小。蒴果宽卵圆形，稀为卵圆状圆锥形至近球形，长6~10mm，宽4~7mm。种子深红褐色，圆柱形，长1~2mm，有狭的龙骨状突起。

生物学特性：花期5—7月，果期8—9月。

分布：中国华东、华中、华南、西南及陕西等地有分布。各校区有分布。

景观应用：庭院观赏灌木。

金丝桃枝叶（徐正浩摄）

金丝桃叶（徐正浩摄）

金丝桃花（徐正浩摄）

金丝桃花期植株（徐正浩摄）

🍃 219. 柽柳　*Tamarix chinensis* Lour.

中文异名：西河柳、红柳、香松

英文名：five-stamen tamarisk, Chinese tamarisk, saltcedar

分类地位：柽柳科（Tamaricaceae）柽柳属（*Tamarix* Linn.）

形态学特征：乔木或灌木。高3~8m。老枝直立，暗褐红色，光亮，幼枝稠密细弱，常开展而下垂，红紫色或暗紫红色，有光泽，嫩枝繁密纤细，悬垂。叶鲜绿色，长圆状披针形或长卵形，长1.5~1.8mm，稍开展，先端尖，基部背面有龙骨状突起，上部绿色营养枝上的叶钻形或卵状披针形，半贴生，先端渐尖而内弯，基部变窄，长1~3mm，叶背有龙骨状突起。每年开花2~3次。春季开花：总状花序侧生在去年生木质化的小枝上，长3~6cm，宽5~7mm，总花梗短或无梗，花梗纤细，萼片

柽柳枝叶（徐正浩摄）

柽柳花期植株（徐正浩摄）

柽柳花序（徐正浩摄）

柽柳植株（徐正浩摄）

5片，花瓣5片，粉红色，长1~2mm，花盘5裂，雄蕊5枚，子房圆锥状瓶形，花柱3个，蒴果圆锥形。夏、秋季开花：总状花序长3~5cm，苞片绿色，花萼三角状卵形，花瓣粉红色，比花萼长，雄蕊5枚，花丝着生于花盘主裂片间，花柱棍棒状，其长为子房的2/5~3/4。

生物学特性：花期4—6月和8—9月各1次，果期10月。

分布：原产于中国。中国华北、华东、西南等地有分布。日本和美国也有分布。紫金港校区有分布。

景观应用：绿化树种和庭院观赏植物。

220. 结香 *Edgeworthia chrysantha* Lindl.

中文异名：打结花、黄瑞香

英文名：oriental paperbush, mitsumata

分类地位：瑞香科（Thymelaeaceae）结香属（*Edgeworthia* Meisn.）

形态学特征：落叶灌木。高0.7~1.5m。小枝粗壮，褐色，常作3叉分枝，幼枝常被短柔毛，韧皮极坚韧，叶痕大，径3~5mm。叶长圆形，披针形至倒披针形，先端短尖，基部楔形或渐狭，长8~20cm，宽2.5~5.5cm，两面均被银灰色绢状毛，叶背较多，侧脉纤细，弧形，每边10~13条。头状花序顶生或侧生，具花30~50朵，呈绒球状。花序梗长1~2cm。花无梗。花萼长1.3~2cm，宽4~5mm，外面密被白色丝状毛，内面无毛，黄色，顶端4个裂，裂片卵形，长3~3.5mm，宽2~3mm。雄蕊8枚，2列，上列4枚与花萼裂片对生，下列4枚与花萼裂片互生。花丝短，花药近卵形，长1~2mm。子房卵形，长3~4mm，径1.5~2mm，顶端被丝状毛。花柱线形，长

结香枝叶（徐正浩摄）

结香花序（徐正浩摄）

结香花（徐正浩摄）

结香景观植株（徐正浩摄）

1~2mm，无毛。柱头棒状，长2~3mm，具乳突。花盘浅杯状，膜质，边缘不整齐。果椭圆形，绿色，长6~8mm，径3~3.5mm，顶端被毛。

生物学特性：花芳香。叶在花前凋落，花期2—3月，果期8—9月。

分布：中国西南、华东、华中及陕西有分布。多数校区有分布。

景观应用：观赏树木。

221. 蔓胡颓子 *Elaeagnus glabra* Thunb.

中文异名：藤胡颓子

分类地位：胡颓子科（Elaeagnaceae）胡颓子属（*Elaeagnus* Linn.）

形态学特征：常绿蔓生或攀缘灌木。高达5m。无刺，稀具刺，幼枝密被锈色鳞片，老枝鳞片脱落，灰棕色。叶革质或薄革质，卵形或卵状椭圆形，长4~12cm，宽2.5~5cm，顶端渐尖或长渐尖，基部圆形，稀阔楔形，边缘全缘，微反卷，叶面幼时具褐色鳞片，成熟后脱落，深绿色，具光泽，叶背灰绿色或铜绿色，被褐色鳞片，侧脉6~8对，在叶面明显或微凹下，在叶背凸起，叶柄棕褐色，长5~8mm。花淡白色，下垂，密被银白色鳞片，散生少数褐色鳞片，常3~7朵花密生于叶腋短小枝上，组成伞形总状花序。花梗锈色，长2~4mm。萼筒漏斗形，质较厚，长4.5~5.5mm。包围子房的萼管椭圆形，长1~2mm。雄蕊花丝长不超过1mm，花药长椭圆形，长1.5~1.8mm。花柱细长，无毛，顶端弯曲。果矩圆形，稍有汁，长14~19mm，被锈色鳞片，成熟时红色，果梗长3~6mm。

生物学特性：花期9—11月，果期翌年4—5月。

分布：中国长江流域、西南、华南及台湾等地有分布。韩国和日本也有分布。华家池校区有分布。

景观应用：观赏植物。可作凉棚、花架、墙面的绿化材料。

蔓胡颓子枝叶（徐正浩摄）

蔓胡颓子叶（徐正浩摄）

蔓胡颓子果期植株（徐正浩摄）

蔓胡颓子果实（徐正浩摄）

蔓胡颓子植株（徐正浩摄）

222. 胡颓子 *Elaeagnus pungens* Thunb.

中文异名：羊奶子、牛奶子

英文名：thorny olive, spiny oleaster, silverthorn

分类地位：胡颓子科（Elaeagnaceae）胡颓子属（*Elaeagnus* Linn.）

胡颓子叶面（徐正浩摄）

胡颓子叶背（徐正浩摄）

胡颓子果实（徐正浩摄）

胡颓子果期植株（徐正浩摄）

胡颓子景观植株（徐正浩摄）

形态学特征：常绿直立灌木。高3~4m。具刺，刺顶生或腋生，长20~40mm，有时较短，深褐色，幼枝微扁棱形，密被锈色鳞片，老枝鳞片脱落，黑色，具光泽。叶革质，椭圆形或阔椭圆形，稀矩圆形，长5~10cm，宽1.8~5cm，两端钝形或基部圆形，边缘微反卷或皱波状，叶面幼时具银白色和少数褐色鳞片，成熟后脱落，具光泽，干燥后变褐绿色或褐色，叶背密被银白色和少数褐色鳞片，侧脉7~9对，叶柄深褐色，长5~8mm。花白色或淡白色，下垂，密被鳞片，1~3朵花生于叶腋锈色短小枝上。花梗长3~5mm。萼筒圆筒形或漏斗状圆筒形，长5~7mm。雄蕊的花丝极短，花药矩圆形，长1.5mm。花柱直立，无毛，上端微弯曲，超过雄蕊。果椭圆形，长12~14mm，幼时被褐色鳞片，成熟时红色，果梗长4~6mm。

生物学特性：花期9—12月，果期翌年4—6月。

分布：中国华东、华中、西南、华南等地有分布。日本也有分布。

各校区有分布。

景观应用：观赏灌木。

🌿 223. 金边胡颓子 *Elaeagnus pungens* 'Variegata'

分类地位：胡颓子科（Elaeagnaceae）胡颓子属（*Elaeagnus* Linn.）

形态学特征：胡颓子的栽培变种。与胡颓子的区别主要为叶边缘镶嵌1圈嵌金边，叶背银灰色，花乳白色。

金边胡颓子叶（徐正浩摄）

金边胡颓子植株（徐正浩摄）

生物学特性：花期3—4月，果期10—11月。

分布：中国长江以南地区有分布。日本也有分布。各校区有分布。

景观应用：庭院观赏灌木，也可用于制作盆景。

224. 紫薇 *Lagerstroemia indica* Linn.

中文异名：无皮树、怕痒树

英文名：crape myrtle, crepe myrtle, crepeflower

分类地位：千屈菜科（Lythraceae）紫薇属（*Lagerstroemia* Linn.）

形态学特征：落叶灌木或小乔木。高可达7m。树皮平滑，灰色或灰褐色，枝干多扭曲，小枝纤细，具4条棱，略呈翅状。叶纸质，互生，有时对生，椭圆形、阔矩圆形或倒卵形，长2.5~7cm，宽1.5~4cm，顶端短尖或钝形，有时微凹，基部阔楔形或近圆形，侧脉3~7对，小脉不显，无柄或柄很短。花淡红色或紫色、白色，径3~4cm，常组成7~20cm长的顶生圆锥花序。花梗长3~15mm。花萼长7~10mm。裂片6片。花瓣6片，皱缩，长12~20mm，具长爪。雄蕊36~42枚，外面6枚着生于花萼上，较其余的长。子房3~6室，无毛。蒴果椭圆状球形或阔椭圆形，长1~1.3cm，幼时绿色至黄色，成熟时或干燥时呈紫黑色，室背开裂。种子有翅，长6~8mm。

生物学特性：花期6—9月，果期9—12月。

分布：中国华东、华中、华南、西南、东北、西北等地有分布。南亚和东南亚也有分布。各校区有分布。

景观应用：适于园林绿地及庭院栽培观赏。也可盆栽和制作桩景。

紫薇叶（徐正浩摄）

紫薇红花（徐正浩摄）

紫薇植株（徐正浩摄）

紫薇白花（徐正浩摄）

孤植紫薇（徐正浩摄）

225. 石榴 *Punica granatum* Linn.

中文异名：安石榴、花石榴

英文名：pomegranate

分类地位：千屈菜科（Lythraceae）石榴属（*Punica* Linn.）

形态学特征：落叶灌木或乔木。高通常3~5m。枝顶常成尖锐长刺，幼枝具棱角，无毛，老枝近圆柱形。叶常对生，纸质，矩圆状披针形，长2~9cm，顶端短尖、钝尖或微凹，基部短尖至稍钝形，叶面光亮，侧脉稍细密，叶柄短。花大，1~5朵生于枝顶。萼筒长2~3cm，通常红色或淡黄色，裂片略外展，卵状三角形，长8~13mm，外面近顶端有1个黄绿色腺体，边缘有小乳突。花瓣红色、黄色或白色，长1.5~3cm，宽1~2cm，顶端圆形。花丝无毛，长达

石榴枝叶（徐正浩摄）

石榴花（徐正浩摄）

13mm。花柱长超过雄蕊。浆果近球形，径5~12cm，黄褐色至红色。种子多数，钝形，红色至乳白色。

生物学特性：花期5—7月，果期9—11月。

分布：原产于伊朗、阿富汗等。各校区有分布。

景观应用：观赏树及果树，也可盆栽和制作盆景、桩景。

石榴果实（徐正浩摄）

石榴花期植株（徐正浩摄）

石榴果期植株（徐正浩摄）

石榴景观植株（徐正浩摄）

226. 重瓣石榴 *Punica granatum* 'Pleniflora'

重瓣石榴花（徐正浩摄）

中文异名：重瓣红石榴

英文名：double pomegranate

分类地位：千屈菜科（Lythraceae）石榴属（*Punica* Linn.）

形态学特征：石榴的栽培变种。与石榴的主要区别在于花大型，重瓣，大红色。

生物学特性：春季至秋季均能开花，以夏季最盛。

分布：各校区有分布。

景观应用：观赏树木。

重瓣石榴花期植株（徐正浩摄）

重瓣石榴景观植株（徐正浩摄）

227. 八角金盘 *Fatsia japonica* (Thunb.) Decne. et Planch.

英文名：glossyleaf paper plant, fatsi, paperplant, nese aralia

分类地位：五加科（Araliaceae）八角金盘属（*Fatsia* Decne. et Planch.）

形态学特征：常绿灌木或小乔木。高达5m，茎常呈丛生状。单叶互生，近圆形，径12~20cm，掌状7~11深裂，基部心形，裂片长椭圆形，先端渐尖，缘有齿，柄长10~30cm。伞形花序组成大型圆锥花序，顶生。花黄白色，径2~3mm。花瓣5片。雄蕊5枚。花丝与花瓣等长。子房5室，花柱5个，分离。果球形，径6~8mm，熟时紫黑色。

生物学特性：花期10—11月，果期翌年4月。

分布：原产于日本。各校区有分布。

景观应用：观叶灌木。

八角金盘花序（徐正浩摄）

八角金盘果实（徐正浩摄）

八角金盘花果期植株（徐正浩摄）

八角金盘景观植株（徐正浩摄）

八角金盘景观应用（徐正浩摄）

228. 中华常春藤 *Hedera nepalensis* K. Koch var. *sinensis* (Tobl.) Rehd.

分类地位：五加科（Araliaceae）常春藤属（*Hedera* Linn.）

形态学特征：常绿攀缘灌木。茎长3~20m，灰棕色或黑棕色，有气生根，一年生枝疏生锈色鳞片。叶片革质，2型。不育枝上叶常为三角状卵形或三角状长圆形，长5~12cm，宽3~10cm，先端短渐尖，基部截形，边缘全缘或3裂。花枝上叶常为椭圆状卵形至椭圆状披针形，略歪斜而带菱形，长5~16cm，宽

中华常春藤枝叶（徐正浩摄）

中华常春藤果实（徐正浩摄）

中华常春藤果期植株（徐正浩摄）

中华常春藤原生态植株（徐正浩摄）

1.5~10.5cm，先端渐尖或长渐尖，基部楔形或阔楔形，稀圆形，全缘或1~3浅裂。叶面深绿色，有光泽，叶背淡绿色或淡黄绿色，侧脉和网脉两面均明显，柄长2~9cm。伞形花序单个顶生，或2~7个总状排列或伞房状排列成圆锥花序，径1.5~2.5cm，有花5~40朵。总花梗长1~3.5cm。花梗长0.4~1.2cm。花淡黄白色或淡绿白色。萼密生棕色鳞片，长1~2mm。花瓣5片，三角状卵形，长3~3.5mm。雄蕊5枚，花丝长2~3mm，花药紫色。子房5室。花盘隆起，黄色。花柱全部合生成柱状。果实球形，红色或黄色，径7~13mm，宿存花柱长1~1.5mm。

生物学特性： 花芳香。花期9—11月，果期翌年3—5月

分布： 中国华东、华南、西南及华北等地有分布。越南、老挝也有分布。之江校区有分布。

景观应用： 全株可药用，也可供园林垂直绿化。

229. 鹅掌藤 *Schefflera arboricola* Hay.

中文异名： 大叶伞、鸭脚木、鸭母树

英文名： dwarf umbrella tree

分类地位： 五加科（Araliaceae）鹅掌柴属（*Schefflera* J. R. et G. Forst.）

形态学特征： 常绿藤状灌木。高2~3m。小枝有不规则纵皱纹，无毛。小叶7~9片，稀5~6片或10片，叶柄纤细，长12~18cm。小叶片革质，倒卵状长圆形或长圆形，长6~10cm，宽1.5~3.5cm，先端急尖或钝形，稀短渐尖，基部渐狭或钝，叶面深绿色，有光泽，叶背灰绿色，两面均无毛，边缘全缘，中脉仅在叶背凸起，侧脉4~6对，小叶柄有狭沟，长1.5~3cm，无毛。圆锥花序顶生，长20cm以下，主轴和分枝幼时密生星状茸毛，后毛渐脱净。伞形花序十几个至几十个总状排列在分枝上，有花3~10朵。总花梗长不及5mm。花梗长1.5~2.5mm。花白色，长2~3mm。花萼长0.5~1mm，边缘全缘。花瓣5~6片，有3条脉。雄蕊和花瓣同数而等长。子房5~6室。无花柱，柱头5~6个。花盘略隆起。果实卵形，有5条棱，连花盘长4~5mm，径3~4mm。

生物学特性： 花期7月，果期8月。

分布： 中国台湾、广西和广东等地有分布。各校区有分布。

景观应用： 园林绿地或盆栽观赏树木。

鹅掌藤枝叶（徐正浩摄）

鹅掌藤叶（徐正浩摄）

鹅掌藤植株（徐正浩摄）

230. 花叶鹅掌藤 *Schefflera arboricola* 'Vrieagata'

分类地位： 五加科（Araliaceae）鹅掌柴属（*Schefflera* J. R. et G. Forst.）

形态学特征： 鹅掌藤的园艺变种。与鹅掌藤的主要区别是叶面具片状金黄色板块。

生物学特性： 花期11—12月，果期12月。

分布： 多数校区有分布。

景观应用：园林绿地或盆栽
观赏。

花叶鹅掌藤叶（徐正浩摄）

花叶鹅掌藤植株（徐正浩摄）

231. 熊掌木 *Fatshedera lizei* (Cochet) Guillaumin

中文异名：五角金盘

英文名：tree ivy, aralia ivy

分类地位：五加科（Araliaceae）熊掌木属（*Schefflera* Guillaumin）

形态学特征：由法国园艺专
家用八角金盘与洋常春藤
（*Hedera helix* Linn.）杂交
育成。常绿藤蔓植物，高
达1.2m。沿支撑物生长可达
4m。单叶互生，掌状5裂，
先端渐尖，基部心形，宽
7~25cm，全缘，新叶密被
茸毛，老叶浓绿、光滑，柄
长5~20cm。伞形花序再组成圆锥花序。花黄白色，径4~6mm。

熊掌木叶（徐正浩摄）

熊掌木景观植株（徐正浩摄）

生物学特性：晚秋或入冬开花，常不结实。

分布：多数校区有分布。

景观应用：园林观赏植物。

232. 秀丽四照花 *Cornus hongkongensis* Hemsley subsp. *elegans* (W. P. Fang et Y. T. Hsieh) Q. Y. Xiang

中文异名：秀丽香港四照花

分类地位：山茱萸科（Cornaceae）山茱萸属（*Cornus* Linn.）

形态学特征：常绿小乔木或灌木。高3~8m。树皮灰白色或灰褐色，平滑，幼枝绿色，老枝灰色或灰褐色。冬芽
小，尖圆锥形。叶对生，亚革质，椭圆形或长圆状椭圆形，长5.5~8cm，宽2.5~3.5cm，全缘，先端渐尖，基部钝尖
或宽楔形，叶面深绿色，
有光泽，叶背淡绿色，无
毛，中脉在叶面明显，在叶
背凸起，侧脉3~4对，柄长
5~10mm，上面有浅沟。头
状花序球形，多朵花聚集而
成，径6~8mm。花萼管状，
长0.7~0.9mm，上部4裂。

秀丽四照花叶（徐正浩摄）

秀丽四照花的花（徐正浩摄）

秀丽四照花果实（徐正浩摄）

秀丽四照花景观植株（徐正浩摄）

花瓣4片，卵状椭圆形，长2~2.5mm，宽0.8~1mm。雄蕊4枚，花丝长1.8~2mm，花药椭圆形，2室。花柱圆柱形，长0.7~0.9mm。柱头小，略隆起。总花梗纤细，长4~7cm。果序球形，径1.5~1.8cm，熟时红色。总果梗细圆柱形，长4.5~9cm。

生物学特性：花期6月，果期11月。

分布：中国浙江、江西、福建等地有分布。紫金港校区有分布。

景观应用：园林观赏树种。

233. 红瑞木 *Cornus alba* Linn.

红瑞木茎（徐正浩摄）

中文异名：凉子木、红瑞山茱萸

英文名：Siberian dogwood, red-barked dogwood, white dogwood

分类地位：山茱萸科（Cornaceae）山茱萸属（*Cornus* Linn.）

形态学特征：落叶灌木。植株高达3m。树皮紫红色，幼枝有淡白色短柔毛，后秃净，被蜡状白粉，老枝红白色，散生灰白色圆形皮孔及略隆起的环形叶痕。冬芽卵状披针形，长3~6mm，被灰白色或淡褐色短柔毛。叶对生，纸质，椭圆形，稀卵圆形，长5~8.5cm，宽1.8~5.5cm，先端突尖，基部楔形或阔楔形，边缘全缘或波状反卷，叶面暗绿色，叶背粉绿色，被白色贴生短柔毛，中脉在叶面微凹陷，在叶背凸起，侧脉4~6对。伞房状聚伞花序顶生，宽2~3cm。总花梗圆柱形，长1~2cm。花白色或淡黄白色，长5~6mm，径6~8mm。萼片4片，尖三角形，长0.1~0.2mm。花瓣4片，卵状

红瑞木叶（徐正浩摄）

红瑞木景观植株（徐正浩摄）

椭圆形，长3~4mm，宽1~2mm，先端急尖或短渐尖。雄蕊4枚，长5~5.5mm，花丝线形，微扁，长3.5~4mm，花药淡黄色，2室，卵状椭圆形，长1~3mm，丁字形着生。花柱圆柱形，长2~2.5mm。柱头盘状，宽于花柱。子房下位。核果长圆形，微扁，长6~8mm，径5.5~6mm，熟时乳白色或蓝白色，花柱宿存。

生物学特性：花期6—7月，果期8—10月。

分布：中国东北、华东、华北、西北等地有分布。朝鲜、俄罗斯等也有分布。多数校区有分布。

景观应用：庭院观赏植物。

234. 花叶青木 *Aucuba japonica* 'Variegata'

中文异名：洒金桃叶珊瑚

英文名：spotted laurel, Japanese laurel, Japanese aucuba, gold dust plant

分类地位：丝樱花科（Garryaceae）桃叶珊瑚属（*Aucuba* Thunb.）

形态学特征：青木的园艺变种。常绿灌木。高1~5m。植株丛生，树皮初时绿色，平滑，后转为灰绿色。叶对生，肉革质，矩圆形至阔披针形，长5~8cm，宽2~5cm，缘疏生粗齿牙，两面油绿而富光泽，叶面常密布洒金黄斑。圆锥花序顶生。花单性，雌雄异株。花小，径4~8mm，花瓣4片，棕紫色，10~30朵花组成疏散的聚伞花序。坚果径0.8~1cm。

生物学特性：花期3—4月，果期8—10月。

分布：各校区有分布。

景观应用：观赏灌木。

花叶青木枝叶（徐正浩摄）

花叶青木花序（徐正浩摄）

花叶青木植株（徐正浩摄）

花叶青木景观植株（徐正浩摄）

235. 杜鹃 *Rhododendron simsii* Planch.

中文异名：映山红、杜鹃花

英文名：azalea

分类地位：杜鹃花科（Ericaceae）杜鹃属（*Rhododendron* Linn.）

形态学特征：落叶或半常绿灌木。高2~5m。分枝多，纤细，密被亮棕褐色扁平糙伏毛。叶革质，常集生于枝端，卵形、椭圆状卵形或倒卵形至倒披针形，长1.5~5cm，宽0.5~3cm，先端短渐尖，基部楔形或宽楔形，边缘微反卷，具细齿，叶面深绿色，疏被糙伏毛，叶背淡白色，密被褐色糙伏毛，中脉在叶面凹陷，在叶背凸出，柄长2~6mm。花芽卵球形，鳞片外面中部以上被糙伏毛。花2~6朵簇生于枝顶。花梗长6~8mm。花萼5深裂，裂片三角状长卵形，长3~5mm。花冠阔漏斗形，玫瑰色、鲜红色或暗红色，长3.5~4cm，宽1.5~2cm，裂片5片，倒卵形，长2.5~3cm，上部裂片具深红色斑点。雄蕊10枚，与花冠近等长，花丝线状。子房卵球形，10室，密被亮棕褐色糙伏毛，

杜鹃花（徐正浩摄）

杜鹃花期植株（徐正浩摄）

杜鹃植株（徐正浩摄）

花柱伸出花冠外。蒴果卵球形，长达1cm，密被糙伏毛，花萼宿存。

生物学特性： 花期4—5月，果期8—10月。

分布： 中国长江流域及其以南各地有分布。缅甸、越南、老挝、泰国、日本等也有分布。各校区有分布。

景观应用： 庭院观赏灌木。

236. 白花杜鹃 *Rhododendron mucronatum* (Blume) G. Don

中文异名： 白杜鹃、尖叶杜鹃

分类地位： 杜鹃花科（Ericaceae）杜鹃属（*Rhododendron* Linn.）

形态学特征： 半常绿灌木。高1~3m。幼枝开展，分枝多，密被灰褐色开展的长柔毛，混生少数腺毛。叶纸质，披针形至卵状披针形或长圆状披针形，长2~6cm，宽0.5~1.8cm，先端钝尖至圆形，基部楔形，叶面深绿色，疏被灰褐色贴生长糙伏毛，混生短腺毛，中脉、侧脉及细脉在叶面凹陷，在叶背凸出或明显可见，柄长2~4mm。伞形花序顶生，具花1~3朵。花梗长达1.5cm。花萼绿色，裂片5片，披针形，密被腺状短柔毛。花冠白色，有时淡红色，阔漏斗形，长3~4.5cm，5深裂。雄蕊10枚，不等长。子房卵球形，5室，长3~4mm，径1~2mm，密被刚毛状糙伏毛和腺毛，花柱伸出花冠外。蒴果圆锥状卵球形，长0.7~1cm。

生物学特性： 花期3—5月，果期8—9月。

分布： 中国华东、华南、西南等地有分布。各校区有分布。

景观应用： 园林、盆栽观赏灌木。

白花杜鹃花（徐正浩摄）

白花杜鹃植株（徐正浩摄）

237. 锦绣杜鹃 *Rhododendron pulchrum* Sweet

中文异名： 毛鹃、毛杜鹃、春鹃

分类地位： 杜鹃花科（Ericaceae）杜鹃属（*Rhododendron* Linn.）

形态学特征： 半常绿灌木。高1.5~2.5m。枝开展，淡灰褐色，被淡棕色糙伏毛。叶薄革质，椭圆状长圆形至椭圆状披针形或长圆状倒披针形，长2~7cm，宽1~2.5cm，先端钝尖，基部楔形，边缘反卷，全缘，叶面深绿色，初时散生淡黄褐色糙伏毛，后近于无毛，叶背淡绿色，被微柔毛和糙伏毛，中脉和侧脉在叶面下凹，在叶背显著凸出，柄长3~6mm。花芽卵球形，鳞片外面沿中部具淡黄褐色毛。伞形花序顶生，有花1~5朵。花梗长0.8~1.5cm，密被淡黄褐色长柔毛。花萼大，绿色，5深裂，裂片披针形，长1~1.2cm，被糙伏毛。花冠玫瑰紫色，阔漏

锦绣杜鹃叶（徐正浩摄）

锦绣杜鹃花（徐正浩摄）

锦绣杜鹃植株（徐正浩摄）

斗形，长4.8~5.2cm，径5~6cm，裂片5片，阔卵形，长3~3.5cm，具深红色斑点。雄蕊10枚，近等长，长3.5~4cm，花丝线形。子房卵球形，长2~3mm，径1~2mm，密被黄褐色刚毛状糙伏毛，花柱长4~5cm。蒴果长圆状卵球形，长0.8~1cm，被刚毛状糙伏毛，花萼宿存。

生物学特性：花期4—5月，果期9—10月。

分布：中国华东、华中、华南等地有分布。各校区有分布。

景观应用：园林、盆栽观赏灌木。

238. 山矾 *Symplocos sumuntia* Buch.-Ham. ex D. Don

分类地位：山矾科（Symplocaceae）山矾属（*Symplocos* Jacq.）

形态学特征：乔木。嫩枝褐色。叶薄革质，卵形、狭倒卵形或倒披针状椭圆形，长3.5~8cm，宽1.5~3cm，先端常呈尾状渐尖，基部楔形或圆形，边缘具浅锯齿或波状齿，有时近全缘，中脉在叶面凹下，侧脉和网脉在两面均凸起，侧脉每边4~6条，柄长0.5~1cm。总状花序长2.5~4cm，被展开的柔毛。花萼长2~2.5mm，萼筒倒圆锥形，无毛，裂片三角状卵形，与萼筒等长或稍短于萼筒。花冠白色，5深裂几达基部，长4~4.5mm。雄蕊25~35枚，花丝基部稍合生。花盘环状，无毛。子房3室。核果卵状坛形，长7~10mm，外果皮薄而脆，顶端宿萼裂片直立，有时脱落。

生物学特性：花期2—3月，果期6—7月。

分布：中国华东、华中、华南、西南等地有分布。南亚也有分布。华家池校区、玉泉校区、之江校区有分布。

景观应用：观赏树木。

山矾枝叶（徐正浩摄）

山矾花（徐正浩摄）

山矾果实（徐正浩摄）

山矾植株（徐正浩摄）

239. 金钟花 *Forsythia viridissima* Lindl.

中文异名：迎春柳、迎春条、黄金条

英文名：Chinese golden bell tree

分类地位：木犀科（Oleaceae）连翘属（*Forsythia* Vahl）

形态学特征：落叶灌木。高1~3m。枝常拱形下垂，小枝黄绿色，微四棱状，髓薄

金钟花枝叶（徐正浩摄）

金钟花的花（徐正浩摄）

金钟花果实（徐正浩摄）

金钟花花期植株（徐正浩摄）

金钟花景观植株（徐正浩摄）

金钟花景观应用（徐正浩摄）

片状。叶片长椭圆形至披针形，或倒卵状长椭圆形，长3.5~15cm，宽1~4cm，先端锐尖，基部楔形，上半部具不规则锐锯齿或粗锯齿，叶面深绿色，叶背淡绿色，中脉和侧脉在叶面凹入，在叶背凸起，柄长6~12mm。花1~4朵着生于叶腋。花梗长3~7mm。花萼长3.5~5mm，裂片绿色，卵形、宽卵形或宽长圆形，长2~4mm。花冠深黄色，长1~2.5cm，花冠管长5~6mm，裂片狭长圆形至长圆形，长0.6~1.8cm，宽3~8mm，内面基部具橘黄色条纹，反卷。雄蕊2枚，与花冠筒近等长。雌蕊柱头2裂。蒴果卵圆形，长1~1.5cm，径0.6~1cm，基部稍圆，先端喙状渐尖，具皮孔，果梗长3~7mm。

生物学特性：花先于叶开放。花期3—4月，果期7—8月。

分布：中国华东、华中、西南等地有分布。玉泉校区、紫金港校区有分布。

景观应用：观赏灌木，可丛植于草坪、墙隅、路边、树缘、院内庭前等。

240. 木犀 *Osmanthus fragrans* (Thunb.) Lour.

木犀花序（徐正浩摄）

木犀果实（徐正浩摄）

木犀植株（徐正浩摄）

中文异名：桂花

英文名：sweet somanthus, sweet olive, tea olive, fragrant olive

分类地位：木犀科（Oleaceae）木犀属（*Osmanthus* Lour.）

形态学特征：常绿乔木或灌木。高3~5m。树皮灰褐色，小枝黄褐色，无毛。叶片革质，椭圆形、长椭圆形或椭圆状披针形，长7~14.5cm，宽2~4.5cm，先端渐尖，基部渐狭，呈楔形或宽楔形，全缘或上半部具细锯齿，两面无毛，中脉在叶面凹入，在叶背凸起，侧脉6~8对，柄长0.8~1.5cm。聚伞花序簇生于叶腋，或近帚状，每腋内有花多朵。苞片宽卵形，质厚，长2~4mm，具小尖头。花梗细弱，长4~10mm。花萼长0.5~1mm，裂片稍不整齐。花冠黄白色、淡黄色，长3~4mm，花冠管仅长0.5~1mm。雄蕊着生于花冠管中部，花丝极短，长0.3~0.5mm，花药长

0.5~1mm。雌蕊长1~1.5mm，花柱长0.3~0.5mm。果歪斜，椭圆形，长1~1.5cm，呈紫黑色。

生物学特性：花芳香。花期9月至10月上旬，果期翌年3月。

分布：原产于中国西南部。各校区有分布。

景观应用：园林景观常见的植物树种。

241. 丹桂 *Osmanthus fragrans* 'Aurantiacus'

分类地位：木犀科（Oleaceae）木犀属（*Osmanthus* Lour.）

形态学特征：木犀的栽培变种。与木犀的主要区别在于花为橙红色。

生物学特性：花期9月至10月上旬，果期翌年3月。

分布：各校区有分布。

景观应用：园林观赏树种。

丹桂花（徐正浩摄）

丹桂花序（徐正浩摄）

丹桂植株（徐正浩摄）

丹桂景观植株（徐正浩摄）

丹桂景观应用（徐正浩摄）

242. 金桂 *Osmanthus fragrans* 'Thunbergii'

分类地位：木犀科（Oleaceae）木犀属（*Osmanthus* Lour.）

形态学特征：木犀的栽培变种。与木犀的主要区别在于花为黄色。

生物学特性：花期9月至10月上旬，果期翌年3月。

分布：各校区有分布。

景观应用：园林观赏树种。

金桂枝叶（徐正浩摄）

金桂花（徐正浩摄）

金桂花期植株（徐正浩摄）

243. 银桂 *Osmanthus fragrans* 'Latifoliu'

分类地位：木犀科（Oleaceae）木犀属（*Osmanthus* Lour.）

形态学特征：木犀的栽培变种。与木犀的主要区别在于花为银白色。

生物学特性：花期9月至10月上旬，果期翌年3月。

分布：中国长江流域及其以南地区有分布。各校区有分布。

景观应用：园林观赏树种。

银桂枝叶（徐正浩摄）　　　　银桂叶（徐正浩摄）　　　　银桂花（徐正浩摄）

银桂果实（徐正浩摄）　　　银桂花期植株（徐正浩摄）　　　银桂景观植株（徐正浩摄）

244. **女贞** *Ligustrum lucidum* Ait.

中文异名：女桢、桢木

英文名：broad-leaf privet, Chinese privet, glossy privet, tree privet, wax-leaf privet

分类地位：木犀科（Oleaceae）女贞属（*Ligustrum* Linn.）

形态学特征：常绿大灌木或乔木。高可达25m。树皮灰褐色，枝黄褐色、灰色或紫红色，圆柱形，疏生圆形或长圆形皮孔。叶常绿，革质，卵形、长卵形或椭圆形至宽椭圆形，长6~17cm，宽3~8cm，先端锐尖至渐尖或钝，基部圆形或近圆形，中脉在叶面凹入，在叶背凸起，侧脉4~9对，柄长1~3cm，上面具沟。圆锥花序顶生，长8~20cm，宽8~25cm。花序梗长0~3cm。花无梗或近无梗，长不超过1mm。花萼长1.5~2mm。花冠长4~5mm，花冠管长1.5~3mm，裂片长2~2.5mm，反折。花丝长1.5~3mm，花药长圆形，长1~1.5mm。花柱长1.5~2mm，柱头棒状。果肾形或近肾形，长7~10mm，径4~6mm，深蓝黑色，成熟时呈红黑色，被白粉，果梗长0~5mm。

生物学特性：花期5—7月，果期7月至翌年3月。

女贞花（徐正浩摄）

女贞花序（徐正浩摄）

女贞果期植株（徐正浩摄）

女贞景观植株（徐正浩摄）

分布：中国长江以南至华南、西南各地，向西北至陕西、甘肃有分布。朝鲜也有分布。各校区有分布。

景观应用：园林中常用的观赏树种，可在庭院孤植或丛植，也可作行道树，因耐修剪，故还可作绿篱灌木。

245. 日本女贞　*Ligustrum japonicum* Thunb.

英文名：Japanese privet

分类地位：木犀科（Oleaceae）女贞属（*Ligustrum* Linn.）

形态学特征：大型常绿灌木。高3~5m。无毛，小枝灰褐色或淡灰色，圆柱形，疏生圆形或长圆形皮孔，幼枝圆柱形，稍具棱，节处稍扁压。叶片厚革质，椭圆形或宽卵状椭圆形，稀卵形，长5~10cm，宽2.5~5cm，先端锐尖或渐尖，基部楔形、宽楔形至圆形，叶面深绿色，光亮，叶背黄绿色，中脉在叶面凹入，在叶背凸起，侧脉4~7对，柄长0.5~1.5cm。圆锥花序塔形，长5~17cm。花梗长不超过2mm。小苞片披针形，长1.5~10mm。花萼长1.5~1.8mm，先端近截形或具不规则齿裂。花冠长5~6mm，花冠

日本女贞枝叶（徐正浩摄）

管长3~3.5mm。雄蕊伸出花冠管外，花丝几与花冠裂片等长，花药长圆形，长1.5~2mm。花柱长3~5mm，稍伸出于花冠管外，柱头棒状，先端2浅裂。果长圆形或椭圆形，长8~10mm，宽6~7mm，直立，呈紫黑色，外被白粉。

生物学特性：花期6月，果期11月。

分布：原产于日本。朝鲜南部也有分布。各校区有分布。

景观应用：观赏灌木。

日本女贞花（徐正浩摄）

日本女贞果实（徐正浩摄）

日本女贞花期植株（徐正浩摄）

日本女贞景观植株（徐正浩摄）

246. 小叶女贞　*Ligustrum quihoui* Carr.

中文异名：小叶水蜡

分类地位：木犀科（Oleaceae）女贞属（*Ligustrum* Linn.）

形态学特征：落叶灌木。高1~3m。小枝淡棕色，圆柱形，密被微柔毛，后脱落。叶片薄革质，披针形、长圆状椭圆形、椭圆形、倒卵状长圆形至倒披针形

小叶女贞枝叶（徐正浩摄）

小叶女贞果实（徐正浩摄）

或倒卵形，长1~5.5cm，宽0.5~3cm，先端锐尖、钝或微凹，基部狭楔形至楔形，叶面深绿色，叶背淡绿色，中脉在叶面凹入，在叶背凸起，侧脉2~6对，柄长0~5mm。圆锥花序顶生，近圆柱形，长4~20cm，宽2~4cm。花萼长1.5~2mm，萼齿宽卵形或钝三角形。花冠长4~5mm，花冠管长2.5~3mm，裂片卵形或椭圆形，长1.5~3mm，先端钝。雄蕊伸出裂片外，花丝与花冠裂片近等长或比花冠裂片稍长。果倒卵形、宽椭圆形或近球形，长5~9mm，径4~7mm，呈紫黑色。

小叶女贞植株（徐正浩摄）

生物学特性：花期5—7月，果期8—11月。

分布：中国华东、华中、西南及陕西等地有分布。各校区有分布。

景观应用：可作绿篱。

247. 金叶女贞 *Ligustrum × vicaryi* Rehd.

金叶女贞枝叶（徐正浩摄）

金叶女贞花（徐正浩摄）

金叶女贞花序（徐正浩摄）

金叶女贞景观植株（徐正浩摄）

分类地位：木犀科(Oleaceae)女贞属（*Ligustrum* Linn.）

形态学特征：由金边卵叶女贞（*Ligustrum ovalifolium* 'Aureo-marginatum'）与金叶欧洲女贞（*Ligustrum vulgare* 'Aureum'）杂交育成。落叶或半常绿灌木。高2~3m，冠幅1.5~2m。单叶对生，叶片椭圆形或卵状椭圆形，长3~7cm，嫩叶黄色，后渐变为黄绿色。总状花序，小花白色。果阔椭圆形，紫黑色。

生物学特性：花芳香。花期5—6月，果期8—10月。

分布：各校区有分布。

景观应用：观赏灌木。

248. 小蜡 *Ligustrum sinense* Lour.

中文异名：水黄杨

英文名：Chinese privet

分类地位：木犀科(Oleaceae)女贞属（*Ligustrum* Linn.）

形态学特征：落叶灌木或小乔木。高2~7m。小枝灰色，开展，密被黄色短柔毛。单叶对生，薄革质，椭

小蜡花（徐正浩摄）

小蜡花序（徐正浩摄）

圆形至椭圆状长圆形，长3~5cm，宽1~2cm，先端急尖或钝，常微凹，基部圆形或宽楔形，全缘，叶面深绿色，脉在叶面凹下，在叶背凸起，侧脉5~8条，柄长2~6mm。圆锥花序疏松，顶生，长6~10cm。花梗细，长2~4mm。花萼钟形，长0.5~1mm，顶端近截形。花冠白色，花冠筒长1~2mm，顶端4裂，裂片长圆形或长圆状卵形，长2~3mm，宽1~1.5mm，先端急尖或钝。雄蕊2枚，伸出花冠外。花药长3~4mm，檐部4裂，裂

小蜡果实（徐正浩摄）

小蜡花期植株（徐正浩摄）

小蜡果期植株（徐正浩摄）

小蜡景观植株（徐正浩摄）

片长圆形，略长于冠筒。柱头线形，近头状。核果近球形，径3~4mm，熟时黑色，果梗长2~5mm。

生物学特性：花期7月，果期9—10月。

分布：中国长江以南各地有分布。各校区有分布。

景观应用：绿化小乔木和灌木树种。耐修剪，可作绿篱、绿墙和隐蔽遮挡的绿屏。

249. 探春花 *Jasminum floridum* Bunge

中文异名：迎夏、鸡蛋黄、牛虱子

分类地位：木犀科（Oleaceae）素馨属（*Jasminum* Linn.）

形态学特征：直立或攀缘半常绿灌木。植株高或枝条长1~3m。小枝褐色或黄绿色，当年生枝绿色，有棱角，无毛。叶互生，奇数羽状复叶常由3~5片小叶组成。小叶片卵形或长椭圆状卵形，长1~3cm，宽0.7~1.2cm，先端急尖，具小尖头，稀钝或圆形，基部楔形或宽楔形，边缘有细短芒状锯齿或全缘，中脉在叶面凹下，在叶背凸起，柄长5~7mm，侧生小叶近无柄，顶生小叶柄长5~7mm。聚伞花序或伞状聚伞花序顶生，有花3~25朵。苞片锥形，长3~7mm。花梗长0.1~2cm。花萼具5条凸起的肋，萼管长1~2mm，裂片锥状线形，长1~3mm。花冠黄色，近漏斗状，花冠管长0.9~1.5cm，顶端5裂，裂片卵形或长圆形，长4~8mm，

探春花枝叶（徐正浩摄）

探春花的花（徐正浩摄）

探春花花序（徐正浩摄）

探春花景观植株（徐正浩摄）

宽3~5mm，先端锐尖，稀圆钝，边缘具纤毛。雄蕊2枚，内藏。浆果长圆形或球形，长5~10mm，径5~10mm，成熟时呈黑色。种子椭圆形，扁平。

生物学特性： 花期5—9月，果期9—10月。

分布： 为中国特有植物。中国河北、陕西南部、山东、河南西部、湖北西部、四川、贵州北部等地有分布。各校区有分布。

景观应用： 观赏灌木。

250. 野迎春 *Jasminum mesnyi* Hance

中文异名： 云南黄素馨、云南黄馨

英文名： primrose jasmine, Japanese jasmine

分类地位： 木犀科（Oleaceae）素馨属（*Jasminum* Linn.）

形态学特征： 常绿直立亚灌木。高0.5~5m。枝条下垂，小枝四棱形，具沟，光滑无毛。叶对生，3出复叶或小枝基部具单叶，柄长0.5~1.5cm，具沟，叶片和小叶片近革质，两面几无毛，叶缘反卷，具睫毛，中脉在叶面凸起，侧脉不甚明显。小叶片长卵形或长卵状披针形，先端钝或圆，具小尖头，基部楔形，顶生小叶片长2.5~6.5cm，宽0.5~2.2cm，基部延伸成短柄，侧生小叶片较小，长1.5~4cm，宽0.6~2cm，无柄。单叶为宽卵形或椭圆形，有时几近圆形，长3~5cm，宽1.5~2.5cm。花常单生于叶腋，稀双生或单生于小枝顶端。花梗粗，长3~8mm。花萼钟状，裂片5~8片，小叶状，披针形，长4~7mm，宽1~3mm，先端锐尖。花冠黄色，漏斗状，径2~4.5cm，花冠管长1~1.5cm，裂片6~8片，宽倒卵形或长圆形，长1~1.8cm，宽0.5~1.5cm，有时重瓣。果椭圆形，两心皮基部愈合，径6~8mm。

野迎春枝叶（徐正浩摄）

野迎春叶（徐正浩摄）

野迎春花（徐正浩摄）

野迎春花期植株（徐正浩摄）

野迎春景观植株（徐正浩摄）

野迎春居群（徐正浩摄）

生物学特性： 花期11月至翌年8月，果期3—5月。

分布： 中国四川西南部、贵州、云南等地有分布。各校区有分布。

景观应用： 可作庭院观赏、花篱、地被植物，也可于堤岸、台地和阶前边缘栽植，还可盆栽观赏。

251. 迎春花 *Jasminum nudiflorum* Lindl.

英文名：winter jasmine

分类地位：木犀科（Oleaceae）素馨属（*Jasminum* Linn.）

形态学特征：落叶灌木。直立或匍匐，高0.3~5m。枝条下垂，枝稍扭曲，光滑无毛，小枝四棱形，棱上多少具狭翼。叶对生，3出复叶，小枝基部常具单叶，叶轴具狭翼，柄长3~10mm。小叶片卵形、长卵形或椭圆形、狭椭圆形，具短尖头，基部楔形，叶缘反卷，中脉在叶面微凹入，在叶背凸起，侧脉不明显。顶生小叶片较大，长1~3cm，宽0.3~1.2cm，无柄或基部延伸成短柄。侧生小叶片长0.6~2.5cm，宽0.2~11mm，无柄。单叶为卵形或椭圆形，有时近圆形，长

迎春花的花（徐正浩摄）

迎春花花期植株（徐正浩摄）

迎春花植株（徐正浩摄）

迎春花居群（徐正浩摄）

0.7~2.2cm，宽0.4~1.3cm。花单生于去年生小枝叶腋，稀生于小枝顶端。花梗长2~3mm。花萼绿色，裂片5~6片，窄披针形，长4~6mm，宽1.5~2.5mm，先端锐尖。花冠黄色，径2~2.5cm，花冠管长0.8~2cm，基部径1.5~2mm，向上渐扩大，裂片5~6片，长圆形或椭圆形，长0.8~1.5cm，宽3~6mm，先端锐尖或圆钝。

生物学特性：花期3—6月。

分布：中国甘肃、陕西、四川、云南西北部、西藏东南部等地有分布。各校区有分布。

景观应用：早春花境植物。可栽植于路旁、山坡及窗下墙边，也作花篱、盆景。

252. 蔓长春花 *Vinca major* Linn.

中文异名：攀缠长春花

英文名：bigleaf periwinkle, large periwinkle, greater periwinkle, blue periwinkle

分类地位：夹竹桃科（Apocynaceae）蔓长春花属（*Vinca* Linn.）

形态学特征：蔓性半灌木。茎偃卧，花茎直立。叶椭圆形，长2~6cm，宽1.5~4cm，先端急尖，基部下延，侧脉4~5对，柄长0.7~1cm。花单朵腋生。花梗长4~5cm。花萼裂片狭披针形，长7~9mm。花冠蓝色，花冠筒

蔓长春花枝叶（徐正浩摄）

蔓长春花的花（徐正浩摄）

漏斗状，花冠裂片倒卵形，长10~12mm，宽5~7mm，先端圆形。雄蕊着生于花冠筒中部之下，花丝短而扁平，花药的顶端有毛。子房由2个心皮所组成。蓇葖果双生，直立，长4~5cm。

生物学特性：花期3—5月。

分布：原产于欧洲。各校区有分布。

景观应用：观赏灌木。

蔓长春花景观植株（徐正浩摄）

🌿 253. 欧洲夹竹桃 *Nerium oleander* Linn.

中文异名：红花夹竹桃

英文名：oleander

分类地位：夹竹桃科（Apocynaceae）夹竹桃属（*Nerium* Linn.）

形态学特征：常绿直立大灌木。高达5m。枝条灰绿色，嫩枝具棱，被微毛，老时毛脱落。叶3~4片轮生，下枝为对生，窄披针形，顶端急尖，基部楔形，叶缘反卷，长11~15cm，宽2~2.5cm，叶面深绿色，叶背浅绿色，有多数洼点，中脉在叶面凹入，在叶背凸起，侧脉在两面扁平，纤细，密生，平行，达叶缘，柄扁平，基部稍宽，长5~8mm。聚伞花序顶生，着花数朵。总花梗长2~3cm。花梗长7~10mm。苞片披针形，长5~7mm，宽1~1.5mm。花萼5深裂，红色，披针形，长3~4mm，宽1.5~2mm。花冠深红色或粉红色。雄蕊着生于花冠筒中部以上，花丝短，花药箭头

欧洲夹竹桃叶（徐正浩摄）

欧洲夹竹桃花（徐正浩摄）

欧洲夹竹桃花期植株（徐正浩摄）

欧洲夹竹桃景观植株（徐正浩摄）

状，内藏，与柱头连生，药隔延长成丝状。无花盘。心皮2个，离生，花柱丝状，长7~8mm，柱头近圆球形，顶端凸尖，每心皮有胚珠多个。蓇葖果2个，离生，平行或并连，长圆形，两端较窄，长10~25cm，径6~10mm。种子长圆形，基部较窄，顶端钝，褐色。

生物学特性：花芳香。花期几乎全年，夏秋为最盛。果期冬春季，栽培很少结果。

分布：原产于印度和伊朗。各校区有分布。

景观应用：观赏植物。

🌿 254. 白花夹竹桃 *Nerium oleander* 'Paihua'

分类地位：夹竹桃科（Apocynaceae）夹竹桃属（*Nerium* Linn.）

形态学特征：夹竹桃的栽培变种。与夹竹桃的主要区别在于花为白色。

生物学特性：花期几乎全年，夏秋为最盛。果期一般在冬春季，栽培很少结果。

分布：中国南北各地均有栽培。各校区有分布。

景观应用：观赏植物。

白花夹竹桃叶（徐正浩摄）

白花夹竹桃花期植株（徐正浩摄）

白花夹竹桃花（徐正浩摄）

255. 臭牡丹 *Clerodendrum bungei* Steud.

分类地位：马鞭草科（Verbenaceae）大青属（*Clerodendrum* Linn.）

形态学特征：灌木。高1~2m。花序轴、叶柄密被褐色、黄褐色或紫色脱落性柔毛。小枝近圆形，皮孔显著。叶片纸质，宽卵形或卵形，长8~20cm，宽5~15cm，顶端尖或渐尖，基部宽楔形、截形或心形，边缘具粗或细锯齿，

臭牡丹花（徐正浩摄）

臭牡丹花序（徐正浩摄）

侧脉4~6对，柄长4~17cm。伞房状聚伞花序顶生，密集。花萼钟状，长2~6mm，萼齿三角形或狭三角形，长1~3mm。花冠淡红色、红色或紫红色，花冠管长2~3cm，裂片倒卵形，长5~8mm。雄蕊及花柱均伸出花冠外。柱头2裂，子房4室。核果近球形，径0.6~1.2cm，熟时蓝黑色。

生物学特性：植株有臭味。花果期5—11月。

分布：中国华北、西北、西南、华东、华中、华南等地有分布。印度北部、越南、马来西亚等也有分布。多数校区有分布。

景观应用：观赏灌木。

臭牡丹植株（徐正浩摄）

256. 海州常山 *Clerodendrum trichotomum* Thunb.

中文异名：臭梧桐

英文名：harlequin glorybower, glorytree, peanut butter tree

分类地位：马鞭草科（Verbenaceae）大青属（*Clerodendrum* Linn.）

形态学特征：灌木或小乔木。高1.5~10m。幼枝、叶柄、花序轴等多少被黄褐色柔毛或近于无毛，老枝灰白色，具皮孔，髓白色，有淡黄色薄片状横隔。叶片纸质，卵形、卵状椭圆形或三角状卵形，长5~16cm，宽2~13cm，顶端

海州常山叶（徐正浩摄）

海州常山花（徐正浩摄）

海州常山花期植株（徐正浩摄）

海州常山果期植株（徐正浩摄）

渐尖，基部宽楔形至截形，表面深绿色，背面淡绿色，侧脉3~5对，全缘或有时边缘具波状齿，柄长2~8cm。伞房状聚伞花序顶生或腋生，常二歧分枝，疏散，末次分枝具花3朵，花序长8~18cm，花序梗长3~6cm。花萼蕾时绿白色，后紫红色，基部合生，中部略膨大，有5条棱脊，顶端5深裂。花冠白色或带粉红色，花冠管细，长1.5~2cm，顶端5裂，裂片长椭圆形，长5~10mm，宽3~5mm。雄蕊4枚，花丝与花柱同伸出花冠外。花柱较雄蕊短，柱头2裂。核果近球形，径6~8mm，包藏于增大的宿萼内，熟时外果皮蓝紫色。

生物学特性：花香。花果期6—11月。

分布：中国华北、华中、华南、西南及辽宁、甘肃、陕西等地有分布。印度、朝鲜、韩国、日本等也有分布。多数校区有分布。

景观应用：观花观果树种。

257. 银香科科 *Teucrium fruticans* Linn.

中文异名：银石蚕

英文名：tree germander, shrubby germander

分类地位：唇形科（Labiatae）香科科属（*Teucrium* Linn.）

形态学特征：常绿小灌木。高达1m，冠幅达4m。全株银灰色。小枝具4条棱。单叶对生，倒卵形、狭椭圆形或卵圆形，长0.8~3.5cm，宽0.6~2cm，先端急尖至渐尖，基部楔形至钝圆，常下延，叶面绿色，被银白色柔毛，叶背灰白色，被密柔毛，主脉和侧脉在叶面下凹，侧脉4~6对，柄长1~3mm。萼包裹冠筒。花瓣淡紫色至白色。雄蕊4枚，自冠后方弯曲处伸出，花药叉开，花丝伸出冠外。花柱不着子房底，2浅裂。果为小坚果。

银香科科枝叶（徐正浩摄）

生物学特性：花期3—4月。

分布：原产于地中海地区及西班牙。紫金港校区有分布。

银香科科花（徐正浩摄）

银香科科花期植株（徐正浩摄）

景观应用：园林绿化或观赏植物。

258. 枸杞 *Lycium chinense* Mill.

英文名：Chinese boxthorn, Chinese matrimony-vine, Chinese teaplant, Chinese wolfberry, wolfberry, Chinese desert-thorn

分类地位：茄科（Solanaceae）枸杞属（*Lycium* Linn.）

形态学特征：多分枝灌木。高0.5~1m，枝条细弱，弓状弯曲或俯垂，淡灰色，有纵条纹，棘刺长0.5~2cm，生叶和花的棘刺较长，小枝顶端锐尖，呈棘刺状。叶纸质，单叶互生或2~4片簇生，卵形、卵状菱形、长椭圆形或卵状披针形，顶端急

枸杞枝叶（徐正浩摄）

枸杞花（徐正浩摄）

枸杞花期植株（徐正浩摄）

枸杞果期植株（徐正浩摄）

尖，基部楔形，长1.5~5cm，宽0.5~2.5cm，柄长0.4~1cm。花在长枝上单生或双生于叶腋，在短枝上与叶簇生。花梗长1~2cm。花萼长3~4mm，常3中裂或4~5个齿裂。花冠漏斗状，长9~12mm，淡紫色，筒部向上骤然扩大，5深裂。雄蕊较花冠稍短，或因花冠裂片外展而伸出花冠。花柱稍伸出雄蕊，上端弓弯，柱头绿色。浆果红色，卵状，顶端尖或钝，长7~15mm，径5~8mm。种子扁肾形，长2.5~3mm，黄色。

生物学特性：花果期6—11月。

分布：中国各地广布。尼泊尔、巴基斯坦、泰国、蒙古、朝鲜、韩国、日本及欧洲也有分布。多数校区有分布。

景观应用：观赏灌木。

259. 珊瑚樱 *Solanum pseudocapsicum* Linn.

中文异名：吉庆果、冬珊瑚、假樱桃

英文名：Jerusalem cherry, Madeira winter cherry

分类地位：茄科（Solanaceae）茄属（*Solanum* Linn.）

形态学特征：直立分枝小灌木。高达2m。全株光滑无毛。叶互生，狭长圆形至披针形，长1~6cm，宽0.5~1.5cm，先端尖或钝，基部狭楔形下延成叶柄，边全缘或波状，两面均光滑无毛，中脉在叶背凸出，侧脉6~7对，在叶背更明显，柄长2~5mm。花多单生，很少呈蝎尾状花序，无总花梗或近于无总花梗，腋外生或近对叶生，花梗长3~4mm。花小，白色，径0.8~1cm。萼绿色，径3~4mm，5裂，裂片长

珊瑚樱枝叶（徐正浩摄）

珊瑚樱花（徐正浩摄）

珊瑚樱果实（徐正浩摄）

1~1.5mm。花冠筒隐于萼内，长不及1mm，冠檐长4~5mm，裂片5片，卵形，长3~3.5mm，宽1~2mm。花丝长不及1mm，花药黄色，矩圆形，长1~2mm。子房近圆形，径0.5~1mm，花柱短，柱头截形。浆果橙红色，径1~1.5cm，萼宿存，果柄长0.7~1cm，顶端膨大。种子盘状，扁平，径2~3mm。

生物学特性：花期初夏，果期秋末。

珊瑚樱果期植株（徐正浩摄）

珊瑚樱植株（徐正浩摄）

分布：原产于南美洲。多数校区有分布。

景观应用：观赏灌木。

260. 毛泡桐 *Paulownia tomentosa* (Thunb.) Steud.

中文异名：紫花桐、绒叶泡桐

英文名：princesstree, foxglove-tree, empress tree, kiri

分类地位：泡桐科（Paulowniaceae）泡桐属（*Paulownia* Sieb. et Zucc.）

毛泡桐枝叶（徐正浩摄）

毛泡桐花（徐正浩摄）

形态学特征：乔木。高达20m。树冠宽大，伞形，树皮褐灰色，小枝有明显皮孔，幼时常具黏质短腺毛。叶片心形，长达40cm，顶端锐尖头，全缘或波状浅裂，柄长5~20cm。花序金字塔形或狭圆锥形。小聚伞花序总花梗长1~2cm，几与花梗等长，具花3~5朵。萼浅钟形，长1~1.5cm，外面茸毛不脱落，分裂至中部或裂过中部，萼齿卵状长圆形。花冠紫色，漏斗状钟形，长5~7.5cm，在离管基部3~5mm处弓曲，向上突然膨大，檐部2片唇形。雄蕊长达2.5cm。子房卵圆形，有腺毛，花柱短于雄蕊。蒴果卵圆形，幼时密生黏质腺毛，长3~4.5cm，宿萼不反卷。种子连翅长2.5~4mm。

生物学特性：花期4—5月，果期8—9月。

分布：中国东北、长江以南地区有分布，西部地区有野生。多数校区有分布。

景观应用：绿化树种。

毛泡桐景观植株（徐正浩摄）

261. 白花泡桐 *Paulownia fortunei* (Seem.) Hemsl.

中文异名：白花桐、大果泡桐

分类地位：泡桐科（Paulowniaceae）泡桐属（*Paulownia* Sieb. et Zucc.）

形态学特征：乔木。高达30m。树冠圆锥形，主干直，胸径可达2m，树皮灰褐色，幼枝、叶、花序各部和幼果均被黄褐色星状茸毛，叶柄、叶面和花梗渐变无毛。叶长卵状心形，有时为卵状心形，长达20cm，顶端长渐尖或锐尖头，凸尖长达2cm，新枝上的叶有时2裂，叶背有星状毛及腺，成熟叶背面密被茸毛，有时毛很稀疏至近无毛，柄长达12cm。花序狭长圆柱形，长20~25cm，小聚伞花序有花3~8朵。总花梗几与花梗等

白花泡桐花（徐正浩摄）

白花泡桐花序（徐正浩摄）

白花泡桐果期植株（徐正浩摄）

白花泡桐植株（徐正浩摄）

长。萼倒圆锥形，长2~2.5cm。花冠管状漏斗形，白色，仅背面稍带紫色或浅紫色，长8~12cm，管部在基部以上不突然膨大，而逐渐向上扩大，稍稍向前曲，腹部无明显纵褶，内部密布紫色细斑块。雄蕊长3~3.5cm，有疏腺。子房有腺，有时具星状毛，花柱长5~5.5cm。蒴果长圆形或长圆状椭圆形，长6~10cm，顶端喙长达6mm，宿萼开展或呈漏斗状。种子连翅长6~10mm。

生物学特性：花期3—4月，果期7—8月。

分布：中国西南、华南、华中和华东等地有分布。老挝和越南也有分布。之江校区、玉泉校区有分布。

景观应用：庭荫树、行道树。

262. 厚萼凌霄 *Campsis radicans* (Linn.) Seem.

中文异名：美国凌霄

英文名：trumpet vine, trumpet creeper, cow itch vine, hummingbird vine

分类地位：紫葳科（Bignoniaceae）凌霄属（*Campsis* Lour.）

形态学特征：藤本。具气生根，长达10m。小叶9~11片，椭圆形至卵状椭圆形，长3.5~6.5cm，宽2~4cm，顶端尾状渐尖，基部楔形，边缘具齿，叶面深绿色，叶背淡绿色。花萼钟状，长1.5~2cm，口部径0.7~1cm，5浅裂至萼筒的1/3处，裂

厚萼凌霄枝叶（徐正浩摄）

厚萼凌霄花（徐正浩摄）

厚萼凌霄花萼（徐正浩摄）

厚萼凌霄花序（徐正浩摄）

厚萼凌霄植株（徐正浩摄）

片齿卵状三角形，外向微卷，无凸起的纵肋。花冠筒细长，漏斗状，橙红色至鲜红色，筒部长6~9cm，为花萼的3倍，径3~4cm。蒴果长圆柱形，长8~12cm，顶端具喙尖，沿缝线具龙骨状突起，粗1~2mm，具柄，硬壳质。

生物学特性：花期5—8月。

分布：原产于美洲。各校区有分布。

景观应用：庭院观赏藤本。

263. 菜豆树 *Radermachera sinica* (Hance) Hemsl.

中文异名：幸福树

英文名：China doll tree, serpent tree, emerald tree

分类地位：紫葳科（Bignoniaceae）菜豆树属（*Radermachera* Zoll. et Mor.）

形态学特征：小乔木。高达10m。叶柄、叶轴、花序均无毛。2回羽状复叶，叶轴长20~30cm。小叶卵形至卵状披针形，长4~7cm，宽2~3.5cm，顶端尾状渐尖，基部阔楔形，全缘，侧脉5~6对，向上斜伸，侧生小叶柄长在5mm以下，顶生小叶柄长1~2cm。圆锥花序顶生，直立，长25~35cm，宽25~30cm。萼齿5片，卵状披针形，中肋明显，长10~12mm。花冠钟状漏斗形，白色至淡黄色，长6~8cm，裂片5片，圆形，具皱纹，长2~2.5cm。雄蕊4枚，二强，光滑，退化雄蕊存在，丝状。子房光滑，2室，胚珠每室2列，花柱外露，柱头2裂。蒴果细长，下垂，圆柱形，稍弯曲，多沟纹，渐尖，长可达85cm，径0.7~1cm。种子椭圆形，连翅长1.5~2cm，宽3~5mm。

菜豆树枝叶（徐正浩摄）

生物学特性：花期5—9月，果期10—12月。

分布：中国台湾、广东、广西、贵州、云南等地有分布。各校区有栽培。

景观应用：观赏树木。

菜豆树叶（徐正浩摄）

菜豆树植株（徐正浩摄）

264. 栀子　*Gardenia jasminoides* Ellis

中文异名：黄栀子、栀子花

英文名：common gardenia, cape jasmine, cape jessamine

分类地位：茜草科（Rubiaceae）栀子属（*Gardenia* Ellis）

形态学特征：灌木。高0.3~3m。嫩枝常被短毛，枝圆柱形，灰色。叶对生，革质，稀为纸质，少为3枚轮生，常为长圆状披针形、倒卵状长圆形、倒卵形或椭圆形，长3~25cm，宽1.5~8cm，顶端渐尖、骤然长渐尖或短尖而钝，基部楔形或短尖，叶面亮绿，叶背色较暗，侧脉8~15对，柄长0.2~1cm。花常单朵生于枝顶，花梗长3~5mm。萼管倒圆锥形或卵形，长8~25mm，有纵棱，萼檐管形，膨大，顶部5~8裂，常6裂，裂片披针形或线状披针形，长10~30mm，宽1~4mm，结果时增长，宿存。花冠白色或乳黄色，高脚碟状，冠管狭圆筒形，长3~5cm，宽4~6mm，顶部5~8裂，常6裂，裂片广展，倒卵形或倒卵状长圆形，长1.5~4cm，宽0.6~2.8cm。花丝极短，花药线形，长1.5~2.2cm，伸出。花柱粗厚，长4~4.5cm。柱头纺锤

栀子叶（徐正浩摄）

栀子果实（徐正浩摄）

栀子果期植株（徐正浩摄）

栀子原生态植株（徐正浩摄）

形，伸出，长1~1.5cm，宽3~7mm，子房径2~3mm，黄色，平滑。果卵形、近球形、椭圆形或长圆形，黄色或橙红色，长1.5~7cm，径1.2~2cm，有翅状纵棱5~9条，顶部的宿存萼片长达4cm，宽达6mm。种子多数，扁，近圆形而稍有棱角，长3~3.5mm，宽2~3mm。

生物学特性：花芳香。花期3—7月，果期5月至翌年2月。

分布：中国华东、华中、华南、西南、华北、西北等地有分布。东亚其他国家、南亚、东南亚和北亚也有分布。多数校区有分布。

景观应用：香花观赏树种。

265. 玉荷花　*Gardenia jasminoides* 'Fortuniana'

中文异名：白蟾、重瓣栀子

分类地位：茜草科（Rubiaceae）栀子属（*Gardenia* J. Ellis）

形态学特征：栀子的栽培变种。与栀子的区别主要在于花大，重瓣，径7~8cm。

生物学特性：花期3—7月，果期5月至翌年2月。

分布：多数校区有分布。

景观应用：观赏灌木。

玉荷花的花（徐正浩摄）

玉荷花果实（徐正浩摄）

玉荷花花期植株（徐正浩摄）

玉荷花景观植株（徐正浩摄）

玉荷花景观应用（徐正浩摄）

266. 小叶栀子 *Gardenia jasminoides* 'Radicans'

小叶栀子花（徐正浩摄）

小叶栀子果实（徐正浩摄）

小叶栀子植株（徐正浩摄）

小叶栀子花期植株（徐正浩摄）

分类地位：茜草科（Rubiaceae）栀子属（*Gardenia* Ellis）

形态学特征：栀子的栽培变种。与栀子的区别主要在于叶较小，长4~8cm，花小，重瓣，径7~8cm。

生物学特性：花期3—7月，果期5月至翌年2月。

分布：多数校区有分布。

景观应用：地被观赏植物，也可作花景小灌木或盆栽。

267. 六月雪 *Serissa japonica* (Thunb.) Thunb.

英文名：snowrose, tree of a thousand stars, Japanese boxthorn

分类地位：茜草科（Rubiaceae）白马骨属（*Serissa* Comm. ex A. L. Jussieu）

形态学特征：小灌木。高60~90cm。叶革质，卵形至倒披针形，长6~22mm，宽3~6mm，顶端短尖至长尖，边全缘，无毛，柄短。花单生或数朵丛生于小枝顶部或腋生，有被毛、边缘浅波状的苞片。萼檐裂片细小，锥形。花冠淡红色或白色，长6~12mm，裂片扩展，顶端3裂。雄蕊伸出冠管喉部外。花柱长，柱头2个，直，略分开。

六月雪花（徐正浩摄）

六月雪植株（徐正浩摄）

生物学特性：有臭气。花期5—7月。

分布：中国华东、华中、华南、西南等地有分布。越南和日本也有分布。玉泉校区、紫金港校区有分布。

景观应用：观赏灌木，也栽作盆景或绿篱。

六月雪景观植株（徐正浩摄）

268. 金边六月雪 *Serissa japonica* 'Aureo-marginata'

分类地位：茜草科（Rubiaceae）白马骨属（*Serissa* Comm. ex A. L. Jussieu）

形态学特征：六月雪的栽培变种。与六月雪的主要区别在于叶缘黄色或淡黄色。

生物学特性：花期5—7月。

分布：华家池校区、西溪校区、紫金港校区、玉泉校区有分布。

景观应用：观赏灌木。

金边六月雪花（徐正浩摄）

金边六月雪花期植株（徐正浩摄）

金边六月雪景观植株（徐正浩摄）

269. 珊瑚树 *Viburnum odoratissimum* Ker Gawl.

中文异名：日本珊瑚树、法国冬青

英文名：sweet viburnum

分类地位：五福花科（Adoxaceae）荚蒾属（*Viburnum* Linn.）

形态学特征：常绿灌木或小乔木。高达15m。枝灰色或灰褐色，有凸起的小瘤状皮孔，冬芽有1~2对卵状披针形的鳞片。叶革质，椭圆形至矩圆形或矩圆状倒卵形至倒卵形，有时近圆形，长7~20cm，顶端短尖至渐尖而钝头，有时钝形至近圆形，基部宽楔形，稀圆形，边缘上部有不规则浅波状锯齿或近全缘，叶面深绿色，有光泽，侧脉5~6对，弧形，

日本珊瑚树枝叶（徐正浩摄）

日本珊瑚树果实（徐正浩摄）

日本珊瑚树果期植株（徐正浩摄）

日本珊瑚树景观植株（徐正浩摄）

日本珊瑚树植株（徐正浩摄）

柄长1~3cm。圆锥花序顶生或生于侧生短枝上，宽尖塔形，长3~14cm，宽 3~6cm。总花梗长可达10cm，扁。萼筒筒状钟形，长2~2.5mm，萼檐碟状，齿宽三角形。花冠白色，后变黄白色，有时微红，辐状，径5~7mm，筒长1~2mm，裂片反折，卵圆形，顶端圆，长2~3mm。雄蕊略超出花冠裂片，花药黄色，矩圆形，长1~2mm。柱头头状，不高出萼齿。果实先红后变黑，卵圆形或卵状椭圆形，长6~8mm，径5~6mm。核卵状椭圆形，浑圆，长5~7mm，径3~4mm，有1条深腹沟。

生物学特性：花芳香。花期4—5月（有时不定期开花），果期7—9月。

分布：中国福建南部、湖南南部、广东、海南和广西等地有分布。印度、缅甸、泰国、越南、菲律宾、朝鲜、韩国和日本也有分布。多数校区有分布。

景观应用：园林绿化树种，也常用作绿篱。

270. 绣球荚蒾 *Viburnum macrocephalum* Fort.

中文异名：绣球、木绣球、八仙花

英文名：Chinese viburnum

绣球荚蒾花（徐正浩摄）

绣球荚蒾果实（徐正浩摄）

绣球荚蒾花期植株（徐正浩摄）

绣球荚蒾景观植株（徐正浩摄）

分类地位：五福花科（Adoxaceae）荚蒾属（*Viburnum* Linn.）

形态学特征：落叶或半常绿灌木。高达4m。树皮灰褐色或灰白色，芽、幼枝、叶柄及花序均密被灰白色或黄白色簇状短毛，后渐变无毛。叶临冬季至翌年春季逐渐落尽，纸质，卵形至椭圆形或卵状矩圆形，长5~10cm，顶端钝或稍尖，基部圆，有时微心形，边缘有小齿，侧脉5~6对，柄长10~15mm。聚伞花序径

8~15cm，全部由大型不孕花组成。总花梗长1~2cm。萼筒筒状，长2~2.5mm，宽0.5~1mm，萼齿与萼筒几等长，矩圆形，顶钝。花冠白色，辐状，径1.5~4cm，裂片圆状倒卵形，筒部甚短。雄蕊长2~3mm，花药小，近圆形。雌蕊不育。

生物学特性：花期4—5月。不结实。

分布：中国江苏、江西、湖北等地有分布。各校区有分布。

景观应用：庭院、园林绿化和观赏树种。

271. 琼花 *Viburnum macrocephalum* 'Keteleeri'

中文异名：扬州琼花

分类地位：五福花科（Adoxaceae）荚蒾属（*Viburnum* Linn.）

形态学特征：绣球荚蒾的园艺变种。与绣球荚蒾的主要区别在于花序中央为两性可育花，仅边缘有大型白色不孕花。核果椭球形，长6~8mm，先红后黑。

生物学特性：花期4—5月，果期9—10月。

分布：中国江苏南部、安徽西部、浙江、江西北部、湖北西部及湖南南部有分布。各校区有分布。

景观应用：庭院观花灌木。

琼花不孕花（徐正浩摄）

琼花两性花（徐正浩摄）

琼花花序（徐正浩摄）

琼花果实（徐正浩摄）

琼花花期植株（徐正浩摄）

琼花景观植株（徐正浩摄）

272. 粉团 *Viburnum plicatum* Thunb.

中文异名：雪球荚蒾

英文名：Japanese snowball

分类地位：五福花科（Adoxaceae）荚蒾属（*Viburnum* Linn.）

形态学特征：落叶灌木。高达3m。当年小枝浅黄褐色，四角状，二年生小枝灰

粉团枝叶（徐正浩摄）

粉团花序（徐正浩摄）

粉团花期植株（徐正浩摄）

粉团景观植株（徐正浩摄）

褐色或灰黑色，稍具棱角或否，散生圆形皮孔。老枝圆筒形，近水平状开展。冬芽有1对披针状三角形鳞片。叶纸质，宽卵形、圆状倒卵形或倒卵形，长4~10cm，顶端圆或急狭而微凸尖，基部圆形或宽楔形，边缘有不整齐三角状锯齿，侧脉10~12对，直伸至齿端，叶面常深凹陷，叶背显著凸起，小脉横列，并行，紧密，呈明显的长方形格纹，柄长1~2cm。花序复伞状，球形，径4~8cm，全部由大型的不孕花组成。总花梗长1.5~4cm，稍有棱角。萼筒倒圆锥形，萼齿卵形，顶钝圆。花冠白色，辐射状，径1.5~3cm，裂片有时仅4片，倒卵形或近圆形，顶圆形，大小常不相等。雌蕊、雄蕊均不发育。

生物学特性：花期4—5月。不结实。

分布：中国湖北西部和贵州中部有分布。日本也有分布。各校区有分布。

景观应用：庭院观赏灌木。

🍃 273. 海仙花 *Weigela coraeensis* Thunb.

海仙花的花（徐正浩摄）

中文异名：朝鲜锦带花

分类地位：忍冬科（Caprifoliaceae）锦带花属（*Weigela* Thunb.）

形态学特征：落叶灌木。高达5m。小枝粗壮，无毛或疏生柔毛。叶对生，宽椭圆形或倒卵形，长6~12cm，宽3~7cm，先端突尾尖，基部宽楔形，边缘具细钝锯齿，侧脉4~6对，柄长0.5~1.5cm。聚伞花序生于短枝叶腋或顶端，具1朵至数朵花，总花梗长0.2~1cm。萼筒无毛，萼片线状披针形，长0.5~0.8cm。花冠初淡红色或带黄白色，后变深红色，长2.5~4cm，漏斗状钟形，基部1/3以下突狭。蒴果柱状长圆形，长1~2cm。

生物学特性：花期5—7月，果期9—10月。

分布：原产于日本。中国长江流域以北地区有分布。紫金港校区有分布。

景观应用：观赏灌木。

海仙花花序（徐正浩摄）

海仙花花期植株（徐正浩摄）

🍃 274. 大花六道木 *Abelia* × *grandiflora* Hort. ex Bailey

英文名：glossy abelia

分类地位：忍冬科（Caprifoliaceae）六道木属（*Abelia* R. Br.）

形态学特征：由糯米条（*Abelia chinensis* R. Br.）与二翅六道木（*Abelia uniflora* R. Br.）杂交育成。常绿矮生灌

木。主要形态特征为叶金黄色，略带绿心，花粉白色。植株高1~1.5m，枝伸展，分叉，幼枝红褐色，被短柔毛。叶纸质，倒卵形，长2~6cm，宽1~2cm，先端渐尖，基部宽楔形或圆形，边缘具锯齿，叶面脉纹明显，光亮，柄长1.5~3cm。花簇生于花枝上部叶腋或顶端，总花梗长4~10mm，花梗长2~4mm。萼片4裂，裂片椭圆状披针形，长0.8~1.2cm。冠筒钟状，白色，带粉红色，长1.5~2cm，5裂，裂片卵状披针形或卵状长圆形，长3~5mm，宽2~3.5mm。雄蕊4枚，伸出冠外。花柱细长，长于雄蕊。

生物学特性：花期5—10月。

分布：多数校区有分布。

景观应用：景观灌木。

大花六道木花（徐正浩摄）

大花六道木植株（徐正浩摄）

275. 凤尾丝兰　*Yucca gloriosa* Linn.

中文异名：凤尾兰

英文名：Adam's needle, glorious yucca, lord's candlestick, mound lily, moundlily yucca, palm lily, Roman candle, Sea Islands yucca, soft-tipped yucca, Spanish bayonet, Spanish dagger, tree lily

分类地位：天门冬科（Asparagaceae）丝兰属（*Yucca* Linn.）

形态学特征：常绿灌木。植株具茎，有时分枝，植株高达2.5m。叶剑形，硬直，长40~80cm，宽5~10cm，先端硬尖，边缘光滑。花葶高1~2m。圆锥花序大型，窄，具多朵花。花白色至淡黄色，下垂，钟状，花被片6片，卵状菱形。雄蕊着生于花被片基部，花丝粗扁，上部1/3外弯。子房近圆柱形，柱头5裂。蒴果不开裂，长5~6cm。

生物学特性：一年开花2次。花期6月和9—10月。

分布：原产于北美东部和东南部。各校区有分布。

景观应用：园林观赏灌木。

凤尾丝兰叶（徐正浩摄）

凤尾丝兰花（徐正浩摄）

凤尾丝兰植株（徐正浩摄）

凤尾丝兰花序（徐正浩摄）

参考文献

[1] 浙江植物志编辑委员会. 浙江植物志[M]. 杭州：浙江科学技术出版社，1993.

[2] 吴征镒. 中国植物志[M]. 北京：科学出版社，1991—2004.

[3] 《中国高等植物彩色图鉴》编委会. 中国高等植物彩色图鉴[M]. 北京：科学出版社，2016.

[4] 中国在线植物志[DB/OL]. http://frps.eflora.cn.

[5] 泛喜马拉雅植物志[DB/OL]. http://www.flph.org.

[6] Flora of North America[DB/OL]. http://www. eFloras.org.

索 引

索引1 拉丁学名索引

索引2 中文名索引